VXLAN BGP EVPN
数据中心构建指南

Building Data Centers
with VXLAN BGP EVPN
A Cisco NX-OS Perspective

[美] 卢卡斯・克拉特格（Lukas Krattiger）

[美] 希亚姆・卡帕迪亚（Shyam Kapadia）　著

[美] 戴维・詹森（David Jansen）

徐龙泉　田果　译

北京

图书在版编目（C I P）数据

VXLAN BGP EVPN数据中心构建指南 / （美）卢卡斯·
克拉特格（Lukas Krattiger），（美）希亚姆·卡帕迪亚
(Shyam Kapadia)，（美）戴维·詹森（David Jansen）
著；徐龙泉，田果译. -- 北京：人民邮电出版社，
2021.7（2024.4重印）
　ISBN 978-7-115-55197-9

Ⅰ. ①V… Ⅱ. ①卢… ②希… ③戴… ④徐… ⑤田…
Ⅲ. ①计算机网络—数据处理 Ⅳ. ①TP393

中国版本图书馆CIP数据核字(2020)第213176号

版权声明

◆ 著　　　[美]卢卡斯·克拉特格（Lukas Krattiger）
　　　　　[美]希亚姆·卡帕迪亚（Shyam Kapadia）
　　　　　[美]戴维·詹森（David Jansen）
　　译　　　徐龙泉　田果
　　责任编辑　武晓燕
　　责任印制　王郁　焦志炜
◆ 人民邮电出版社出版发行　　北京市丰台区成寿寺路11号
　　邮编 100164　　电子邮件 315@ptpress.com.cn
　　网址 https://www.ptpress.com.cn
　　固安县铭成印刷有限公司印刷
◆ 开本：800×1000　1/16
　　印张：18.25　　　　　　　2021年7月第1版
　　字数：400千字　　　　　　2024年4月河北第5次印刷
　　著作权合同登记号　图字：01-2018-8413号

定价：99.90元

读者服务热线：(010)81055410　印装质量热线：(010)81055316
反盗版热线：(010)81055315
广告经营许可证：京东市监广登字20170147号

内容提要

本书旨在帮助读者深入了解如何在数据中心网络矩阵中使用 VXLAN BGP EVPN。本书首先介绍了数据中心的发展概况、如今的要求以及可编程矩阵的基本知识；然后，讲解了矩阵语义、BGP EVPN、多租户、控制并与数据平面交互、单播和组播、外部连通性、服务集成和设备部署等技术。通过阅读本书，读者可以了解并掌握 VXLAN BGP EVPN 的相关知识和功能，并将其运用于自己的系统中。

本书适合网络架构师、工程师和运营人员阅读，也适合网络管理员和想要通过相应考试的考生学习。

作者简介

卢卡斯·克拉特格（Lukas Krattiger）在 CCIE 21921（路由/交换和数据中心）工作，他在技术营销部门担任首席工程师，在数据中心、Internet 和应用网络方面拥有超过 15 年的经验。在 Cisco 内部，他专注于数据中心交换、Overlay 架构和跨平台解决方案。他拥有两个 CCIE（R&S 和数据中心）认证以及多个其他行业认证，并参加过各种技术领导力和咨询小组。在加入 Cisco 之前，他在系统集成商和服务提供商中担任高级网络工程师，负责数据中心和 Internet 网络。加入 Cisco 以来，他的技术领域覆盖了数据中心和企业网络中的各种技术，负责为客户和合作伙伴构建基础解决方案。他来自瑞士，目前与妻子和一个漂亮的女儿住在加利福尼亚。

希亚姆·卡帕迪亚（Shyam Kapadia）是 Cisco Systems 公司数据中心团队的首席工程师。他在网络行业拥有十多年的经验，拥有 30 多项专利，并与他人合著了 *Using TRILL, FabricPath, and VXLAN: Designing MSDC with Overlays* 一书。在 Cisco 工作的 10 年中，他从事过许多产品的研发，包括 Catalyst 和 Nexus 系列交换机，特别专注于推出端到端的数据中心解决方案，包括自动化和编排。他拥有南加州大学计算机科学领域的博士和硕士学位。在过去的 15 年里，他一直是南加州 Linux 博览会（SCALE）的项目主席。他和妻子住在加州，喜欢看电影，对板球、篮球和足球等运动充满热情。

戴维·詹森（David Jansen）是 Cisco 的专业系统工程师（DSE），擅长数据中心、园区网、分支/广域网和云架构。他在该行业拥有 20 年的经验，并获得了 Novell、VMware、Microsoft、TOGAF 和 Cisco 的认证。他的工作重心是与全球的企业客户进行合作，通过全面的端到端数据中心、企业、广域网/Internet 和云架构来解决他们面临的挑战。他已经在 Cisco 工作了 19 年。在过去大约 4 年的 DSE 生涯中，他在构建下一代数据中心解决方案方面获得了独特的经验。他拥有密歇根大学计算机科学工程学士学位和中央密歇根大学成人教育硕士学位。

技术审校者简介

Scott Morris，这个爱好全球旅行的超级"技术控"拥有 4 个 CCIE 认证（路由/交换、ISP/Dial、安全和服务提供商），以及令人向往的 CCDE 认证。他还拥有一些其他主流厂商的专家级别认证，这使他成为了网络世界的"多语言者"。

大规模网络设计、故障排除和一些非常有趣的网络安全项目，让他忙得不可开交。在这些具有挑战性的工作之余，他会花时间陪伴家人或者学习新的东西。他在这个行业中拥有超过 30 年的经验，几乎涉及了行业的所有方面，这为他的知识传播提供了一种既深入又有趣的方法。无论是参与大规模的设计、有趣的实施，还是专家级别的培训，你经常会发现他乐于分享他所掌握的信息。

Jeff Tantsura 已经在网络领域耕耘了 20 多年，并撰写/贡献了很多 RFC 文档和专利。他是 IETF 路由工作组的主席，被授权研究新的网络架构和技术，其中包括与协议无关的 YANG 模型，他还同时作为工作组主席和贡献者从事 YANG 建模。

他是 *Navigating Network Complexity* 一书的合著者，除了书中含有的主题，他还讨论了为什么网络会变得如此复杂，以及现在对自动化和可编程，以及模型驱动的网络的迫切需要。

献辞

我想把这本书献给我的家人，尤其是我的妻子 Snjezi 和女儿 Nadalina。在这本书的撰写过程中，她们在夜晚、周末、假期和其他不便打扰我的时候表现出了极大的耐心。我爱你们！

——Lukas Krattiger

我把这本书献给我的家人，尤其是我的妻子 Rakhee 和我的母亲，感谢她们不变的爱与支持。

——Shyam Kapadia

这本书先给我挚爱的妻子 Jenise 和我的 3 个孩子 Kaitlyn、Joshua 和 Jacob。你们的鼓励给了我完成这个项目的决心。我的 3 个了不起的孩子们，你们正在学习如何把各种事情做到最好，并且尽力把生活中的所有事情做到最好，继续努力！谢谢你们的爱和支持。没有你们的帮助、支持和理解，我不可能又完成了一本书。我还想把这本书献给我的父母，Michael 和 Dolores。你们给了我正确的工具、指导、态度、动力和教育，让我有能力胜任我现在做的事。在我的上一本书中，我提到过我不会再承担类似的项目。正如你所见，当我的好朋友兼同事 Lukas Krattiger 说服我接受这个项目时，我很难拒绝他。谢谢你，Lukas，我的朋友，这是我的荣幸。我真的很喜欢和你一起工作。

——David Jansen

致谢

Lukas Krattiger

首先，我要感谢我的合著者 Shyam Kapadia 和 David Jansen。Shyam，感谢你成为我们团队中如此出色的同事和真正的技术领导者。与你分享想法真是太棒了，我期待着在不久的将来与你一起应对更多的挑战和创新。David，谢谢你来帮忙完成这个项目。你是一位出色的同事，和你一起工作我真的很高兴，尤其是在视频方面的合作。我们每个人都贡献了自己独特的见解和天赋，你和 Shyam 都突显了我们社区的多样性所带来的好处。

同样，我想特别感谢与我一起工作的其他团队成员。特别是，我要感谢 Carl Soler 和 Yousuf Khan 对我的支持和及时的指导。特别感谢 Victor Moreno 针对 Overlay 给予的所有讨论和开创性工作。

我还要感谢一些与 VXLAN EVPN 密切相关的人。特别是，Ali Sajassi、Samir Thoria、Dhananjaya Rao、Senthil Kenchiah（及其团队）、Neeraj Malhota、Rajesh Sharma 和 Bala Ramaraj。同样，特别感谢所有支持这项创新技术，并为完成本书做出贡献的工程部和市场部同事。

向我在瑞士、欧洲、澳大利亚、美国和世界各地的所有朋友表示特别的感谢。你们所有人会创造出另一个 11 章。

最后，这本书的写作工作给了我一个认识新朋友的机会。我要感谢 Doug Childress 对原稿的不断编辑和审校，也要感谢我们的技术编辑 Scott Morris 和 Jeff Tantsura 提供的所有反馈。最后，我要特别感谢 Cisco Press 对这个项目的大力支持。

Shyam Kapadia

我要特别感谢我的合著者 Lukas 和 David 的合作和支持。Lukas 在撰写这本书的工作中发挥了最大的作用，他应该为此获得大量的赞誉。如果没有他的巨大贡献，很难想象这本书能够出版。在过去几年里，我们的合作非常富有成效，我期待着在未来我们能够带来更多的共同创新和成果。此外，我还要感谢 David，他是 Cisco 中许多人的榜样，包括我在内。

我要特别感谢 Cisco 数据中心团队的工程领导团队，感谢他们在本书的创作过程中不懈的支持和鼓励。这支队伍有 Nilesh Shah、Ravi Amanaganti、Venkat Krishnamurthy、Dinesh Khurana、Naoshad Mehta 和 Mahesh Chellappa。

像 Lukas 一样，我想要感谢 Cisco 公司的一些人，他们把 VXLAN BGP EVPN 推到了今天的高度。我还要感谢 DCNM 团队在为 VXLAN BGP EVPN 可编程架构解决方案提供的管理和控制器方面做出的贡献。我也要感谢 Doug Childress 帮助审阅和编辑本书的各个章节，我要特别感谢审校和编辑在编写这本书时给予的巨大帮助和支持。这是我与 Cisco 出版社的第二次合作，这次体验比第一次还要好。

David Jansen

这是我的第四本书，能和 Cisco 出版社的优秀员工一起工作是我莫大的荣幸。要感谢的人太多了，我不知道从哪里开始。首先，我要感谢我的朋友和合著者 Lukas Krattiger 和 Shyam Kapadia。你们两个都是我的好朋友，也是我杰出的同事。我想不出还能有两个更好的人选来一起工作或完成这样一个项目。Cisco 是我工作过的最令人惊叹的地方之一，这里的员工都像你们一样聪明，和你们一起工作非常愉快，也是你们让 Cisco 成为了一个如此棒的地方。我期待着在未来的其他项目上与你们合作，并进一步发展我们的友谊。

我还要感谢 Chris Cleveland，和他一起工作总是一件愉快的事。作为一名开发编辑，他的专业知识、专业精神和后续工作都是非常出色的。我要特别感谢他为在最后期限之前完成工作所做的努力和快速周转。

我们的技术编辑，Jeff Tantsura 和 Scott Morris，我想感谢你们在这个项目中所花的时间、敏锐的眼光和优秀的评论/反馈。很高兴你们俩都能成为团队的一员。

我还要感谢重金属音乐界。它让我在熬夜的时候能够保持注意力集中。如果没有响亮的摇滚乐、空气吉他和空气鼓，我就不可能完成这项工作！所以谢谢你。

我想感谢我的家人，感谢他们在我深夜工作时的支持和理解。他们对我很有耐心。因为我缺乏休息，所以心情可能不好。我知道当我在楼下写字的时候，你们也很难入睡，因为我没有意识到音乐的分贝会影响到家人的睡眠。

前言

本书旨在帮助读者深度理解如何在数据中心网络矩阵中使用 VXLAN BGP EVPN。本书既是技术概要，也是部署指南。

Cisco 基于 NX-OS 的数据中心交换产品线提供了一系列网络协议和特性的组合，这些协议和功能是构建数据中心网络的基础，因为传统网络要发展为基于矩阵的架构，比如使用 BGP EVPN 作为控制平面的 VXLAN。

本书的目标是阐释如何理解和部署这项技术。在开始介绍技术模块及其相关语义之前，本书首先介绍了当前数据中心所面临的挑战；其次，概述了数据中心矩阵的发展历程；最后，深入研究了各种矩阵语义，包括底层（underlay）、多租户、控制和数据平面交互、单播和组播转发流、外部、数据中心互连以及服务设备部署。

目标与方法

本书的目标是为那些想熟悉数据中心覆盖层（overlay）技术的读者提供相关的资源，特别是使用了 BGP-EVPN 这种控制平面的 VXLAN。本书描述了一种方法，网络架构师和管理员可以使用这种方法来规划、设计和部署具有可扩展性的数据中心。我们希望所有的读者，从大学生到教授再到网络专家，都能从这本书中获益。

本书的读者

在写作过程中，本书预设的读者群非常广泛，但重点目标读者是网络架构师、工程师和运营者。帮助台分析师、网络管理员和认证考生也可从本书中获益。这本书提供了 VXLAN BGP-EVPN 在当今数据中心中的用途。

对于那些对各个网络领域有深刻理解的网络专业人士，本书作为一个权威的指南，详细解释了控制平面和数据平面的概念，其中 VXLAN 和 BGP-EVPN 是主要的讨论点。本书还提供了详细的数据包流，其中包括了很多功能、特性和部署。

不管你在 IT 行业中的角色是什么，专业水平如何，这本书都能为你带来收获。本书以一种更好理解的方式介绍了 VXLAN 和 BGP-EVPN 的概念。它还描述了在各种矩阵语义的环境中，如何设计考量因素，并确定了采用这种技术的主要好处。

本书的内容结构

尽管本书是按照第 1 章到第 11 章的顺序进行介绍的，但你也可以只阅读你感兴趣的章节。第 1 章简要介绍了数据中心网络的发展，重点介绍了网络覆盖层的必要性。第 2、3 章奠定了 VXLAN BGP EVPN 的基础。第 4~9 章详细描述了 VXLAN BGP EVPN 的底层或与之相关的部分，重点介绍第二层和第三层服务以及与之相关联的多租户。第 10 章描述了如何使用 BGP-EVPN 把四~七层服务集成到 VXLAN 网络中。第 11 章介绍了矩阵管理和操作的概述。

本书的具体内容如下。

■ 第 1 章，提供了 Cisco VXLAN BGP EVPN 矩阵的概述。一开始介绍了当今数据中心的要求，同时给出了这些年数据中心的发展概况，并最终发展到基于 VXLAN BGP EVPN 的 spine-leaf 矩阵。本章介绍了通用的基于矩阵的术语，并描述了令矩阵极具可扩展性、弹性和灵活性的技术。

■ 第 2 章，介绍了覆盖层成为下一代数据中心主要设计选项的原因，特别介绍了 VXLAN，它已经成为了项目中的实际选项。本章描述了基于控制平面解决方案的需求，如何在各个边缘设备上实现分布式的主机可达性，并全面介绍了 BGP EVPN。本章描述了 BGP EVPN 中的重要消息格式并展示了有代表性的用例，正是这些消息支持了网络虚拟化覆盖层。后续章节都建立在本章提供的知识背景之上，它们进一步讨论了基于 VXLAN BGP EVPN 的数据中心网络中的底层、多租户，以及单目的地和多目的地的详细信息。

■ 第 3 章，深入讨论了 VXLAN BGP EVPN 矩阵提供的核心转发能力。为使读者能够理解承载广播、未知单播和组播（BUM）流量的特性，本章介绍了组播复制和入站复制。本章还讨论了增强转发特性，它减少了矩阵中由 ARP 和未知单播流量带来的泛洪。本章最后讨论了 BGP EVPN 矩阵带来的一个重要优势：在 ToR 或 leaf 层上实现了分布式任意播网关。

■ 第 4 章，描述了 BGP EVPN VXLAN 矩阵的底层，它需要能够传输单目的地和多目的地的覆盖层流量。底层最主要的目的是为了在矩阵中的各个交换机之间提供可达性。本章展示了底层的 IP 地址分配选项，使用了点到点 IP 编号选项和更有优势的 IP 无编号选项。本章还讨论了常用的 IGP 路由协议，比如使用 OSPF、IS-IS 和 BGP 来实现单播路由。本章最后讨论了底层中多目的地流量复制的两个主要选择：单播模式和组播模式。

■ 第 5 章，描述了多租户成为下一代数据中心的重要原因，以及在数据中心网络中如何通过 VXLAN BGP EVPN 来实现多租户。在讨论多租户时，除了在 VXLAN 中使用 VLAN 或桥接域（BD）的实现，本章还涵盖了运行在第二层和第三层的多租户模式。总的来说，本章对使用 VXLAN BGP EVPN 的数据中心网络中多租户的主要内容进行了基本介绍。

■ 第 6 章，展示了一系列数据包流样本，描绘了 VXLAN BGP EVPN 网络中的交换和路由是如何运作的。IRB 功能、对称 IRB 和分布式任意播网关等内容都通过实际的数据流进行了描述。本章着重介绍了静默主机场景和双宿主主机场景。

■ 第 7 章，详细介绍了 VXLAN BGP EVPN 网络中的组播数据流量转发。本章讨论了在 VXLAN 之上的第二层组播流量转发，以及通过 IGMP 监听对其进行的增强，还对 vPC 域后的双宿主组播端点和孤儿组播端点提出了特殊的考量。

■ 第 8 章，展示了 VXLAN BGP EVPN 矩阵的外部连通性选项。在介绍边界 leaf 和边界 spine 的变体后，详细介绍了使用 VRF Lite、LISP 和 MPLS L3 VPN 的外部第三层连通性选项。本章最后介绍了第二层外部连通性选项的详细信息，其中重点介绍了 vPC。

■ 第 9 章，描述了与 VXLAN BGP EVPN 部署中多 pod 和多矩阵选项相关的各种概念。本章针对 OTV 和 VXLAN 之间的区别提供了入门级的介绍。在大多数实际的部署中，需要在不同的 pod 或矩阵之间实现某种形式的互连。本章讨论了在决定使用多 pod 选项，还是使用多矩阵选项时，需要考虑的各种因素。

■ 第 10 章，详细介绍了如何在 VXLAN BGP EVPN 网络中集成四～七层的服务。本章涵盖了租户内和租户间的防火墙部署，它可以部署为透明模式和路由模式。除此之外，本章展示了一个通用的负载均衡器部署场景，重点介绍在 VXLAN BGP EVPN 网络中集成负载均衡器的细微差别。本章展示了一个常见的负载均衡器和防火墙服务链部署示例。

■ 第 11 章，介绍了矩阵管理的基本元素，其中包括基于 POAP 的 0 日操作（使用 DCNM、NFM 等）、使用 0.5 日操作的增量配置、使用 1 日操作的覆盖层配置（使用 DCNM、VTS 和 NFM），以及 2 日操作，涉及 VXLAN BGP EVPN 矩阵环境中的不间断监控、可视性和故障排除能力的部署。本章最后简要介绍了 VXLAN OAM，它是在基于覆盖层的矩阵环境中非常高效的调试工具。

资源与支持

本书由异步社区出品，社区（https://www.epubit.com/）为您提供相关资源和后续服务。

提交勘误

作者和编辑尽最大努力来确保书中内容的准确性，但难免会存在疏漏。欢迎您将发现的问题反馈给我们，帮助我们提升图书的质量。

当您发现错误时，请登录异步社区，按书名搜索，进入本书页面，单击"提交勘误"，输入勘误信息，单击"提交"按钮即可。本书的作者和编辑会对您提交的勘误进行审核，确认并接受后，您将获赠异步社区的 100 积分。积分可用于在异步社区兑换优惠券、样书或奖品。

详细信息	写书评	提交勘误

页码：_____ 页内位置（行数）：_____ 勘误印次：_____

B I U ABC 三· 三· " ↻ ▣ ▤

字数统计

提交

扫码关注本书

扫描下方二维码，您将会在异步社区微信服务号中看到本书信息及相关的服务提示。

与我们联系

我们的联系邮箱是 contact@epubit.com.cn。

如果您对本书有任何疑问或建议，请您发邮件给我们，并请在邮件标题中注明本书书名，以便我们更高效地做出反馈。

如果您有兴趣出版图书、录制教学视频，或者参与图书翻译、技术审校等工作，可以发邮件给我们；有意出版图书的作者也可以到异步社区在线提交投稿（直接访问 www.epubit.com/selfpublish/submission 即可）。

如果您所在的学校、培训机构或企业，想批量购买本书或异步社区出版的其他图书，也可以发邮件给我们。

如果您在网上发现有针对异步社区出品图书的各种形式的盗版行为，包括对图书全部或部分内容的非授权传播，请您将怀疑有侵权行为的链接发邮件给我们。您的这一举动是对作者权益的保护，也是我们持续为您提供有价值的内容的动力之源。

关于异步社区和异步图书

"异步社区"是人民邮电出版社旗下 IT 专业图书社区，致力于出版精品 IT 技术图书和相关学习产品，为作译者提供优质出版服务。异步社区创办于 2015 年 8 月，提供大量精品 IT 技术图书和电子书，以及高品质技术文章和视频课程。更多详情请访问异步社区官网 https://www.epubit.com。

"异步图书"是由异步社区编辑团队策划出版的精品 IT 专业图书的品牌，依托于人民邮电出版社近 30 年的计算机图书出版积累和专业编辑团队，相关图书在封面上印有异步图书的 LOGO。异步图书的出版领域包括软件开发、大数据、AI、测试、前端、网络技术等。

异步社区

微信服务号

目录

## 第 1 章

可编程矩阵简介

本章会对以下几项内容进行介绍：

- 当今数据中心的需求；

- 数据中心技术由生成树协议（STP）向 VXLAN BGP EVPN 的发展变化；

- 可编程矩阵（programmable fabric）的概念。

在短短几年时间里，数据中心已经发生了巨大的变化。这种变化来得太快，它在很短的时间内，就给人们带来了诸如虚拟化、云（包括私有云、公有云和混合云）、软件定义网络（SDN）和大数据等新兴技术。在这样一个万事以移动性当先的时代、在这样一个云端大行其道的时代，数据中心的需求也在发生变化。其中，数据中心的常见需求包括具备强大的可扩展性、良好的敏捷性、可靠的安全性、能够整合其他技术，并且可以与计算/存储编排器（orchestrator）进行集成。除了前面提到的这些需求，在当今数据中心解决方案中，最好还可以包含另外一些技术成果，比如支持可视化和自动化，易于管理、操作、排错，以及拥有更加强大的分析功能等。

设备的管理方式已经发生了变化，从逐台设备进行管理，转变成了采用以服务为主的系统对设备进行管理。在大多数招标书中，要求供应商提供开放的应用程序接口（API）和标准化协议已经成为了客户的首要标准，这是为了避免供应商锁定某家厂商。而 Cisco 定义的、基于 VXLAN（虚拟可扩展局域网）与 BGP EVPN（Ethernet VPN）的矩阵为人们提供了统一的数据中心解决方案。这个解决方案是由运行 NX-OS 系统的 Nexus 系列交换机与控制器共同构成的。

虽然本书的重点内容是对基于 NX-OS 的 EVPN 进行介绍，但本书也同样适用于那些运行 IOS-XE 和 IOS-XR 操作系统的平台。在这一章中，我们会对那些导致数据中心网络矩阵出现发展变化的因素进行解释说明。本章会简要介绍这种技术架构，同时对那些在可编程矩阵或者在 Cisco VXLAN BGP EVPN 网络矩阵中常用的术语进行介绍。

1.1 当今数据中心面临的挑战与存在的需求

过去，人们对数据中心弹性和敏捷性方面的需求还不像今天这样普遍，因为应用程序对于数据中心的期待值不高：曾几何时，部署应用动辄需要花费数天甚至数周的时间才能完工。随着数据中心的发展变化（特别是云的发展变化），如今部署应用的时间一般都是以分钟，甚至以秒来计算了。

说到数据中心，最关键的因素绝不仅仅是部署的速度。由于数据中心承担的负载不断增加，数据中心的可扩展性如今也变得尤为重要。除此之外，"只给自己正在使用的资源付费"已经成为了当代的一种商业模式。因此，数据中心必须能够给客户的应用提供高可用的访问，而这些应用所发送的数据又越来越庞大。企业的全球化导致人们对于高可用性方面的需求越来越高，而这种趋势也让应用变得越来越复杂。

在这种新的趋势下，所有复杂的数据和应用都在向数据中心迁移，数据中心的传统设计方案已经无法满足所有的需求。哪怕把传统数据中心与私有云、公有云或是混合云相结合，仍然无法适应新的需求。当前的网络环境，要求人们在部署数据中心的时候，需要考虑下面几点核心的需求。

- **敏捷性**：敏捷性是指一个数据中心满足应用需求所需要花费的时间。一个"敏捷的"数据中心可以把这个时间降到最低。

- **扩展性**：在今天，扩展性的重要性可谓无以复加，这一点尤其适用于云数据中心。一个数据中心必须有能力为成千上万的租户和成千上万的租户网络提供服务。而 VLAN 所提供的 12 位字段已经不足以支持大型多租户的数据中心，因为 12 位字段能够支持的网络数量无法突破 4096（4K）个。

- **弹性**：数据中心必须能够适应不断变化的需求。这里所说的需求包括对计算负载、存储资源、网络带宽等进行扩展。一个数据中心必须能够在不影响当前服务的基础上进行扩容，来支持增加的需求。

- **可用性**：数据中心必须能够不间断地提供服务（365 天保持 7×24 小时的工作）。不仅如此，各类设备都需要能够对应用进行访问，包括平板电话、智能手机和智能手表等。这种趋势把自带设备（BYOD）的模式推到了一个新的高度。对于高可用性而言，数据中心必须能够提供容灾方面的保障措施，确保核心数据中心站点无论发生了什么程度的事故，数据中心都能提供后备方案。

- **低成本**：建设一个数据中心的总成本（TCO）包括采购成本（CAPEX）和运营成本

（OPEX）。采购成本那一部分的支出可以随着时间的推移不断累加，但运营成本是一项需要持续支出的费用。所以，大多数 CIO/CFO 会密切关注数据中心的运营成本。于是，降低数据中心的运营成本往往是一家企业的当务之急。

- **开放性**：无论从硬件还是软件的观点来看，为了避免把数据中心绑定在某一个厂商，人们一般会采用基于标准的方式来搭建数据中心。大多数大型数据中心已经迁移，这为了白盒或品牌白盒（branded white-box）的环境。企业和服务提供商也被要求采用开放标准来部署数据中心。

- **安全性**：在多租户的数据中心部署环境中，最大的需求就是提供行之有效的安全策略，以确保从某一个租户发送出来的流量，能够与其他租户彻底隔离。其他与安全有关的需求还包括：实施应用策略、防止未授权的访问、检测威胁、隔离被感染设备、向被感染设备发送安全补丁包、确保私有云和公有云之间的策略一致性等。

- **以解决方案为导向**：在数据中心环境中，一台设备一台设备逐一进行部署的时代已经一去不返。从网络的角度上看，如今的数据中心需要有一个统一的解决方案，只是其中包含不同的组成部分。同时，数据中心需要与计算和存储编排器，以及服务设备（无论是物理服务器还是虚拟服务器）进行更加紧密的集成。不仅如此，在这个竞争异常激烈的环境中，还需要部署复杂的自动化策略以及 SDN 控制器。

- **易用性**：即使采用以解决方案为导向的方式，数据中心的日程操作仍然离不开人们持续不断地对数据中心进行管理、检测和观察。因此，易用性的高低直接决定了一个数据中心的运营成本。

- **支持混合的部署方式**：企业和服务提供商都已经在一定程度上采用了云模型。因此，数据中心的一大核心需求就是支持混合云部署方案，让公有云的资源可以灵活地扩展到企业数据中心当中。同时，从应用的角度来看，这种扩展必须是无缝集成。换句话说，应用应该判断不出自己是部署在公有云还是私有云中。

- **低能耗**：数据中心的运营成本很大一部分来自于用电费用，网络领域和数据中心厂商尤其应该意识到这一点。因此，市场上当然也就存在建立绿色数据中心的强烈诉求。

1.2 数据中心矩阵的历史

图 1-1 所示的是数据中心在过去几年间的发展演变历程。在过去很多年时间里，生成树协议（STP）是满足网络需求的核心技术。后来，人们采用虚拟端口隧道（Virtual PortChannel，vPC）技术解决了 STP 网络中存在的一些固有缺陷，并且赋予了网络建立双重连接的能力。接下来，诸如 FabricPath 和 TRILL 这样的覆盖网络技术（overlay technology）走上了历史的舞台，它们通过在 MAC 数据帧之外封装 MAC 数据帧的方式（MAC-in-MAC），实现了二层

路由网络。再后来，随着 VXLAN 的问世，MAC-in-IP 成为了新的覆盖层技术。

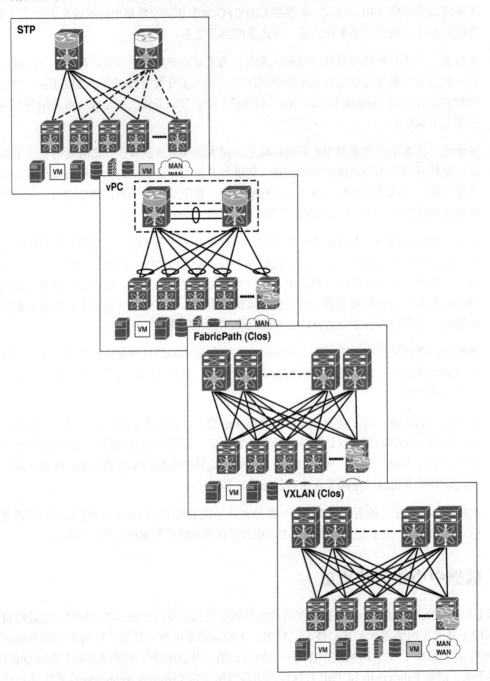

图 1-1 数据中心网络的发展历程

如今，二层网络早已不是通过 STP 实现无环拓扑那么简单，三层网络中第一跳网关的功能也已经变得更加复杂。在分布层（或称汇聚层）中部署集中式网关的传统做法已经被淘汰，分布式网关的架构成为了主流。于是，网络的扩展性大增，昔日的瓶颈不再。在这一节中，我们会对这个演变过程的前因后果进行简单的介绍。

搭建一个无环的二层网络，让处于同一个广播域的设备能够相互通信——这是人们部署网络的起点，这个起点曾经让局域网（LAN）获得了前所未有的普及。在一个广播域中，转发行为是通过查看 MAC 地址来实现的。STP（IEEE 802.1D 标准）提出了一种建立树形拓扑的方法，而树形拓扑本身就是无环的。生成树网络与 IEEE 802.1Q 相结合，实现了即插即用的功能，这种解决方案迅速获得了普及，时至今天仍然被人们广泛使用。

然而，当人们把针对某一类特定环境设计的技术，搬去另一个需求全然不同的环境中时，这项技术的短板往往就会迅速显现出来，很多技术都无法逃脱这样的宿命，基于 STP 的网络亦如是。很多问题让人们难以在大型数据中心网络中采用 STP 技术，这些问题包括但不限于以下所列。

■ **收敛问题**：在 STP 网络中，当一条链路出现问题，或者当交换机出现问题时，设备就需要重新计算生成树。这种做法会严重影响流量的收敛时间——因为拓扑变化通告会清除交换机上的 MAC 地址表，于是设备就要重新进行学习。如果出现问题的是根节点，那么所有设备就要重新选举新的根节点，在这种情况下，收敛速度的问题会更加明显。虽然人们可以对计时器进行一些调整，让收敛时间变得短一点，但 STP 网络的本质并没有改变，这个问题也依然存在。当链路的速率从 10Gbit/s 变成 40Gbit/s 再变成 100Gbit/s 的时候，哪怕是亚秒级别的收敛时间也会导致严重的丢包。因此，收敛时间过长是 STP 网络最大的缺陷。

■ **链路浪费问题**：前文曾经提到，STP 会建立一个树状拓扑，确保计算出来的拓扑是无环的。这种做法存在一个副作用，那就是交换机之间会有很多链路被 STP 置入阻塞状态，于是这些拓扑中本来就存在的路径就变成了冗余路径。这样做的后果是，网络资源无法得到充分地利用。目前，最理想的做法是把所有链路都利用起来，充分利用全部链路的带宽，让数据中心中的所有资源都能够在最大限度上得到使用。

■ **次优转发问题**：在 STP 环境中，树的根就是某一台交换机，所有从那台交换机发送给拓扑中其他交换机的流量，都会沿着同一条路径进行转发。因为流量总是要沿着这棵树来发送，因此哪怕两个非根节点之间存在更短的路径，它们也不能利用这条路径来发送流量。于是，这些交换机之间的流量就只能通过次优路径来进行转发，这种情况当然存在进一步改善的余地。

■ **缺乏等价多路径路由（ECMP）问题**：在传统的 STP 二层网络中，在源交换机和目的交换机之间只有一条路径是处于活动状态的，因此 ECMP 的概念也就无从谈起。然而，三层网络可以利用两台路由器之间的多条等价路径。这一点非常重要，这也正是三层网络大受欢迎的重要原因。

■ **流量风暴问题**：在树形拓扑环境中，从一台交换机发送出来的流量不能再发回给这台交换机。然而，在某些故障状态下，流量还是有可能在网络中无休无止地循环发送的。一旦发生这种情况，整个网络就有可能全部瘫痪。这个情景被人们冠以"广播风暴"之名。任何形式的广播风暴都会无端占用网络带宽，因此人们应该不惜一切代价避免网络中出现广播风暴。然而，二层头部中并没有 TTL（生存时间）这样的字段，一旦出现了风暴，流量就会在网络中无休无止地转发。三层网络则存在一种保障机制，因为数据包头部的TTL 字段每经历一次路由转发就会递减。一旦 TTL 值为 0，设备就会丢弃数据包。由于二层网络中没有这样一种 TTL 字段，所以二层网络的扩展性会受到严重影响。

■ **不支持双宿主的问题**：STP 天然不支持设备或主机连接到多台交换机。只要有人这样连接，就会形成环路，于是 STP 就会阻塞掉其中一条路径。于是，从冗余性或者容错的角度来看，如果交换机出现了故障，来自下游设备或者主机的流量（以及去往下游设备或者主机的流量）就会掉进"黑洞"，直到设备之间重新计算出新的生成树。

■ **网络规模的问题**：在云计算时代，如果网络命名空间只有 4K，这会带来巨大的问题，因为数据中心网络经常需要对大量租户网络进行编址和编号。哪怕一个中等规模的数据中心网络往往都会有大量租户，而每个租户还会有多个网络，加在一起就会超出 4K 的数量限制。问题是，在 IEEE 802.1Q（或称为 dot1q）头部中，可以用来表示 VLAN 或者广播域的标识符只有 12 位。人们定义 dot1q 是在几十年之前，设计人员大概认为 4K 已经是一个足够大的空间了。但网络技术的迅猛发展让人们的需求很快突破了这个数字所能容纳的范畴。

诸如 vPC、多机框以太信道（Multichassis EtherChannel，MCEC）和 VSS（虚拟交换系统）这样的技术可以支持下游设备（包括主机或交换机）连接到一对交换机。所有这些技术都可以归类到多机框链路汇聚（Multi-Chassis Link Aggregation，MC-LAG）当中。借助 vPC 技术，人们可以通过配置，让一对交换机（这对交换机互为对方的 vPC 对等体）在网络其他部分看来，就像是一台逻辑交换机一样。

图 1-2 所示的为一个典型的 STP 网络，这个网络可以通过 vPC 来提升效率。管理员通过配置 PortChannel 或者 EtherChannel，可以让下游设备同时连接到两台 vPC 对等体。两条链路可以同时处于活动状态，因此可以实现双链路同时转发。从下游设备发送过来的流量可以经过散列，发送给其中一台设备，并且可以得到正确的转发。同样，去往下游设备的流量也可以通过任何一台设备发送过去。去往下游设备的多目的地流量只会通过其中一台对等体进行转发，以免出现重复。

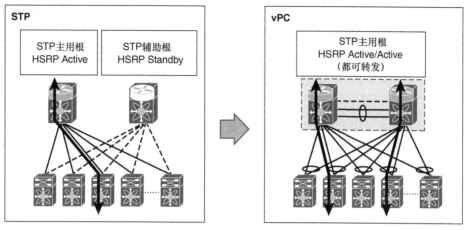

图 1-2 从 STP 到 vPC 的进步

每个 vPC 对等体有一个主用（primary）角色和一个辅助（secondary）角色。vPC 对等体之间的信息可以通过一条控制信道进行同步，这条控制信道称为 vPC 对等体链路。设备之间会同步的信息包括 MAC、ARP 和邻居发现（ND）信息，以及各种配置和一致性校验参数。vPC 不仅可以在二层提供双上联架构，而且这种"双活（active-active forwarding）环境"也扩展到了第一跳冗余协议（FHRP），如 IISRP（热备份路由器协议）和 VRRP（虚拟路由器冗余协议）。这是对传统 FHRP 部署方案的一种重大改进，因为传统 FHRP 那种主备（active-standby）方案只有主用节点可以转发数据流量。在 vPC 环境下，两台 vPC 对等体可以同时转发数据。从控制平面的角度来看，主用的 FHRP vPC 对等体会解析 ARP/ND 请求。（读者如果希望进一步了解关于 vPC 的信息，可以阅读 Cisco 的 vPC 设计最佳实践指南。）

虽然 vPC 解决了 STP 存在的一些问题，但是 vPC 仍然存在只能连接两台交换机的限制条件。最好能有一种更加通用的多路径解决方案，当人们需要建设大型可扩展二层域的需求越来越强烈，人们对这种通用多路径解决方案的诉求也越来越高。由于二层网络的扩展，二层网络中的端点越来越多，因此让网络中所有交换机都学习到所有端点的 MAC 地址，开始变得越来越不现实。

另外，二层网络即插即用的特点还是需要保留下来。因此，出现了诸如 FabricPath 和 TRILL 这样的覆盖层技术。总的来说，覆盖层可以提供一个抽象层。由于主机地址空间可以与拓扑地址空间相互分离，所以覆盖层可以让主机和拓扑分别独立地进行扩展。

Cisco 的 FabricPath 采用了 MAC-in-MAC 的封装方式，这就避免了需要在二层网络中使用 STP 协议。FabricPath 会采用二层的 IS-IS（中间系统到中间系统）协议，同时对这个协议进行了扩展，让网络各个部分的交换机可以相互分发关于网络拓扑的信息。通过这样的方式，交换机就在二层网络中发挥了类似于路由器的作用，交换机会维护一张其他交换机的可达性表，这样二层网络就继承了所有三层策略的优势，譬如可以支持等价多路径路由（ECMP）等。

不仅如此，这样的环境中也没有链路会白白闲置在一边，任意两台交换机之间的转发都可以采用最优的路径。FabricPath 的一大显著特色就是配置和使用相当简单。人们只需要在全局开启这项特性，然后输入几条命令来把 VLAN 和面向网络的端口设置为某个模式，就可以大功告成了。至于交换机 ID 的分配、IS-IS 的启用、交换机的拓扑发现等操作，设备自己就可以完成。

与此同时，这项技术采用了 IS-IS 协议来建立合理的多目的树形拓扑，因此广播、未知单播和组播（BUM）流量的转发得到了优化。vPC 则发展为了 vPC+，后者可以在 FabricPath 网络中支持双宿主设备。

在 FabricPath 环境中，网络里的每一台交换机都有一个专门的标识符（或者说是交换机 ID）。图 1-3 所示的为 FabricPath 头部的信息概要。

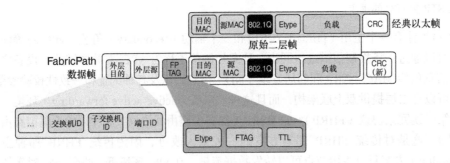

图 1-3　FabricPath 头部

如图 1-3 所示，外层 MAC 头部中会封装目的和源交换机 ID。另外，转发标记（即 FTAG 字段）的作用是标识拓扑。

针对多目的流量，FTAG 字段会标识出 BUM 流量必须沿着哪棵树进行转发。在一个 FabricPath 网络中，端点是连接在边缘交换机上的。核心交换机通过各个边缘交换机彼此相连。边缘交换机学习直连端点的方式，与传统二层网络中交换机的学习方式类似。不过，当流量通过 FabricPath 网络发送过来的时候，边缘交换机会用自己的源交换机 ID，以及对应的目的交换机 ID 来封装一个 FabricPath 头部。这样一来，MAC 学习仍然是通过泛洪-学习的模式（F&L）来实现的，但是在 FabricPath 网络中，交换机可以借助远程交换机 ID 学习到远程的 MAC 地址。

网络中的核心交换机只需要根据 FabricPath 头部提供的信息来转发流量。它们对于端点的事情一无所知。因此，核心交换机的工作就会变得非常简单，这样可以提升网络的扩展性。

为了能够扩展边缘交换机，FabricPath 网络默认会启用传统的二层学习功能。通过传统的二层学习功能，交换机只会学习到处于活动会话状态的那些远端端点设备。

FabricPath 在二层实现了 ECMP，但是针对端点设备扩展第一跳路由（也就是网关）的功能仍然有待实现。任意播 HSRP（anycast HSRP）可以让 FabricPath 网络实现四路全活动（four-way active-active）FHRP。这种架构比通过 vPC 实现传统的集中式双路全活动（two-way active-active）环境的扩展性更强。

尽管 FabricPath 大获成功，并且得到了无数消费者的采纳，但由于它是一项厂商（Cisco）私有的技术，不能应用在多厂商的环境中，因此这项技术仍然不免受到人们的怀疑。另外，在网络领域，IP 技术基本已经成为了事实上的行业标准，因此这也让一项基于 IP 的覆盖层封装技术很快走上了历史的舞台。于是，出现了 VXLAN 技术。

VXLAN 采用的是 MAC-in-IP/UDP 封装，是时下最流行的覆盖层封装技术。它是一项开放的标准，因此得到了网络产品厂商的广泛采纳。VXLAN 解决 STP 问题的方式与 FabricPath 如出一辙。除此之外，VXLAN 还用 24 位的长度定义了虚拟网络分段，因此 VXLAN 支持 1600 万个广播域，这突破了 VLAN 只支持 4K 广播域的限制。

由于 VXLAN 是运行在 IP 网络上的，所以 VXLAN 天然就可以支持三层网络的 ECMP 特性。总的来说，像 VXLAN 这种运行在三层之上的协议可以分层地封装 IP 和传输层协议。然而，像 FabricPath 这种使用 MAC-in-MAC 封装的协议则很难实现大范围地扩展，因此 MAC 地址本身是一个扁平的地址空间。从本质上看，VXLAN 让数据中心网络从依赖某一种传输层协议，变为可以使用任何传输层协议（也就是独立于传输层协议）。所以，基于 MAC 那种扁平编址方式的技术，也就会被基于 IP 的分层编址方式所替代。

VXLAN 网络中的边缘交换机称为边缘设备，它们同时是 VXLAN 隧道端点（VTEP）。边缘交换机负责对 VXLAN 的头部进行封装和解封装。连接各个 VTEP 的核心交换机其实就是常规的 IP 路由器。这里特别值得注意的是，这些设备不需要拥有任何特制的硬件或者软件功能。VXLAN 网络中的交换机都是使用常规的路由协议来相互学习对方信息的，这里的路由协议包括 OSPF、三层 IS-IS 等。

VTEP 会使用常规的二层学习机制来了解直接端点的信息。至于远程端点的信息，它们则会采用一种称为 VXLAN 泛洪-学习（F&L）的机制来进行学习。VTEP 会利用端点的原始二层数据帧来封装 VXLAN 头部，然后把数据发送给 VXLAN 核心。在 VTEP 封装的头部信息中，外部源 IP 地址（SIP）会设置为 VTEP 自己的 IP 地址，而外部目的 IP 地址则会设置为目的端点所连接的那台 VTEP 设备的 IP 地址。

在 VXLAN 环境中，端点与 VTEP 之间的绑定关系是通过 F&L 机制来进行学习和传播的。一般来说，每个网络都会有一个专用的二层虚拟网络标识符（L2 VNI），这个 L2 VNI 会关联一个组播组。从 VTEP 发送的多目的流量会被转发给 VXLAN 核心，这类流量的目的 IP 地址会被设置成那个二层网络所关联的组播地址。通过这种方式，远端同属一个二层网络的 VTEP 就会接收到这个流量，因为它们属于同一棵组播树。

在解封装之后，VTEP 会对远端 VTEP 设备的信息执行远端 MAC 地址学习。所有覆盖层协议的核心交换机都只会按照外层头部来转发流量，而外层 IP 头部并不包含端点的地址。这也就是说，VXLAN F&L 提供了针对非组播环境的机制，如果使用这种机制，那么 IP 核心网络并不需要支持 IP 组播。

如果使用非组播机制，那么 VTEP 就需要支持入站或者头端复制。在这里，VTEP 会生成多个副本，然后以单播的形式把这些副本发送给所有需要接收这个多目的数据帧的远端 VTEP。借助 VXLAN F&L 机制，第一跳网关可以发挥类似于传统以太网的作用。将双路双活（two-way active-active）FHRP 和 vPC 结合起来使用，可以实现集中式的网关部署方法。

当今，VXLAN 是极少数的几种既可以用于网络覆盖层，也可以用于主机覆盖层的技术之一。也就是说，不仅支持 VXLAN 的网络交换机可以对 VXLAN 头部进行封装和解封装，就连服务器主机也可以对 VXLAN 头部进行封装和解封装。这种特点让 VXLAN 适用于那些灵活的实施环境，实现物理与虚拟环境之间的无缝集成。此外，下一代覆盖层协议的提案已经浮出水面，它们称为通用协议封装（Generic Protocol Encapsulation，GPE）和网络服务头部（Network Service Header，NSH）。不过，这些标准还需要一些时间来完善。截至目前，VXLAN 仍然是数据中心环境中人们实际使用的覆盖层协议。

1.3　Cisco 开放可编程矩阵

VXLAN 成为了标准的数据中心覆盖层解决方案，但 VXLAN 网络中的学习机制还是沿用了"泛洪-学习"这种传统的模式。问题是，根据人们多年的经验，所有采用泛洪的机制最终都会遇到扩展性方面的瓶颈。

无论如何，泛洪为 VXLAN 提供了学习端点信息的机制，尤其是让 VXLAN 可以学习到远端 MAC 与 VTEP 之间的对应关系，这样后续的流量才能以单播的形式进行发送。不过，如果这种对应关系能够通过某种控制协议分发给各个边缘设备或者 VTEP，那么泛洪机制就可以被取代了。

通过 BGP EVPN 地址族的扩展，我们现在已经可以把端点与 VTEP 之间的映射信息，在 VXLAN 网络中进行分发了。于是，一旦本地 VTEP 借助 BGP EVPN 学习到了一个端点的信息，那么这个 VTEP 就可以把可达性信息转发给其他感兴趣的 VTEP。而发往这个端点的流量，也就可以通过其他任何一台 VTEP，按照更优的路径转发过来，这个过程中没有流量需要泛洪。

由于不需要对二层流量进行泛洪，因此 VXLAN 网络也就得以在 BGP EVPN 的支持下实现大范围的扩展，同时这些网络中的三层流量也可以使用一些特定的方法，获得更优的转发。不过，在详细讨论这种方法之前，本章会首先对传统三层流量在数据中心里面的转发方式进行一个简明扼要的介绍。

传统的三级（three-tier）拓扑（见图 1-4）在网络行业中已经使用了相当长的时间。一般来说，端点或者服务器设备会连接到接入层，这一层提供数据链路层的支持，管理员只需要对相关 VLAN 和交换机端口进行配置就可以了。对于子网间的通信，从一个端点发送过来的流量会通过汇聚层（或者分布层）交换机来进行路由。

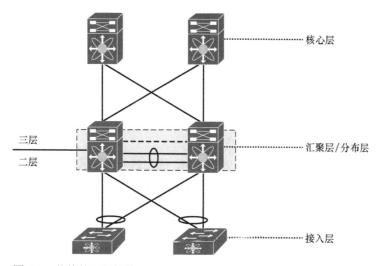

核心层

三层
二层

汇聚层 / 分布层

接入层

图 1-4　传统的三级拓扑

端点的默认网关位于汇聚层，这些默认网关都是三层 SVI 或者 IRB 接口。为了实现冗余，汇聚层交换机上会配置 FHRP，比如 HSRP 或者 VRRP。各类汇聚层交换机会通过核心层交换机相互连接。在这个环境中，人们会通过三层协议在汇聚层和核心层交换机之间交换前缀信息。

在大型数据中心部署环境中，上面介绍的这种三级拓扑就会存在扩展性方面的瓶颈。随着网络中端点设备数量的增加，汇聚层交换机中存储的 IP-MAC 绑定关系也会增加，因此这类设备就必须支持很大的 FIB 表。此外，这些交换机还需要处理控制平面带来的额外开销（如 ARP 和 ND），这些额外开销同样会大大增加。除了上述问题之外，三层接口的数量、汇聚层交换机可以支持的租户 VRF 数量，都存在着巨大的扩展性问题。

出于敏捷性和弹性方面的需求，把流量负载迁移到资源所在的位置是十分必要的。在三级拓扑中，流量从汇聚层交换机那里"兜圈子"已经是最理想的状况了，因为汇聚层交换机在网络中扮演着默认网关的角色。在最糟糕的情况下，当两台连接在同一台接入层交换机的服务器之间进行通信时，流量会被一路向上转发。

在 VLAN 数量这一方面，汇聚层交换机也有可能遇到严重的扩展性瓶颈。VXLAN 可以支持

1600 万个虚拟网络，所以传统的三级拓扑也无法承担这样的环境。业界也普遍意识到了这个问题，因此业界开始在接入层部署三层功能，如图 1-5 所示。集中式三层网关的方式不再受到青睐。

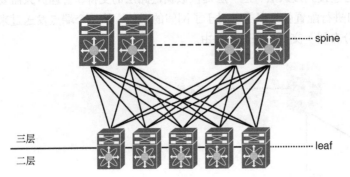

图 1-5 在大型交换拓扑中，接入层就开始部署三层协议

把默认网关迁移到接入层的做法可以缩小网络中的故障域，因为接入交换机只需要对下面发来的流量提供第一跳协议的支持。比起让一两台汇聚层交换机来支持下面所有的（接入层交换机所连接的）端点，让接入层充当默认网关的模型显然扩展性更强。于是，脊叶（spine-leaf）模型由此诞生。

支持三层功能的接入层一般称为叶（leaf）层。而在这些 leaf 之间提供互联的汇聚层则称为脊（spine）层。VXLAN 的出现让网络不再依赖 STP，于是网络中也就没有了 STP 带来的那些限制条件，这意味着网络朝着可扩展的方向大踏步地迈进了。汇聚层（或者说 spine 交换机）现在也就变成了核心交换机，它们的工作非常简单，只需要在 leaf 交换机之间按照最优的方式转发流量。这些交换机完全不知道端点设备的地址。此外，因为 VXLAN 环境中使用 BGP EVPN 作为控制协议，所以未知单播流量也就没有了泛洪的必要。

BGP EVPN 分发可达性信息的方式，支持人们部署分布式 IP 任意播网关。人们可以根据需要，在任何 leaf 交换机（或者所有 leaf 交换机）上配置相同的默认网关。这样一来，当一台 leaf 交换机需要向另一台 leaf 交换机转发流量负载的时候，它还是会把负载发送到直连的默认网关。每台 leaf 交换机都可以转发矩阵中的任何负载。

所有路由流量都可以借助这些分布式的 IP 任意播网关，实现从源 leaf 到目的 leaf 的最优转发，spine 交换机可以提供网络需要的冗余性，这样就通过一个简单的网络拓扑实现了理想的冗余。

Cisco 开放可编程矩阵采用了这种 spine-leaf 式架构的多层大型交换拓扑，这个环境使用的是开放的、基于标准的协议——其中特别值得一提的是用 VXLAN 来执行数据平面的转发，而使用 BGP EVPN 来执行控制平面的转发。矩阵不仅可以实现最优转发，也可以为这类解决方案提供自动化与管理框架。一言以蔽之，这个框架只需要管理员：（1）在第 0 天给设备设置合理的角色，并且在设备上执行启动配置，就可以让矩阵启动；（2）在第 1 天操作矩阵，给 leaf 交换机下发覆盖层配置；（3）在第 2 天操作矩阵，对网络进行排错、管理和监控。此外，管理员也可以把这个矩阵与各类计算编排器，乃至四～七层服务设备进行集成。

与矩阵有关的术语

图 1-6 包含了一些本书中会反复使用到的术语。我们在前面的内容中曾经提到，矩阵包含了充当 VTEP 的 leaf 交换机。在这个环境中，leaf 交换机或者 leaf 节点也称为边缘设备或者网络虚拟化边缘（Network Virtualization Edge，NVE）设备。物理和虚拟端点设备都会连接到 leaf 节点。

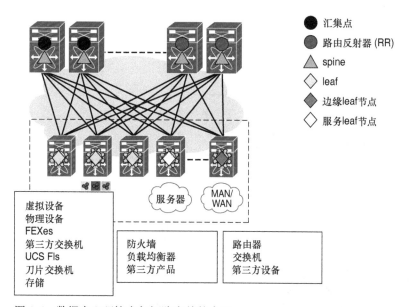

图 1-6　数据中心环境中与矩阵有关的术语

一般来说，leaf 交换机连接端点设备的下游端口都是二层端口，它们承载的是 dot1q（打标或不打标的）流量，这些 leaf 交换机之间通过一台或者几台 spine 交换机建立连接。矩阵中的每台交换机都是 IP 网络中的一个组成部分，而这个 IP 网络则称为底层网络（underlay），如图 1-7 所示。

所有 leaf 交换机之间的流量都会封装 VXLAN，然后通过覆盖层进行发送，如图 1-8 所示。矩阵之外的网络，需要通过一类称为边界设备（border）的特殊节点来提供可达性信息。边界设备的功能既可以通过 leaf 交换机来提供（此时这类交换机称为边界 leaf），也可以通过 spine 交换机来提供（此时这类交换机称为边界 spine）。

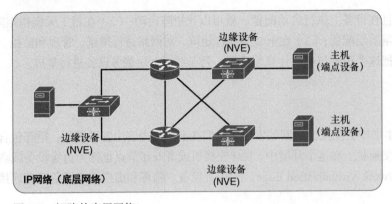

图 1-7 矩阵的底层网络

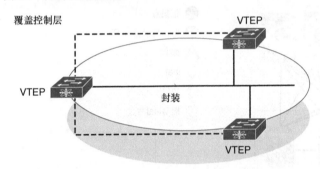

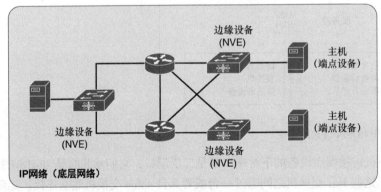

图 1-8 矩阵的覆盖层网络

通常，leaf 交换机发送过来的那些封装了 VXLAN 的流量，会在边界的 VTEP 那里进行解封装。然后，这些流量会根据管理员配置的二层或者三层转发机制，发送给外部设备。有的时候，人们把那些连接到服务设备的 leaf 交换机称为服务 leaf 节点（service leaf）。有一点这里需要提一下，这些不同的 leaf 角色是逻辑层面的角色，而不是物理层面的角色。所以，同一台 leaf 交换机完全可以执行上述 3 项功能，也就是同时充当普通 leaf 节点、边界 leaf 节点和服务 leaf 节点。

为了高效地实现 BGP EVPN 覆盖层通信，矩阵中也会包含一台或者多台路由反射器（RR）。

一般来说，RR 功能是通过 spine 交换机或者超级 spine（super spine）交换机来实现的。如果用 IP 组播来转发多目的流量，那么矩阵中也需要部署汇聚点（RP）。一般来说，RP 也是通过 spine 交换机或者超级 spine 交换机来实现的。

1.4 数据中心网络矩阵的属性

大型交换网络矩阵有很多重要的属性，这些属性让这个架构格外适合数据中心网络。这种比较简单的拓扑可以提升网络的扩展性、弹性和效率。如果每个 leaf 的上行链路和下行链路带宽相同，并且这个数据中心的服务也没有超卖（oversubscription），那么矩阵提供的对分带宽最适合数据中心里面的应用。

在两级（two-tier）的大型交换拓扑中，每个 leaf 节点通过某一个 spine 都可以达到所有其他的 leaf 节点。这可以让所有穿越矩阵进行转发的流量，拥有一个确定的延迟时间。增加一个 spine，等价路径的数量也会加 1。ECMP 会同时应用于单播流量和组播流量，也会同时应用于二层（桥接）流量和三层（路由）流量，而流量的分布式 IP 任意播网关位于 leaf 层。

当链路或者节点出现故障时，矩阵可以以极快的速度恢复。也就是说，矩阵提供了极高程度的冗余性。如果矩阵中少了一台 spine 交换机，那么这个矩阵的可用带宽就会减少，但流量还是会继续沿着最优的路径进行转发，只不过总的转发速率会降低一些。同样，当链路发生故障时，流量会被转发到那些可用的路径上，矩阵的收敛时间是由底层和覆盖层协议的收敛速度决定的。

在一个矩阵当中，在任何一个或者多个 leaf 节点上，都可以同时配置任何一个或者多个子网。从网络的角度来看，这就真正实现了"负载可以由任何 leaf 交换机来转发"。

矩阵的特点是扩展性非常强大，因此只要网络中增加了更多的服务器、机架和负载，我们就可以向矩阵中增加更多的 leaf 节点。反过来说，如果矩阵中的负载要求增加矩阵的带宽，我们也可以向矩阵中添加更多 spine 节点。如果需要增加矩阵连接到外部网络的带宽，我们则可以增加更多的边界节点。通过这种方式，矩阵可以根据人们的需要进行扩展。

矩阵经过设计，可以支持成百上千个 10G 的服务器接入端口。人们也可以根据自己的需求进行配置，从而让矩阵支持不同类型的负载环境，并且提供不同的功能。

服务器或端点设备的连通性选择

一般来说，连接到 leaf 节点的端点设备都是裸金属机、虚拟负载、存储设备或者服务设备。这些端点既有可能直接与 leaf 节点相连，也有可能通过矩阵扩展器（fabric extender）相连。在有些情况下，它们也会通过刀片交换机与 leaf 节点相连。随着 Nexus 2K 系列交换机的问世，FEX 技术走向了前台。在那之后的一段很短的时间内，FEX 就获得了广泛的成功。

从逻辑上看，FEX 模块可以视为一块外部线路卡，这个线路卡完全是从它所连接的那台交换机进行管理的。也就是说，一切针对这个 FEX 模块的管理和配置，都要在这台交换机上完成。而对于 FEX 所连接的终端主机，它们发送的流量也都会在这台交换机上进行交换和路由。

在使用 FEX 的网络中，最流行的拓扑是 EoR（End-of-Row）和 MoR（Middle-of-Row）。在这种部署拓扑中，FEX 往往会充当每个机柜的柜顶（Top-of-Rack，ToR）交换机，它们都会连接到 MoR 或者 EoR 交换机。MoR 部署方式的优势在于，它比 EoR 环境所需要的线缆长度更短。

在矩阵当中，采用各种组合的 FEX 连接都是有可能的，如图 1-9 所示。具体如何组合取决于服务器是双上行直接连接 leaf 节点，还是通过 FEX 连接。而 FEX 本身也有可能双上行连接到一对 leaf 交换机，这对 leaf 交换机则有可能互为 vPC 对等体。

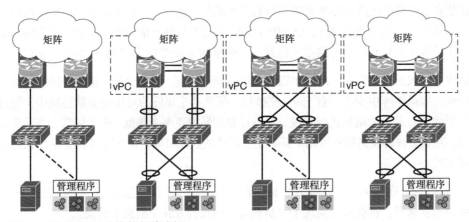

图 1-9 南向 FEX 连接的各种选择

最常用的做法大概是让两个直通 FEX 分别连接两个 vPC 对等体，同时让一台服务器通过 PortChannel 双上连到这些 FEX。这样一来，当其中一条链路出现故障、其中一个 FEX 出现故障或者其中一台 vPC 对等体出现故障时，网络就具备了容错的能力。如果希望进一步提升网络的冗余性，可以采用增强型 vPC 或者 EvPC 的部署方式，让服务器和 FEX 都采用双上连的部署方式。

刀片服务器基于机框的部署方式同样非常流行，这种方式可以把更多计算资源打包到同一个机架空间当中，这种做法可以简化管理，减少网络对线缆的需求。像 Cisco UCS FI 系列交换机这样的刀片交换机，它们也可以建立 leaf 节点的南向连接。图 1-10 所示的是使用 UCS FI 建立南向连接的几种常用做法。

如果需要设计一个完整的数据中心解决方案，那么除了计算与网络特性之外，存储也是必须进行考虑的因素。矩阵非常灵活，它可以同时支持传统的光纤信道（FC）存储，以及 IP 存储。Cisco

Nexus 设备支持统一端口，也就是同一个端口可以根据配置来承载以太网或 FC 的流量。

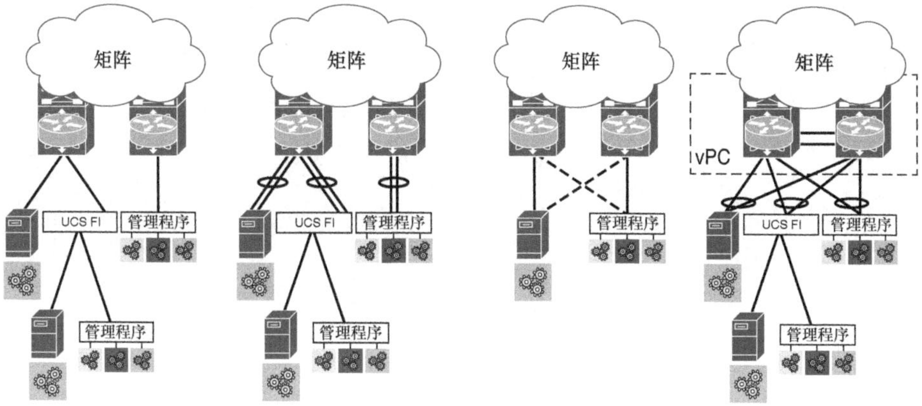

图 1-10　南向 UCS-FI 连接的各种选择

通过以太网传输光纤信道（Fibre Channel over Ethernet，FCoE）这项技术，人们不需要再使用专用的以太网连接或者独立的 FC 连接。FCoE 可以让我们用统一的南向连接来连接服务器，而这条链路可以同时承载以太网和 FC 的流量。从 leaf 节点发送的上行流量可以分离为以太网流量和存储流量，以太网流量通过 VXLAN 核心网络进行转发，而存储流量则通过独立的存储网络进行发送。

然而，随着 IP 存储的大行其道，以及超融合解决方案的异军突起，人们已经不需要在数据中心里面搭建独立的存储网络了。Cisco HyperFlex 解决方案为 IP 存储提供了一种全新的实现方式。这种方式可以完美地向后兼容传统的部署方式，并且能够轻而易举地与 VXLAN BGP EVPN 矩阵相集成。这个矩阵能够同时与 FC 存储设备和 IP 存储设备进行很好的集成。

对 VXLAN BGP VPN 矩阵进行一番简要说明，可以帮助读者对之后各章中出现的概念，建立一个大概的印象。在后面的各章中，我们会对控制平面和数据平面的区别进行详细介绍，同时还会深入介绍流量在矩阵内部和外部分别是如何进行转发的。在可以预见的未来，云数据中心环境只有借助扩展性极强的网络才能实现，而基于 VXLAN BGP EVPN 的矩阵则向前迈出了一大步。

1.5　总结

本章对 Cisco VXLAN BGP EVPN 矩阵进行了一番简单的介绍。在本章的一开始，我们对当今数据中心的需求进行了说明。接下来，我们介绍了 VXLAN BGP EVPN 矩阵问世之前，数据中心网络所经历的演变过程。另外，本章也对和矩阵有关的常用术语进行了说明，同时对矩阵拥有强大扩展性、弹性和灵活性的原因进行了解释。

## 第 2 章

VXLAN BGP EVPN 基础

本章会对以下几项内容进行介绍：

■ VXLAN 及其（传统的）F&L（泛洪-学习）机制的使用案例；

■ 在 VXLAN 数据中心环境中，BGP EVPN 控制平面的发展变化；

■ 在网络虚拟化覆盖层中，BGP EVPN 所使用的基本路由类型消息。

在数据中心向云发展的过程中，虚拟化技术的使用越来越多。在虚拟化环境中，物理服务器和 I/O 设备都可以承载大量的虚拟服务器，这些虚拟服务器会共享相同的逻辑网络，哪怕它们各自处于不同的地理位置。在传统的数据中心环境中，服务器与客户端之间的南北向数据流量占据主导地位。如今，虚拟化让数据中心内部的东西向流量大大增加。所谓东西向流量，是指一个数据中心内部，服务器与各类应用进行数据通信所产生的流量。因为那些在企业网或者互联网中的终端用户，他们请求的数据越来越复杂，所以数据中心就需要进行一些预处理的操作。比如说，从一台 Web 服务器（通过 App 服务器）访问数据库所产生的流量，就属于典型的东西向流量。如此简单的需求可以显示出当今数据中心内部对用户需求进行预处理的必要性。

为了动态呈现网站和/或业务应用，数据中心往往会采用两级甚至三级的服务器架构，其中第一级服务器必须与第二级服务器进行通信，然后才能把终端用户请求的数据发送给他。当一个数据中心中的各级服务器需要相互通信，或者它们需要访问数据存储或其他数据中心内部的数据时，数据中心内部就会产生东西向流量，如图 2-1 所示。因为这种流量的路径是水平的。还有一种东西向流量，那就是当用户向一个社交网络站点（如脸书）发送请求时，这个站点的数据中心服务器之间就会进行一系列的信息交换，然后会返回一个页面，这个页面会包含大量信息，包括和这位用户本身有关的信息、和这位用户好友有关的信息，以及符合这位用户个人偏好的广告等。

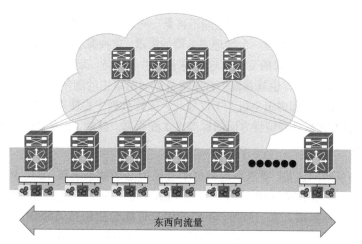

东西向流量

图 2-1　东西向通信流量

一般来说，人们会用 VLAN（虚拟局域网）把一组设备隔离到一个广播域中。每个 VLAN 会分配一个 IP 子网，这个 VLAN 中的所有主机都会从这个子网中获得一个唯一的 IP 地址。VLAN 是用 IEEE 802.1Q 标准中一个 12 位的标记来进行编号的，因此 VLAN 的数量最大不能超过 4096 个。所以，VLAN 网络所支持的网络标识符数量有限。换言之，VLAN 网络支持的广播域数量有限。对于数据中心来说，4000 个 VLAN 是不够用的，因为光是一个租户就可能需要占用多个网络 ID 来分配给不同的应用，虚拟网络数量不足已经成为了一个严重的问题。

虚拟化技术的普及导致终端主机的数量飙升，因为一个广播域会包含大量的虚拟负载和虚拟主机。于是，扩展性问题就变得非常重要了。在过去，一台 48 个端口的接入层交换机往往会连接 48 台服务器。但是在一个运用了虚拟化技术的环境中，这台交换机连接的服务器数量可能就会比这个数量多上 20～30 倍。由于容器技术越来越普及，在有些情况下，终端主机的数量还会更多。所以，交换机必须通过增加应用转发表的资源来提升性能；从数据平面的角度来看，这本身也是一个 MAC 表爆炸的问题。此外，交换机也必须针对这些负载提供第一跳协议的服务（如 DHCP、ARP、ND 和 IGMP），这会让数据增加控制平面的开销。

要想在二层广播域中建立无环的环境，传统的做法是使用 IEEE 802.1D 生成树协议（STP），或者使用生成树协议的诸多改进版本，比如快速生成树协议（RSTP，IEEE 802.1w）和多生成树协议（MST，IEEE 802.1s）。人们在网络环境中使用 STP 已经有超过 20 年的时间了。不过，我们在本书的第 1 章中曾经提到过，STP 存在很多缺陷，比如当交换机/链路出现故障时收敛时间很长、数据包沿生成树转发时无法沿着最优路径发送，无法执行多路径或等价多路径（ECMP）转发（这是三层网络的优势）等。同一个广播域中主机数量的大幅增加，需要网络支持某种比 STP 更强大的协议，来支持大型的数据中心环境。

因为虚拟化技术的出现，终端主机与物理服务器之间不再是一一对应的关系，于是数据中心出现了将资源从一台物理服务器迁移到另一台物理服务器的需求，这种需求要求数据中心网络必须拥有更高的带宽。网络通信方式的变化给这种需求提供了支持。新的通信模型支持"任意终端到任意终端"之间的通信，也就是说一台主机可以与网络中的随便一台主机进行通信，这里说的主机包括物理主机和虚拟主机。不仅如此，随着数据中心使用需求的增加，人们对数据中心敏捷性、能耗和易管理特性方面的标准也水涨船高。显然，这些新的需求让传统的网络模型捉襟见肘。

数据中心内部不断增加的东西向流量，要求新的数据中心模型必须能够突破 12 位 VLAN 标识符对广播域施加的限制。用不同的 IP 子网去复用 VLAN 是解决不了这个问题的，因为这种方式没法把不同的租户隔离开来。另外，不同的租户可能会使用相同的 IP 子网网段。所以，真正的解决方案既需要在一定程度上保留二层的桥接域，又必须为不同的租户提供更好的二层隔离措施，同时可以容纳数量更加庞大的网络标识符。为了提供当代数据中心所需要的灵活性、扩展性、移动性和敏捷性，数据中心必须采用一种扩展的虚拟化网络解决方案。要想满足上述需求，就需要采用网络虚拟化覆盖层（network virtualization overlay）技术。

2.1　覆盖层

网络虚拟化覆盖层技术已经成为了解决数据中心扩展性问题的实际方法。覆盖层的目的是给网络增加一个逻辑层，从而对当前网络拓扑进行抽象，并且扩展传统网络的功能。就像 David Wheeler 所说的那样："计算机科学领域的一切问题都可以通过添加抽象层的方法来解决，但这种方法能解决的问题当然不包括抽象层太多的问题。"计算机科学领域的基本理念支持网络虚拟化抽象层的概念。

覆盖层在网络技术领域早已不是什么新鲜的概念。本书的第 1 章用大量篇幅介绍了传统网络的缺陷，但也正是这些缺陷才推动了覆盖层的问世。所谓覆盖层，顾名思义，就是在物理网络架构的基础上建立起一条静态或者动态的隧道。在 20 世纪 90 年代，基于 MPLS 的封装和基于 GRE 的封装开始获得人们的青睐。在此之后，又出现了其他的隧道封装技术，比如 IPSec、6in4 和 L2TPv3 等，但这些技术一般只会在 WAN 边缘设备上使用。这些隧道技术要么是出于安全方面的考虑，要么是为了简化路由查找的操作，抑或是为了让本来不支持某种负载的传输网络有能力承载这类流量（如 6in4）。

如果使用了覆盖层技术，源边缘设备就会在原数据包或者数据帧的基础上进行打包或者封装，给这些信息封装一个外层头部，然后再将这些数据发送给对应的目的边缘设备。中间网络设备都只会利用外部头部所提供的信息来转发数据包，但这些中间设备并不了解原始的数据载荷。目的边缘设备会对覆盖层的头部执行解封装，然后使用内层负载提供的信息来转发数据包。

从 2008 年开始，覆盖层技术开始在数据中心环境中得到使用。也是在那段时间里，软件定义网络（SDN）和云计算技术相继问世。于是，在数据中心环境中使用的覆盖层技术被人们称为网络虚拟覆盖层技术。之所以采用这样的名称，是因为数据中心的大趋势就是（在数据中心环境中）迅速运用虚拟化技术。在我们讨论网络虚拟化覆盖层的时候，我们必须想到一系列新的特征。所有网络虚拟覆盖层技术的特征都与位置和身份的概念有关。身份（identity）可以标识终端主机。一台设备的身份既可以是它的 IP 地址，也可以是 MAC 地址等。位置（location）标识的是那些为终端主机封装和解封装隧道流量的隧道边缘设备。我们在前文中曾经介绍过，终端主机本身既可以是虚拟机、裸金属机、容器，也可以是其他任何网络负载。覆盖层的外层头部会标识源位置与目的位置，而内层头部则会标识源和目的终端主机的身份。

另一项特征属于覆盖层技术提供的专门服务。这些服务定义了覆盖层的类型，也定义了覆盖层协议的头部格式。覆盖层服务往往会充当一种二层（桥接）或者三层（路由）服务。不过，目前很多覆盖层技术都会同时提供二层和三层服务。这些技术会把原数据包（三层）或者原数据帧（二层）封装到另一个数据包（三层）或者数据帧（二层）中。这种封装一共有 4 种可能性，具体的做法取决于数据包/数据帧是否会包含在另一个数据包/数据帧中。如果外层头部是二层数据帧，那么添加覆盖层的做法就称为数据帧封装（frame encapsulation）。使用数据帧的技术包括 TRILL、Cisco FabricPath 和 SPB（IEEE 802.1Qaq）。反过来，如果外层头部是三层数据包，那么添加这种覆盖层的做法则称为数据包封装（packet encapsulation）。使用数据帧的技术包括 LISP、VXLAN 和 NvGRE。

覆盖层的服务是和不同数据平面封装一起定义的，因此我们需要定义数据通过物理网络进行传输的方式。传输的方式一般称为底层传输网络（经常简称为底层）。在定义底层的时候，我们需要搞清楚隧道封装发生在 OSI 模型的哪一层。从某种意义上讲，覆盖层的头部类型会标识传输网络的类型。比如说，对于 VXLAN 来说，底层传输网络（底层）应该是三层网络，这个三层网络负责在源和目的隧道边缘设备之间，传输 VXLAN 封装的数据包。因此，底层的作用是实现各个隧道/覆盖层边缘设备之间的可达性。

一般来说，可达性信息都是需要通过某种路由协议来进行分发的。因此，发现这些边缘设备也就成了网络提供覆盖层服务的基本前提。这里有一点值得注意，那就是覆盖层技术会给每个数据包/数据帧增加 n 字节的数据开销，这里的 n 表示覆盖层头部的大小与外层头部大小之和。原始负载会被边缘设备封装到覆盖层头部当中，然后通过底层进行传输。因此，底层网络必须配置合理的最大传输单元（MTU），这样才能保证覆盖层的流量能够顺利得到传输。

接下来，网络虚拟化覆盖层还需要具备一种机制，来了解哪些终端主机位于覆盖层边缘设备身后。这样一来，隧道边缘设备才能建立位置与身份之间的对应关系。这种映射信息可以通过中央 SDN 控制器（像 Cisco APIC 或者 OpenDaylight 控制器）来实现，也可以通过某种覆盖层终端主机分发协议（如 BGP EVPN 或 OVSDB）来实现，还可以通过一种基于数据平面的发现机制（如泛洪–学习（F&L）机制）来实现。源边缘设备可以使用这些信息来查询目的终端主机，然后再给原始数据封装外层头部的各个字段，将封装后的数据包/数据帧发送给目的边缘设备，然后再由目的边缘设备转发给目的终端主机。由于终端主机往往属于某一个租户，所以覆盖层头部必须包含某些关于租户的信息。源设备在封装的时候可以把租户的情景信息封装在覆盖层头部当中，而目的边缘设备可以首先根据各个租户的目的进行查找，然后再对覆盖层信息进行解封装，这样就可以确保每个租户的流量都是相互隔离的。毕竟，隔离不同租户的流量，这可是多租户数据中心环境的头等大事。

覆盖层的数据平面除了给二层或者三层流量提供单播传输之外，也需要能够解决多目的流量的传输问题。多目的流量一般称为"BUM"流量，也就是"广播（broadcast）、未知单播（unknown unicast）或者组播（multicast）"的首字母组合。处理这些类型的流量需要一些专门的功能，让设备能够从覆盖层那里接收到多目的数据包，然后对这些数据包进行复制，并在底层对这些数据进行传输。实现数据复制和底层传输的两种最重要的方法，就是 IP 组播和入站复制（后者也称为头端复制或者单播模式）。

网络虚拟覆盖层可以由物理服务器发起建立，也可以由网络交换机发起建立，建立网络虚拟覆盖层的网络交换机往往也是连接服务器的柜顶（Top-of-Rack，ToR）交换机。物理服务器一般会进行虚拟化，来创建出虚拟交换机/路由器，因为这类设备封装和解封装覆盖层头部的功能更加强大。这个模型要求网络交换机仅仅给虚拟服务器之间提供通信连接，让虚拟终端主机之间可以借助所谓的主机覆盖层（host overlay）来传输数据。

如果在网络中同时部署了裸金属机和虚拟设备，那么 ToR 交换机就会负责给下面传输过来的各类数据封装/解封装覆盖层头部，这就是所谓的网络覆盖层。如今，无论主机覆盖层还是网络覆盖层都得到了广泛的使用，是在多租户数据中心环境中解决扩展性难题的良方。这两种做法各有利弊，但使用混合覆盖层环境的部署方式（也就是同时支持主机覆盖层和网络覆盖层）可以充分发挥这两者的优势，从而优化物理设备与虚拟设备之间的通信（P2V communication），如图 2-2 所示。

在了解覆盖层服务的基本特性之后，我们不妨对底层和覆盖层的常用分类方法进行一下简单的说明。底层传输网络（或曰底层）一般都是由那些连接边缘设备的传输设备组成的。边缘设备充当底层网络的边界设备，负责连接终端主机和那些没有启用覆盖层协议的设备（如物理和虚拟服务器）。因此，边缘设备会把 LAN 网段与底层连接起来。

边缘设备负责对覆盖层数据进行封装和解封装，也负责搭建整个覆盖层网络。在 VXLAN 的语境当中，边缘设备的这项功能称为 VTEP，其全称是 VXLAN 隧道端点（VXLAN tunnel endpoint）。图 2-3 所示的为 VXLAN 底层中所涉及的主要术语和功能。

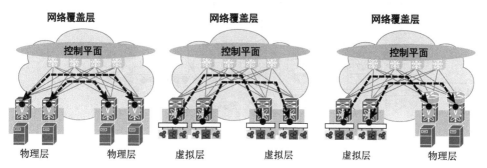

图 2-2　主机、网络与混合覆盖层

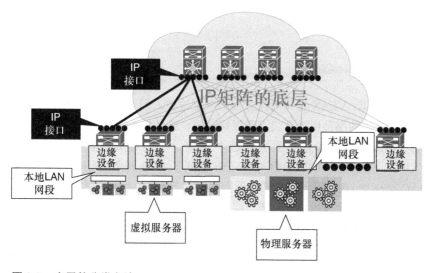

图 2-3　底层的分类方法

虽然一台边缘设备可以包含多个 VTEP，并且这些 VTEP 分别参与不同的底层网络，但一般来说，每台边缘设备上只会运行一个 VTEP。因此，在本书中，我们会把 VTEP 和边缘设备这两个词替换使用。VTEP 之间会使用隧道封装来提供覆盖层服务。在 VXLAN 环境中，这些服务会分别用不同的 VNI（虚拟网络标识符）加以标识，这可以大大提升广播域在一个网络中的扩展能力。这个特点是 VXLAN 大获成功的原因之一。图 2-4 所示的为 VXLAN 覆盖层中所涉及的主要术语和功能。

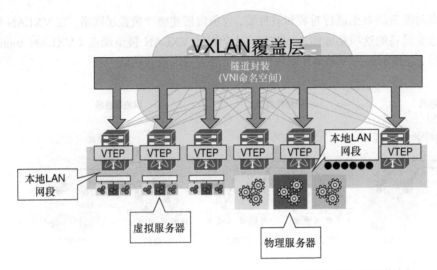

图 2-4　覆盖层的分类方法

2.2　VXLAN 简介

随着虚拟化技术大行其道，VLAN 在扩展性方面的不足迫使人们寻找另一种解决方案。但与此同时，OSI 二层所采用的那种桥接方式需要保留下来，这是为了按照我们的需求把网络中的虚拟机和物理设备连接起来。为了达到这个目的，人们定义了虚拟可扩展局域网（VXLAN）。VXLAN 把网络 ID 的数量由 4096 个扩展到了 1600 万个。同时，VXLAN 还可以提供一种 MAC-over-IP/UDP 覆盖层，来扩展网络中的各个 VLAN，这就大大增加了广播域的数量。因此，VXLAN 代表的是一种把二层封装进三层的覆盖层协议。而边缘设备则负责通过 VTEP 功能来封装/解封装 VXLAN 头部。

实际上，VXLAN 可以用三层的方式把两个或者多个网络连接起来，同时让不同网络中的流量或者服务器能够继续共享相同的二层广播域。因此，VLAN 只能工作在以太网数据链路层（二层），而 VXLAN 则可以跨三层工作。此外，我们在前文中已经进行了介绍，二层以太网会使用 STP 来防止环路。STP 可以创建出无环的拓扑，因为 STP 只会给 VLAN 流量留下一条可用的路径。不过，由于 VXLAN 工作在三层，因此 VTEP 之间的所有路径都可以（通过ECMP）得到充分利用，这就增加了矩阵的利用率。虽然底层使用了 ECMP，但是在覆盖层VTEP 之间只会使用一条专门的路径，同时所有 ECMP 路径都会得到利用。VXLAN 的底层中包含了 IP 核心，所以对数据中心进行调试和维护也会更加简单，因为 VXLAN 利用了当前网络的功能。

VXLAN 头部中的内层信息会沿用二层信息，而外层头部反映的则是三层边缘设备的信息。因此，VXLAN 头部中会包含原二层以太网数据帧，其中包括内层 MAC 源地址和内层 MAC 目的地址。另外，原二层以太网数据帧的内部 802.1Q 头部信息会被映射为 VNI，然后填充到 VXLAN 头部中，如图 2-5 所示。

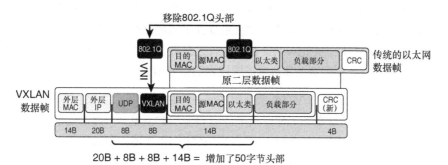

图 2-5 VXLAN 数据帧的格式

VXLAN 头部依次紧邻着一个外层 UDP 头部、一个外层 IP 头部和一个外层以太网头部。外层 UDP 头部的目的端口号会被设置为 4789。UDP 源端口号会根据原始头部（即内层头部）中包含的字段来进行设置。外层 IP 头部中的源 IP 地址会设置为源 VTETP 的 IP 地址，而目的 IP 地址则会设置为目的 VTEP 的 IP 地址。外层以太网头部则会根据设备查找外层 IP 头部的结果来进行设置（设备采用的就是常规的三层查找方式）。因此，在添加 IEEE 802.1Q 标记的情况下（可选），VXLAN 一共会在现有以太网数据帧头部的基础上，再增加 50 字节（或 54 字节）的头部信息。图 2-6 所示的是 VXLAN 的数据帧格式。

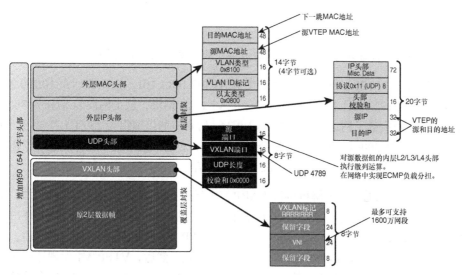

图 2-6 VXLAN 数据帧的详细说明

一般来说，在部署了 ECMP 的三层网络中，设备会根据 5 元素的输入信息来从多条等价路径中选择一条路径来转发流量。这里面所说的 5 元素，一般会包含源 IP 地址、目的 IP 地址、四层（L4）协议、源 L4 端口和目的 L4 端口。在 VXLAN 环境中，对于所有在同一对源和目的 VTEP 之间转发的流量，除了 UDP 源端口之外，其他外层头部中的这些字段都是相同的。鉴于 UDP 源端口因内层数据包/数据帧的内容而异，因此这个字段已经可以提供足够的信息，来让往返于相同源和目的 VTEP 之间的流量选择不同的路径。因此，正确地创建 UDP 源端口数值是一项重要的特性。无论 VTEP 是用软件还是硬件的形式实现的，它都应该能够支持这个特性。这是 VXLAN 区别于其他覆盖层技术的重要因素。

在 IP 底层环境中，人们可以在各个 VTEP 上使用任何一种路由协议（如 OSPF、IS-IS 等）让它们彼此建立连接。IP 底层需要有某种方式来传输覆盖层的流量——无论是单一目的流量和多目的流量。传输多目的流量有一种方法，在底层使用 IP 组播。在这种情况下，底层需要使用协议独立组播（PIM）协议，这是 IP 网络中的一种组播路由协议。IP 组播有几种常用的 PIM 模式，包括 PIM 任意源组播（Any Source Multicast，ASM），PIM 单一源组播（Single Source Multicast，SSM）和双向 PIM（BIDIR）。在本书的第 4 章中，我们会对 IP 底层中可以采用的各个单播和组播路由技术进行更加详细的说明。VXLAN VNI 会与 IP 组播组之间建立映射关系。当工程师在 VTEP 上配置 VNI 的时候，就可以配置 VNI 与 IP 组播组之间的映射关系了。因此，VTEP 就会加入（通过 PIM 建立的）对应的组播树。这样一来，同一个 VNI 的所有成员 VTEP，就都会加入到同一个组播组当中了。于是，一个 VNI 中的某一台终端主机所发送的多目的流量，在经过 VXLAN 的传输之后，就可以发送给所有这个 VNI 中的终端主机了——因为这些流量的外层目的 IP 地址都会设置为这个 VNI 所对应的组播组地址。

VXLAN 的泛洪-学习（F&L）机制

图 2-7 所示的网络拓扑显示了 VXLAN 网络中一次典型的 F&L 通信过程。

VTEP V1（IP 地址为 10.200.200.1）所连接的主机 A（192.168.1.101）和 VTEP V3（10.200.200.3）所连接的主机 B（192.168.1.102）都属于同一个 VXLAN 网段，这个网段的 VNI 为 30001。而 VNI 30001 所对应的子网地址为 192.168.1.0/24，所对应的组播组为 239.1.1.2。由于 V1 和 V3 上都配置了 VNI 30001，所以它们都会加入 239.1.1.2 这个组播组，也都是这个组播组流量的接收方。假设现在主机 A 希望与主机 B 进行通信。

首先，主机 A 会尝试通过地址解析协议（ARP）来解析主机 B 的 IP-MAC 映射关系。主机 A 会发送一条 ARP 请求消息，这个 ARP 请求消息的目的 MAC 地址为 FFFF.FFFF.FFFF，而这个消息的源 MAC 地址为 00:00:30:00:11:01。当 VTEP V1 接收到这个 ARP 请求后，使用 VNI=30001，目的 MAC=FFFF.FFFF.FFFF 执行二层查找。然后，VTEP V1 发现这是一个多目的数据帧，这个数据帧需要转发给 VNI 30001 的所有成员。于是，VTEP V1 会给这个数据包封装上 VXLAN 头部，并且使用这些信息来设置 VXLAN 头部：VNI=30001，源 IP=10.200.200.1，目的 IP=239.1.1.2。

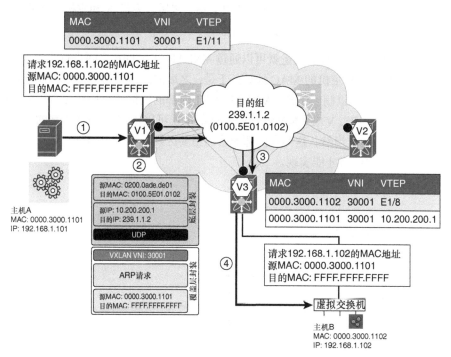

图 2-7　VXLAN 的 F&L

VTEP V1 会把这个封装了 VXLAN 的数据包发送给 IP 核心。这个数据包会沿着组播树进行转发，并且最终到达所有这个组播组的接收设备，包括 VTEP V3。

VXLAN 封装的数据包会由 VTEP V3 进行解封装，因为 VTEP V3 本地也配置了 VNI 30001 和 239.1.1.2 这个组。经过二层学习之后，VTEP V3 会学习到[VNI=30001，MAC=00:00:30:00:11:01->10.200.200.1]这个条目。V3 会使用[VNI=30001，DMAC=FFFF.FFFF.FFFF]执行二层查询。因为这是一个广播数据包，所以 V3 会把这个数据包发送给下联的所有（VNI=30001）主机，其中也包括主机 B。在接收到 ARP 请求之后，主机 B 会发送一条 ARP 响应，这个 ARP 响应的目的 MAC 地址为 00:00:30:00:11:01，而源 MAC 地址为 00:00:30:00:11:02。V3 在接收到这个数据包之后，会对信息[VNI=30001，DMAC=00:00:30:00:11:01]执行本地学习和目的查找。此时，V3 会在二层表中查找到对应的信息，于是 V3 会使用 VXLAN 对数据包进行封装，然后将数据包发送给 V1。

在这个数据包中，最重要的字段包括 VNI=30001、源 IP 地址=10.200.200.3，以及目的 IP 地址=10.200.200.1。封装好的数据包会通过一般的三层路由发送给 V1。V1 也会执行二层学习，然后根据 VNI 和目的 MAC 地址来查找目的地址，这些信息都来自于主机 B 发送给主机 A 的 ARP 响应消息。通过这种方式，两边的 VTEP 就都获得了主机 MAC 地址的信息，主机 A 和主机 B 也都知道了彼此 MAC-IP 的映射关系。之后，主机 A 和主机 B 就可以通过 VXLAN，在 V1 和 V3 之间相互发送单播流量了。

通过上面介绍的这种机制，多目的流量就可以通过 VXLAN 在 VTEP 之间进行泛洪，让设备可以学习到 VTEP 身后那些主机的 MAC 地址。于是，之后的流量就可以通过单播进行发送了。这种机制就称为 F&L 机制。于是，VXLAN VNI 内部的通信就可以按照常规的二层转发模式来实现了。这样一来，VXLAN VNI 内部的通信也就可以采用 VLAN 内部的通信方式来实现了，如图 2-8 所示。当然，这两种内部通信的主要区别，在于 VXLAN VNI 的内部通信需要在 IP 底层跨三层网络才能实现。

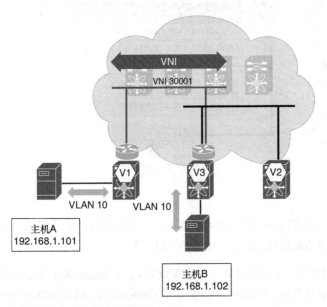

图 2-8 VLAN 与 VNI 的映射

多个 VNI 也可以共享同一个组播组。这是因为 VNI 最多可以有 1600 万个，如果让 VNI 和组播组之间都建立一对一的映射关系，那么就会给设备的软硬件资源带来过重的负担。实际上，在最切实可行的部署方案中，一个网络支持的最大组播组数量也就是 512 个或者 1024 个。也就是说，一个 VTEP 接收到的 VXLAN 多目的流量，其目的地有可能不是这个 VTEP 本地配置的 VNI。这些流量会在网络层面进行隔离，因为每个 VXLAN 网段都有一个独立的 VNI，而设备在执行查找时，使用的信息永远都是[VNI，目的 MAC]。在 VXLAN 环境中，还有另一种处理多目的流量的方法，那就是使用入站复制（Ingress Replication，IR），这种方法也称为头端复制。如果采用入站复制的方法，那么每台 VTEP 都必须了解这个 VNI 中的其他成员 VTEP。这会给 VTEP 带来额外的负荷，但是因为 IP 底层不需要运行组播，所以这种方法也可以在某种程度上起到简化网络的效果。

VXLAN 是用来实现主机覆盖层和网络覆盖层的几种覆盖层技术之一。随着 SDN 的崛起，VXLAN 被人们广泛应用于实现主机覆盖层，让物理服务器在网络中承担 VTEP 的角色，对虚拟设备之间的流量执行封装和解封装。要想在不支持 VXLAN 的传统设备之间建立通信，需要借助二层 VXLAN 网关的帮助，来把传统的 VLAN 通信域转换成为虚拟的、基于 VXLAN 的通信域。自从网络设备厂商开始让它们的硬件交换机支持 VXLAN 技术，VXLAN 也开始用来实现网络覆盖层了。这给在同一个数据中心环境中，软件和硬件 VTEP 共存的部署方式铺平了道路。

针对网络扩展性不佳、移动性有限和管理复杂等问题，VXLAN 给出了自己的答案。但同时，VXLAN 的一些缺陷也显现了出来。虽然 VXLAN 针对虚拟网络定义了扩展的数据平面，但控制平面的问题仍然没有得到解决。所以，VXLAN 采用的 F&L 机制并不是一种理想的解决方案，这是因为 VXLAN 让广播域扩展到了三层边界之外。总的来说，所有需要利用泛洪的机制都存在严重的问题，当网络的规模扩大时，泛洪机制的问题更加暴露无遗。我们在第 1 章中曾经提到过，VXLAN 的 F&L 机制存在着和以太网类似的问题。所以，尽管 VXLAN 在很多方面都针对数据中心的需求提供了大量的利好条件，但这种技术总的来说还不能算是一种十分周全的解决方案。它缺少一种机制，让设备能够学习到 VTEP 身后终端主机的信息，同时又不需要对流量进行泛洪。因此，我们就需要使用基于 BGP 的控制协议扩展来对这个问题进行弥补。

2.3 VXLAN BGP EVPN 简介

在多宿主数据中心环境中，VXLAN 显然可以带来大量的利好，它不仅可以大幅度增加网络标识符的数量，而且可以提供三层的覆盖层平台。不过，虽然由于数据传输环境中包含了 IP 核心网络，所以这个环境当中不会使用 STP，但是在源设备学习到目的设备的主机标识符之前，这个环境还是需要借助组播协议来模拟出跨域三层网络的泛洪。

因此在传统上，为了跨越网络传输数据，VXLAN 还是采用了 F&L 机制。在一个网络中，目的 VTEP 身后的所有逻辑设备和物理设备都会接收到源设备发来的查询信息，这些信息就是为了定位目的设备才发送出来的。一旦目的设备接收到这个信息，它就会把 MAC 地址信息提供给源设备。这就是主机学习的方式。一旦学习到了这个地址，在这个 VXLAN 网段中也就建立起了主机与主机间的通信。

只要搞明白了这一点，读者就可以理解为什么我们需要使用边界网关协议（BGP）和以太网VPN（Ethernet VPN）来解决与学习机制有关的问题，并且减少泛洪的范围了。BGP 是一种久经考验的标准化协议，它可以交换网络层可达性信息（NLRI），从而在网络中建立主机间的可达性。BGP 已经证明了自己可以扩展到互联网级别。BGP 规定，只有在它通告的网络可达性信息产生了某些变化的情况下才会发起消息，BGP 消息可以通过很多方式进行扩展。在网络虚拟化覆盖层环境中，BGP 可以为一个 VXLAN 网段中，VTEP 身后所有设备的 MAC 和 IP 地址提供数据目录，无论这些设备是物理设备还是逻辑设备。因此，BGP 可以对 VXLAN 目的进行标准化的编号和命名，从而设备就不需要通过泛洪来学习编址信息了。多协议 BGP 也可以在多宿主 IP 网络中运行，而把多协议 BGP 与 EVPN 结合起来使用，就可以提供必要的控制平面功能。

BGP（或者多协议 BGP[MP-BGP]）的 EVPN 扩展（即 BGP-VPN）在这些标准化的标识符中添加了大量的信息，让设备之间的数据交换变得更有效率了。在一个 VXLAN 中，EVPN 会使用 BGP/MP-BGP 格式来标识（VTEP 身后的）IP 和 MAC 地址的可达性，从而在源和目的 VTEP 之间传输信息。EVPN 集成了路由与交换功能，它可以使用 VXLAN 网络中已知的设备地址来传输二层和三层流量。于是，为了学习地址而泛洪流量的操作可以大幅度地减少，甚至在某些情况下，设备已经不需要再对流量进行泛洪了。

总之，EVPN 地址族可以通过 MP-BGP 来承载主机 MAC 地址、IP 地址、网络、VRF 和 VTEP 信息。因此，只要 VTEP（通过 ARP/ND/DHCP 等方式）学习到了自己身后的主机，那么 BGP EVPN 就可以把这些信息分发给网络中所有其他启用了 BGP EVPN 的 VTEP 设备。所以，只要源 VTEP 能够不断检测到自己身后的某台主机，那么它就不会发送 EVPN 更新消息，从而其他 VTEP 也就不需要让其他远程主机的可达性信息"老化"。这就避免了传统 F&L 机制存在的问题，即因为老化而导致网络翻动的问题，这种机制可以大大提升网络的可扩展性。

下面我们顺着这个概念进行一点延伸。有时候，人们会认为 BGP-EVPN 可以彻底消除泛洪的问题，但这可不一定。VXLAN 是工作在数据平面的协议，负责传输数据。因此，为了解决 BUM 流量通过 VXLAN 传输的问题，VTEP 还是需要（借助 IP 组播或者入站复制技术）向其他 VTEP 发送多目的流量。虽然因为未知单播流量导致的泛洪行为或许可以得到解决（如果网络中没有"沉默"主机，没有尚未被发现的主机，也没有只会响应流量不会主动发送流量的主机），但因为 ARP、DHCP 和其他地址类协议产生的广播流量还会触发泛洪的行为，例如 Web 服务器、有些防火墙或者一部分服务设备就会进行流量泛洪。在这个虚拟化大行其道的年代，"沉默"主机的数量已经大大减少，但这类主机并没有彻底消失。因此，在控制平面使用 EVPN 可以减少泛洪，但并不能彻底消除泛洪。

BGP EVPN 的做法与 F&L 存在很多区别。它们发现对等体、学习远端主机的方式就大不相同，因为 BGP EVPN 会分发 VTEP 身后的端点标识符（如 MAC 地址和 IP 地址（后者可选）），以及和端点相关的 IP 前缀信息。同样，对等体 VTEP 认证的方式也有区别，因为控制平面本身就会包含必要的信息，而不是只能干等着单播学习的响应消息。另外，在控制平面使用 BGP EVPN 也可以减少主机路由的分发。所以，ARP 请求消息可以得到抑制，这也大大提升了数据传输的效率。有了上面这些特征,我们也可以得出这样的结论:把 BGP EVPN 和 VXLAN 结合起来使用就可以提升数据传输的效率,也可以提升数据控制的能力,让网络中能够部署的主机数量得到大幅度的提升。

2.3.1　MP-BGP 的特性与常用的部署方式

按照 RFC 4760 的说法,VXLAN BGP-EVPN 解决方案是基于 MP-BGP 的。MP-BGP 的主要特性是在一个 BGP 对等体会话中同时支持各类地址族和相关的 NLRI。因此,MP-BGP 也可以通过一条 BGP 对等体会话来支持 VPN 服务,并且为各个租户的各类可达性信息提供嵌入的逻辑。租户、VPN 和 VRF 这几种概念,我们会在下文当中替换使用。

MP-BGP 地址族会用来传输特定的可达性信息。常用的地址族包括 VPNv4 和 VPNv6。在各个数据中心站点之间通过 MPLS(多协议标签交换)建立三层 VPN 时,经常会使用这些地址族。另外,其他一些 VPN 地址族(如组播 VPN[MVPN])也会用来在多租户环境中传输(MPLS 或其他封装的)组播组可达性信息。如果使用 VXLAN,那么我们关注的重点就是 L2VPN EVPN 地址族,它描述了如何通过一条 MP-BGP 对等体会话,来传输(可感知租户信息的)二层信息(MAC 地址)和三层信息(IP 地址)。

在 BGP 环境中,如果只使用了一个自治系统(AS),那么 BGP 设备之间的对等体关系就叫作内部 BGP(或 iBGP)。iBGP 的主要目的是在 AS 内部的所有 BGP 设备之间同步交换信息。iBGP 对等体之间需要建立全互联的对等体关系,因为一台 iBGP 设备的可达性信息必须被其他设备学习到,同时又不能由其他 BGP 设备进行中转。为了修正这种做法,iBGP 可以使用路由反射器(RR)的功能。RR(路由反射器)可以接收 iBGP 信息,然后把信息"反射"给各个 RR 客户端,也就是发送给所有已知的 iBGP 邻居。所以,如果把 iBGP 和 RR 功能结合起来使用,那么 BGP 建立对等体的方式就可以得到优化,BGP 对等体之间必须建立全互联的要求也就可以姑且放在一边了,如图 2-9 所示。同样,这种部署方法也可以进一步扩展控制平面。因为,如果采用全互联的方式,那么要在 N 个对等体之间建立 N 对会话,就必须一共建立 $N(N-1)/2$ 组会话,或者 $O(N^2)$ 组会话。

外部 BGP(或 eBGP)是指不同自治系统的 BGP 设备之间建立的对等体关系。比如,有一台 BGP 设备是在 65500 这个自治系统中,这台设备可以和位于 AS 65501 这个自治系统中的邻居 BGP 设备建立对等体关系,如图 2-10 所示。在 eBGP 环境中,路由交换的游戏规则略有不同。eBGP 要求设备之间建立全互联的对等体关系,而且不可以使用 RR,一台 eBGP 设备发送的 BGP 可达性信息永远需要发送给所有的邻居。另外,eBGP 的下一跳默认就会指向自己。这样一来,一台 eBGP 设备在通告自己始发的路由时,会把自己通告为下一跳设备。

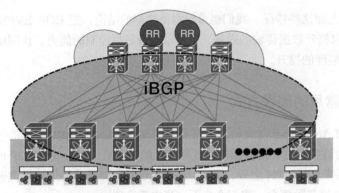

图 2-9　iBGP 与路由反射器

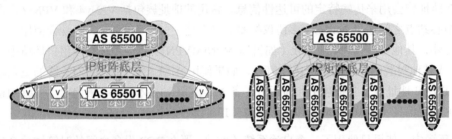

图 2-10　eBGP（不使用路由反射器）

MP-BGP 在多租户和路由策略方面的功能非常强大。为了区分 BGP 表中保存的路由，MP-BGP 使用了路由标识符（Route Distinguisher，RD）的概念。RD 由 8 字节（即 64 位）组成，一共包含 3 个字段。前面 2 字节为类型（type）字段，这个字段的作用是标识数值（value）这个字段的含义。后面的 6 字节就是数值字段，这个字段的内容可以按照 3 种格式来填充。

如图 2-11 所示，第一种格式为类型 0（type0），即 RD 的数值字段由 2 字节的自治系统号加上 4 字节的个体数值所组成。对于类型 1（type1）和类型 2（type2）这两种格式，数值字段的第一部分大小类似（都是 4 字节），但这部分的内容并不一样：类型 1 的第一部分标识的是 IP 地址，而类型 2 的第一部分标识的是 AS 号。至于类型 1 和类型 2 的后面 2 字节，则都是个体数值字段。为了实现流量分离和路径优化，最常见也最理想的做法是给每台路由器、每个 VRF 分配一个独立的 RD，其目的是把各个逻辑虚拟路由器实例分别标识出来。

除了给各个宿主分配不同的标识符之外，MP-BGP 也会使用路由策略来对某个逻辑实例中的路由进行优化。优化可以通过一种叫作路由目标（RT）的属性来实现。RT 属性可以看作把一系列的站点标识出来，或者说得更准确一点，RT 可以看作把一系列的 VRF 标识出来。给一条路由关联某个 RT 可以把这条路由放到负责路由（从相应站点接收到的）流量的 VRF 中。

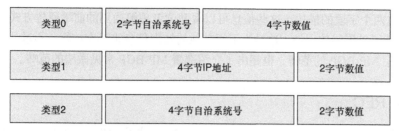

类型0	2字节自治系统号	4字节数值
类型1	4字节IP地址	2字节数值
类型2	4字节自治系统号	2字节数值

图 2-11　路由标识符的格式与类型

RT 的格式与 RD 的十分类似，但它们的功能却相去甚远。其中一个的作用是标识 BGP 表中的条目前缀，另一个则是控制这些前缀的导入和导出，如图 2-12 所示。从本质上说，RT 是打在路由上的一种标记，用来标识出管理员认为哪些路由需要进入哪些 VRF 中。

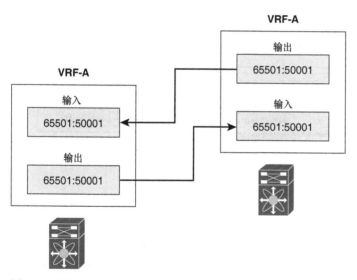

图 2-12　路由目标的概念

RT 可以对路由进行标识，然后再把打上标记的路由放到不同的 VRF 表中。技术人员可以控制导出 RT（export RT），在入站交换机上控制前缀，让它接收携带某个标记的路由。同样，如果导入端也使用了相同的 RT，那么所有在导出端标记过的路由就可以根据管理员的设定导入路由表中。RT 的长度同样是 8 字节。在格式方面，除了必须采用"前缀:后缀"这种标记法之外，其余都很自由。Cisco 为简化起见，提供了自动派生 RD 和 RT 标记的操作。

注意：自动派生出来的 RD 会使用类型 1 的格式。具体来说，派生出来的 RD 为"RID 环回接口 IP 地址:内部 MAC/IP 的 VRF ID"（如 RD：10.10.10.1:3）。而自动派生的 RT 格式则为"ASN:VNI"（如 RT：65501:50001）。

多协议 BGP（MP-BGP）包含了非常多的功能和特性。在 VXLAN EVPN 解决方案中，可以读到对 RD 和 RT 这两个字段的描述，这些信息可以帮助读者理解通用的前缀通告方式。另外，MP-BGP 中携带了扩展团体属性，这是为了用其他的转发信息来补充前缀。不过，这些内容超出了本书介绍 MP-BGP 的范畴，也超出了介绍部署 MP-BGP 常见做法的范畴。

2.3.2 IETF 标准与 RFC

大量的 IETF RFC 草案中包含了 VXLAN EVPN。RFC 7432 描述了 EVPN 的通用控制平面。这则 RFC 文档定义了在不同的数据平面实施方案中，MP-BGP EVPN 地址族及其 NLRI 的一般规则。鉴于已经有多个 RFC 文档定义了多协议标签交换（MPLS）、运营商骨干桥接技术（PBB），以及网络虚拟化覆盖层（NVO）实施方案的详细信息，所以我们在这本书中关注的重点是如何在 VXLAN 网络的 NVO 数据平面实施 BGP EVPN，如图 2-13 所示。

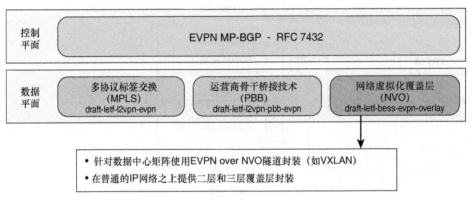

图 2-13 IETF RFC/草案对控制平面和数据平面的定义

IETF 草案 draft-ieft-bess-evpn-overlay 定义了如何实施 VXLAN EVPN。这项草案是 BESS（BGP Enabled Services）工作组的一部分，其中包含了很多内容，包括封装标记、构建 EVPN 路由的方式，以及如何建立子网与 EVI（EVPN 虚拟实例）之间的映射关系等。在这个草案之后，IETF 又定义了一系列的实施草案，如 draft-ietf-bess-evpn-inter-subnet-forwarding 和 draft-ietf-bess-evpn-prefix-advertisement。这些后续的草案描述了集成的路由与桥接（IRB）和三层路由操作在 EVPN 环境中的处理方式。表 2-1 罗列了所有在 Cisco Nexus 操作系统（即 NX-OS）中实现的、和 VXLAN BGP EVPN 有关的 RFC/草案。

表 2-1   RFC/草案概述

RFC/草案	标题	分类
RFC 7348	虚拟可扩展局域网	数据平面
RFC 7432	基于 BGP MPLS 的以太网 VPN	控制平面
draft-ietf-bess-evpn-overlay	一种使用 EVPN 的网络虚拟化覆盖层解决方案	控制平面

续表

RFC/草案	标题	分类
draft-ietf-bess-evpn-inter-subnet-forwarding	EVPN 中集成的路由与桥接	控制平面
draft-ietf-bess-evpn-prefix-advertisement	EVPN 中的 IP 前缀通告	控制平面
draft-tissa-nvo3-oam-fm	NVO3 故障管理/OAM	管理平面

在 Cisco NX-OS 操作系统中实施 VXLAN EVPN 的重要环节包括：基于 VLAN 的捆绑服务，NVE 上针对终端主机或子网执行部署同步 IRB 转发（即子网间转发，详见本书 5.1 节和 5.2 节），以及 IP-VRF 到 IP-VRF 通信的实现（即前缀通告，详见本书 5.4 节）。

在这里读者应该注意一点，在 RFC 7423 中，MP-BGP EVPN 对于 NLRI 的定义是不同的。同样，RFC 7432 对类型 1 到类型 4 路由的定义是不同的，而 draft-ietf-bess-evpn-prefix-advertisement（见表 2-2）对类型 5 路由也有不同的定义。在 Cisco 的 VXLAN EVPN 实施方案中，目前并未使用类型 1 路由（以太网自动发现 A~D 路由）和类型 4 路由（以太网分段路由），但类型 2、3 和 5 的路由所发挥的作用都相当重要。

表 2-2　　　　　　　　　　　　　　　BGP EVPN 的路由类型

RFC/草案	路由类型	描述
RFC 7432	1	以太网自动发现（AD）路由
	2	MAC/IP 通告路由
	3	包含组播以太网标记路由
	4	以太网段路由
draft-ietf-bess-evpn-prefix-advertisement	5	IP 前缀路由

路由类型 2 定义了 MAC/IP 通告路由，这种类型的路由负责在 BGP EVPN 环境中分发 MAC 和 IP 地址可达性信息，如图 2-14 所示。类型 2 路由中有很多字段可以提供地址信息。在类型 2 路由中，MAC 地址和 MAC 地址长度字段是必不可少的。同样，设备需要通过给流量打标来定义 VXLAN 数据平面的二层 VNI（MPLS 标签 1）。这个 NLRI 也支持可选字段，包括 IP 地址和 IP 地址长度字段。虽然一般来说，IP 地址长度字段是一个变量，但是对于类型 2 路由来说，IPv4 地址需要 32 位的长度，而 IPv6 地址则需要 128 位的长度，这个字段会包含一个节点或者一台服务器的 IP 地址信息。

在用类型 2 路由作为桥接信息时，也可以使用其他团体属性，例如封装类型（类型 8：VXLAN）、路由目标（RT），或者用来进行端点移动性标识/重复主机检测的 MAC 移动性顺序。如果使用类型 2 路由作为路由，那么也会出现一些其他的团体属性，比如下一跳的路由器 MAC 地址会作为一种扩展的团体属性，L3VNI 和路由目标也会用来执行三层操作。读者在这里应该注意，类型 2 路由会包含 RT 和 VNI，来提供二层和三层信息。在类型 2 路由不包含 IP 地址的时候，可选的 IP 地址和 IP 地址长度字段都会 "清零"，三层 VNI（即 MPLS标签 2）则会忽略。

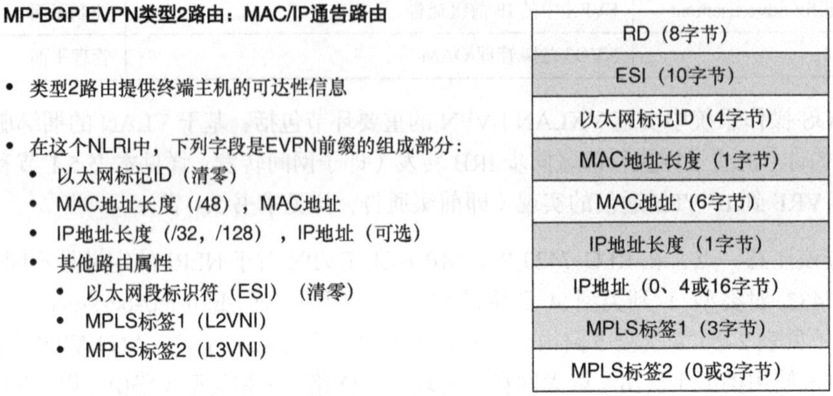

MP-BGP EVPN类型2路由：MAC/IP通告路由

- 类型2路由提供终端主机的可达性信息

- 在这个NLRI中，下列字段是EVPN前缀的组成部分：
  - 以太网标记ID（清零）
  - MAC地址长度（/48），MAC地址
  - IP地址长度（/32，/128），IP地址（可选）
  - 其他路由属性
    - 以太网段标识符（ESI）（清零）
    - MPLS标签1（L2VNI）
    - MPLS标签2（L3VNI）

RD（8字节）
ESI（10字节）
以太网标记ID（4字节）
MAC地址长度（1字节）
MAC地址（6字节）
IP地址长度（1字节）
IP地址（0、4或16字节）
MPLS标签1（3字节）
MPLS标签2（0或3字节）

图 2-14   BGP EVPN 类型 2 路由 NLRI

类型 3 路由称为 "包含组播以太网标记路由"，这种类型的路由一般会用来为入站复制创建分发列表，如图 2-15 所示。因此，这种类型的路由提供了通过单播来复制多目的流量的方式。一旦管理员在 VTEP 上配置了 VNI 并且 VNI 开始正常工作，设备就会立刻开始生成类型 3 的路由，并且把这些路由发送给所有参与入站复制的 VTEP。这与类型 2 路由不同，因为一旦学习到终端主机，类型 2 路由就只会携带 MAC/IP 地址。通过这种方式，每台 VTEP都可以了解到在某个 VNI 中，所有需要接收 BUM 流量的远程 VTEP。

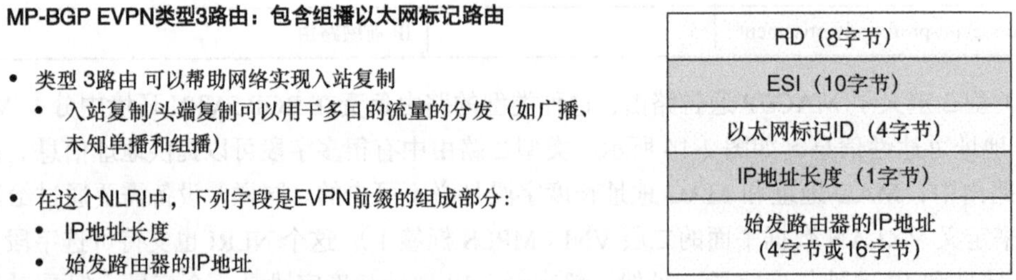

MP-BGP EVPN类型3路由：包含组播以太网标记路由

- 类型3路由 可以帮助网络实现入站复制
  - 入站复制/头端复制可以用于多目的流量的分发（如广播、未知单播和组播）

- 在这个NLRI中，下列字段是EVPN前缀的组成部分：
  - IP地址长度
  - 始发路由器的IP地址

RD（8字节）
ESI（10字节）
以太网标记ID（4字节）
IP地址长度（1字节）
始发路由器的IP地址（4字节或16字节）

图 2-15   BGP EVPN 类型 3 路由 NLRI

要注意，入站复制这项功能不一定要得到 BGP EVPN 控制平面的支持，但却必须得到数据平面的支持。此外，数据平面必须能够针对每个多目的数据包创建 n 份副本，这个 n 就是在相关 VNI 中拥有成员设备的远程 VTEP 数量。由于数据平面的功能需要依靠在 VTEP 上配置的专用 ASIC 芯片来实现，所以如果设备不支持入站复制，那就只能依靠 IP 组播来转发BUM 流量了。所以，EVPN 能够彻底解决网络底层对组播的需求，这种说法基本属于神话的范畴。

本书中要讨论的第 3 种路由类型（同时也是最后一种路由类型）是类型 5 路由，即 IP 前缀路由，如图 2-16 所示。

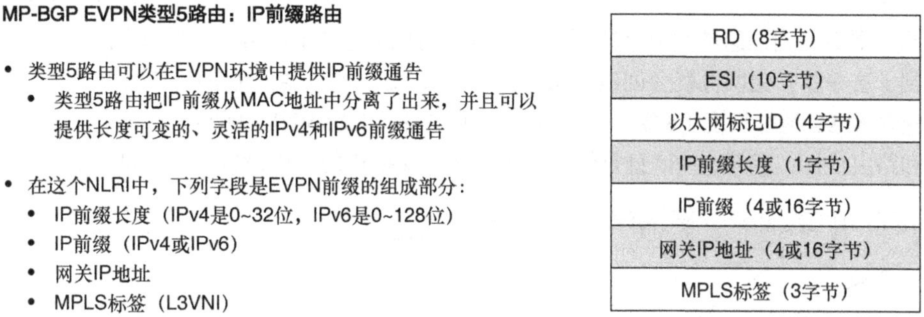

MP-BGP EVPN类型5路由：IP前缀路由

- 类型5路由可以在EVPN环境中提供IP前缀通告
  - 类型5路由把IP前缀从MAC地址中分离了出来，并且可以提供长度可变的、灵活的IPv4和IPv6前缀通告

- 在这个NLRI中，下列字段是EVPN前缀的组成部分：
  - IP前缀长度（IPv4是0~32位，IPv6是0~128位）
  - IP前缀（IPv4或IPv6）
  - 网关IP地址
  - MPLS标签（L3VNI）

RD（8字节）
ESI（10字节）
以太网标记ID（4字节）
IP前缀长度（1字节）
IP前缀（4或16字节）
网关IP地址（4或16字节）
MPLS标签（3字节）

图 2-16 BGP EVPN 类型 5 路由 NLRI

虽然 EVPN 的主要目的是为了传输二层信息，同时提升桥接网络的效率，但路由转发功能仍然是在覆盖网络中，实现跨子网通信或跨二层 VNI 通信的一种通用的需求。类型 5 路由可以提供在 EVPN 中传输 IP 前缀信息的能力，这种类型的路由可以用可变的 IP 前缀长度来传输 IPv4 和 IPv6 前缀（IPv4 的前缀长度为 0~12 位，而 IPv6 的前缀长度为 0~128 位）。在类型 5 路由中，IP 前缀路由并不包括 NLRI 中的二层 MAC 信息，因此类型 5 路由中只会包含路由和集成多宿主环境所必需的三层 VNI 信息。此外，类型 5 路由的扩展团体会携带路由目标、封装类型以及覆盖层下一跳 VTEP 的路由器 MAC 信息。类型 2 路由会用 MAC 地址在 MAC VRF 中标识路由，而类型 5 路由则会用 IP 前缀在 IP VRF 中标识路由。所以，BGP EVPN 设备完全有能力把它们区分开，防止对 EVPN 通告的 IP 前缀路由（类型 5 路由）执行与 MAC 地址有关的处理操作。

2.3.3 主机路由与子网路由的分发

在 BGP EVPN 环境中，覆盖层的主机和子网可达性信息是与底层的信息分开进行分发的。其中，底层可以给拓扑提供 VTEP 间的可达性信息，而覆盖层控制协议则会分发端点信息，如 MAC 地址、IP 地址或者子网前缀，并且在分发的同时携带覆盖层中对应的位置信息。在所有 BGP EVPN 前缀通告中，VTEP 都会作为下一跳进行通告。BGP EVPN 会让所有参与通信的 VTEP 相互交换信息，最终在二层桥接网络或者三层路由网络实现端到端的可达。除了可达性信息自身之外，BGP EVPN 也可以针对各个地址所属的网络，以及对应的多宿主环境提供技术支持。由于 BGP 可以提供一种弹性的方式来分发信息，所以各个边缘设备或者 VTEP 就需把本地已知的 MAC 地址、IP 地址和 IP 子网信息注入 BGP 当中来进行进一步的分发。

一旦检测到启用了 VXLAN BGP EVPN 的边缘设备或者 VTEP 连接的终端主机，那本地交换机就会通过二层 MAC 学习的传统方式, 学习到 MAC 地址 (如指向入站端口的[VLAN, SMAC] 条目)。通过 MAC 学习进程, 交换机就会了解到 MAC 地址与二层 VLAN 的关系, 并且也会在二层 VLAN 与二层 VNI 之间建立映射关系。此时, 交换机会把新学习到的本地 MAC 地址填充到类型 2 路由消息的对应字段当中, 这样就可以通过 MP-BGP 控制协议来分发这类信息了。到了这一步, 交换机就会创建 BGP 更新消息, 更新消息会携带 EVPN 路由类型 2 NLRI, 其中包含 MAC 地址长度 (6 字节)、MAC 地址本身、二层 VNI (标签 1) 以及对应的路由标识符和路由目标, 后面这些信息是管理员配置边缘交换机的时候设置的 (详见图 2-17)。

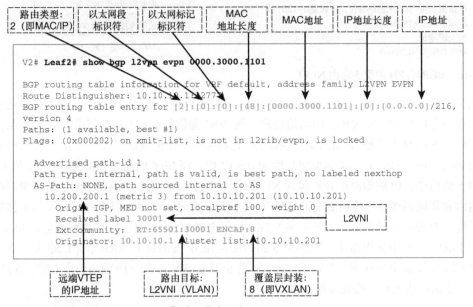

图 2-17   show bgp l2vpn evpn: 类型 2 路由 (仅 MAC)

另外, 如果使用了 VXLAN BGP EVPN, 那么设备就会使用封装类型 8 来确保所有邻居设备都能明白, 自己使用的数据平面封装是 VXLAN。因为图 2-17 所示的消息是在一个 BGP EVPN 网络中由 VTEP 通过学习 MAC 地址产生的, 所以这个消息中并不包含移动性扩展属性。

> **注意:** 在进行验证的时候, 读者可以查看 EVPN NLRI 生成字段的位数。位数就显示在前缀的边上, 与前缀用符号 "/" 分隔开。仅 MAC 的类型 2 路由的前缀是/216, 而 MAC/IP 的类型 2 路由的前缀则是/272 (也就是在 216 位的基础上加上 32 位的 IPv4 地址, 再加上 24 位的 L3VNI)。如果类型 2 路由携带的是 IPv6 地址, 那么前缀就是/368 (也就是在 216 位的基础上加上 128 位的 IPv6 地址, 再加上 24 位的 L3VNI)。类型 5 EVPN 路由如果携带 IPv4 前缀, 那么前缀就是/224, 如果携带 IPv6 地址那么前缀就是/416。

一旦边缘设备从直连的终端主机那里接收到 ARP 请求, 那么它就会学习到这台终端学习的 IP-MAC 映射关系。接收到 ARP 请求的入站方向三层接口会为终端主机提供相应的网络环境。这个网络环境会将这个三层接口映射到宿主 VRF，也就是将终端主机映射到宿主 VRF。切记，VRF 会关联到唯一的三层 VNI，设备会使用三层 VNI 来路由宿主的流量。

虽然我们到目前为止只提到了 VRF，但使用邻居发现（ND）协议的 IPv6 终端主机也会执行类似的操作。设备也会通过配置 BGP EVPN 时输入的 VRF 参数，来获得这个 VRF 的路由标识符（RD）以及对应的路由目标（RT）。到这一步，设备就可以把所有相关的三层终端主机信息嵌入到 BGP EVPN 的类型 2 路由 NLRI 中了，这些信息包括 IP 地址长度、IP 地址、三层 VNI（标签 2）以及通过配置获得的路由标识符和路由目标。另外，源 VTEP 或边缘设备的路由器MAC 也会成为其中的一种扩展团体属性。所以，邻居边缘设备就可以获得源VTEP、IP 地址（三层信息）与 MAC 地址（二层信息）的映射信息了。

需要在 BGP EVPN 消息中包含 RMAC，这是因为 VXLAN 是一种把 MAC 封装在 IP/UDP 中的覆盖层协议。把内层 MAC 地址作为 RMAC 进行路由，在封装过程中使用的信息就可以不止用三层信息（即下一跳 IP 地址）来标识邻居 VTEP，同时也可以用二层信息（目的 VTEP 的 MAC 地址）来标识邻居 VTEP。在 RMAC 的旁边，可以读到的信息是封装类型 8（即 VXLAN）这种扩展团体属性，这个信息是为了保证所有 VTEP 在读到这个消息时都会发现这是 VXLAN 封装的数据。在这里，我们也应该考虑一下 BGP EVPN 类型 2 路由 NLRI 中的其他字段。图 2-18 展示了 show 命令的输出信息，显示了同时包含 MAC 和 IP 字段的路由类型 2 条目。因为这个坏境中使用了基于 VLAN 的捆绑服务，所以 MAC/IP 通告消息（类型 2路由）以及包含组播路由通告消息（路由类型 3）中的以太网标记字段，必须设置为 0。

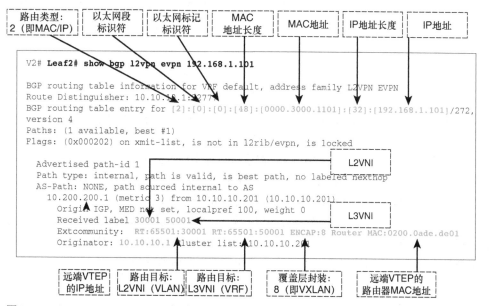

图 2-18 show bgp l2vpn evpn：类型 2 路由（MAC/IP）

我们现在把三层信息添加到了（之前仅包含二层信息的）类型 2 路由当中，于是我们现在就拥有了完整的 NLRI，也就可以在 VXLAN 网络中使用 BGP EVPN 来同时执行桥接操作和路由操作了。BGP 设备会把已知信息使用 BGP 更新发送给路由反射器（iBGP），然后再由路由反射器把更新消息转发给所有的 BGP 对等体。一旦接收到更新消息，所有边缘设备都会把新学习到的远端主机信息，添加到对应的本地数据库中，这个本地数据库称为终端主机桥接/路由（MAC/IP）表。这时，硬件表中就会生成匹配二层 VNI 的 MAC 地址，以及对应的导入路由目标，以便进行 MAC 地址学习（例如[VLAN, MAC]->远端 VTEP 的 IP 地址）。这里要注意的一点是，这些通过 BGP 学习到的 MAC 地址不会按照常规的老化方式被设备自动删除。只有当设备接收到对应的 BGP 删除消息，要求设备移除端点时，这类 MAC 地址才会被设备删除。

在硬件路由表（一般称为转发信息库[FIB]）中生成主机 IP 前缀的流程也相差无几。具体来说，三层 VNI 加上对应的导入路由目标，这两者共同标识了租户 VRF 或租户 VPN。而在租户 VRF 或租户 VPN 中，必须安装/32 或/128 的主机 IP 前缀。根据边缘设备硬件性能的不同，FIB 有可能会分为主机路由表（HRT）和最长前缀匹配（LPM）表。前者会存储 32 位的 IPv4 主机路由和 128 位的 IPv6 主机路由，而后者则会存储可变长度的 IP 前缀信息。FIB 条目（无论是 HRT 还是 LPIM）都会指向邻接设备或者下一跳条目。FIB 条目会与[BD, RMAC]条目一起生成。其中 BD 是硬件桥接域，映射到三层 VNI；而 RMAC 则与远程 VTEP 相对应。这些信息都会包含在 BGP-EVPN 路由类型 2/5 的通告消息当中。

这里值得说明的一点是，FIB HRT 表在硬件中往往就是一个散列表，因为设备只会对这个表进行精确匹配。而 FIB LPM 则是一个真正的 TCAM 或者算法 TCAM 表，因为设备在使用这个表查找信息时会使用最长前缀匹配。由于 TCAM 能耗高、价格昂贵，所以在大规模数据中心环境中，数据中心的 ToR 设备往往会使用比较小的、基于 LPM 的 TCAM 表，同时会使用比较大的 HRT 表来支持数量庞大的端点设备或者端点主机。

然而，仅仅（通过/32 或者/128 位的 IP 前缀）提供本地学习到的主机信息是不够的。因此，除了主机桥接功能和主机路由功能之外，BGP EVPN 也提供了传统的、基于 IP 前缀的路由功能。源边缘设备会学习 IP 前缀，并且把这些信息重分发到 BGP EVPN 控制协议当中。为了执行这项操作，设备需要使用一种专门的 EVPN NLRI 格式（类型 5 路由）。通过类型 5 路由消息，边缘设备可以使用被通告路由对应的 IP 前缀字段来生成 IP 前缀长度，以及该路由所属 VRF 对应的三层 VNI，如图 2-19 所示。设备可以根据管理员配置的 VRF 信息，来获得路由所对应的路由标识符和路由目标。RAMC 和封装类型（及 VXLAN）也会在类型 5 路由消息中作为扩展团体属性出现，这一点和类型 2 路由消息相同。

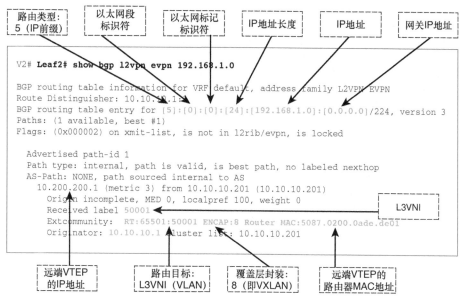

图 2-19   show bgp l2vpn evpn：类型 5 路由（IP）

一旦边缘设备或者 VTEP 接收到类型 5 路由消息，那么更新消息中携带的 IP 前缀路由就会被导入路由表中，但前提是在接收方 VTEP 本地配置的三层 VNI 和路由目标必须与消息中携带的信息相匹配。如果可以匹配，那么这条 IP 路由就会被存放到 FIB 表中，由此形成的条目一般称为 LPM 条目。对应的邻接或者下一跳条目也会以类似的方式添加到类型 2 路由消息当中。

在基于 VXLAN 的 BGP EVPN 网络中，用类型 5 路由来承载 IP 前缀路由信息有两种主流的使用案例。第一种是把来自于每个边缘设备的 IP 子网前缀信息通告出去，这里所说的边缘设备在网络中负责执行第一跳路由服务。在第一跳路由（也称为集成路由与桥接[IRB]）环境中，边缘设备会执行默认网关服务，并且充当分布式 IP 任意播网关，如图 2-20 所示。只要管理员配置了网关，设备就会通过类型 5 路由来通告 IP 子网前缀。这可以帮助网络发现那些尚未被发现的（或者说是"沉默的"）终端主机，因为子网前缀会把路由流量引导到那些沉默设备所连接的端点设备。边缘设备会生成 ARP 请求来发现那些沉默主机，因为这些主机在接收到 ARP 请求之后就会发送 ARP 响应消息。在发现之后，直连的边缘设备就会（通过 ARP 嗅探）学习到这台终端主机的 IP-MAC 绑定关系，并且把这个绑定关系通过路由类型 2 通告到 BGP EVPN 当中，这一点和我们之前介绍过的一样。如果充当分布式 IP 任意播网关的边缘设备没有给这个子网通告 IP 子网前缀路由，那么去往这个终端主机的流量就会被丢弃，设备也就不会发起前面介绍的主机发现流程。

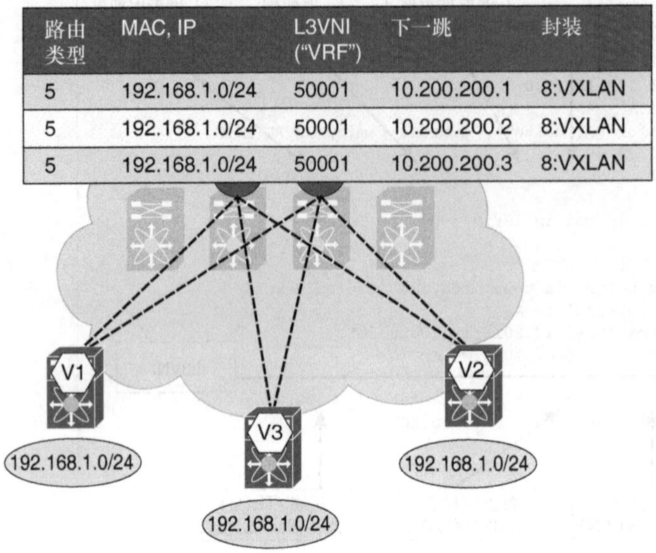

路由类型
MAC, IP
L3VNI ("VRF")
下一跳
封装
5
192.168.1.0/24
50001
10.200.200.1
8:VXLAN
5
192.168.1.0/24
50001
10.200.200.2
8:VXLAN
5
192.168.1.0/24
50001
10.200.200.3
8:VXLAN
V1
V2
V3
192.168.1.0/24
192.168.1.0/24
192.168.1.0/24

图 2-20 集成路由与桥接（IRB）

还有一种涉及外部路由的方法，可以把 IP 前缀路由注入 BGP EVPN 矩阵中，这种做法恐怕更加常用。设备之间可以通过建立 eBGP 邻居关系（或者其他单播路由协议）来学习路由，然后再通过 route-map 策略把路由重分布到 BGP EVPN 地址族中，如图 2-21 所示。在进行重分布的过程中，设备只会把在一个 VRF 中学习到的信息在相同的 VRF 中进行通告。也就是说，通过使用 AS 间选项 A（Inter-AS Option A）和子接口，我们可以让多宿主信息在

路由类型
MAC, IP
L3VNI ("VRF")
下一跳
封装
5
192.168.1.0/24
50001
10.200.200.1
8:VXLAN
RR
RR
192.168.1.0/24
LISP、BGP、OSPF
V1
V2
V3

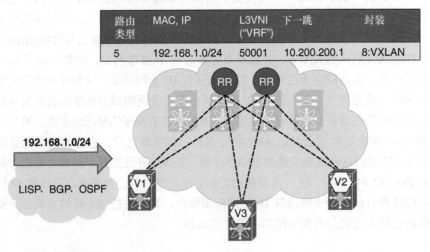

图 2-21 外部路由学习

BGP EVPN 网络之上传递。还有一种使用 LISP（定位符/ID 分离协议）或者 MPLS 三层 VPN 的解决方案，也可以实现多宿主环境。LISP 可以给外部站点提供针对 FIB 空间进行交流的能力（对于主机路由来说更节省资源），同时可以（在提供主机粒度的前提下）对入站路由进行优化。这种方式和首先接收 BGP EVPN 信息，然后再把这些信息通告到（可以感知多宿主环境的）外部网络的方法有所不同。

2.3.4 主机删除与移动事件

到目前为止，我们不仅介绍了把关于终端主机的二层和三层可达性信息通告到 BGP EVPN 中的方式，而且介绍了检测终端主机的方法。在这一小节的内容中，我们会处理终端主机的删除与移动事件。删除终端主机的流程几乎和学习新终端主机的流程别无二致，只是顺序正好相反。当一台终端主机与 VXLAN BGP EVPN 网络断开的时候，那么一旦这台主机对应的 ARP 条目过期（Cisco NX-OS 操作系统默认的过期时间为 1500 秒），那么关于这台主机的三层信息就会从 BGP EVPN 中删除。这也就表示在这个 ARP 条目超时之后，设备就不会再使用类型 2 路由通告来分发终端主机的 MAC 和 IP 信息了。

具体来说，一旦某一条 ARP 条目过期，NX-OS 边缘设备就会执行一次刷新操作。边缘设备会向这台终端主机发送一条 ARP 请求消息来检测这台设备是否还在。如果边缘设备接收到了 ARP 响应消息，那么它就会认为这台主机"还健在"，于是边缘设备就会把 ARP 刷新计时器重置为 1500 秒。但如果它没有接收到 ARP 响应消息，那么它就会删除对应的 ARP 条目，并且认为这台终端主机"已卒"。于是，这台边缘设备就会发送类型 2 路由的删除通告，让所有边缘设备都知道这台主机目前已经不可达。

即使删除了这条 ARP 条目，在 BGP EVPN 的控制平面中仍然存在纯 MAC 的类型 2 路由。直到 MAC 老化计时器过期（NX-OS 默认的老化时间为 1800 秒），设备才会删除 MAC 信息。如果出现过期事件，那么 BGP EVPN 控制协议就不会继续发送类型 2 路由通告。在此之后，如果这台终端主机又发送了 ARP 或者其他某种类型的流量，那么设备就会重新学习到关于这台终端主机的信息，并且把这些信息重新通告给 BGP-EVPN 控制平面。设备会认为这种 EVPN 前缀是全新的，它们之前从来没有见过。切记，ARP 老化计时器会比 MAC 老化计时器的时间稍短。最佳实践的做法是，管理员要通过配置这两个计时器，来避免网络中出现不必要的未知单播泛洪流量。如果减少 MAC 老化计时器的时间，那么也要减少 ARP 老化计时器的时间，这一点非常重要。

在当今的云数据中心网络中，移动设备是一种非常常见的需求，尤其是在这个虚拟化技术大行其道的时代。在这个移动的过程中，即使移动一台终端主机，其他边缘设备也可以访问相同的 MAC 和 IP 地址。从网络的角度来看，控制协议可以这样操作：把终端设备从过去的边缘设备那边删除，然后让终端主机迁移之后连接的那台边缘设备学习到它的信息。这个过程耗时不短，尤其对于"热"移动事件来说格外无法接受。所谓"热"移动，就是让设备在移动的过程中仍然"在线"，而且一旦移动到新的位置就立刻恢复操作。针对这种需求，人们必须提供一种更快捷的方法来实现终端主机的即时移动，让网络了解到终端主机移动后的位置，这样网络才能更加快速地完成收敛。

BGP EVPN 有一种方法，可以满足终端主机在移动性方面的需求，解决终端主机（也就是虚拟机）因为迁移操作而出现在两个不同位置的问题。在一开始，当一台 VM 出现的时候，检测到这个 VM 的 VTEP 会通告对应的 MAC 和 IP 地址信息。当这个 VM 从一台服务器移动到另一台服务器的时候，目的服务器的处理器通常可以检测到这次 VM 移动事件。在检测到这个事件的时候，处理器会发送一个广播的逆向 ARP（RARP）消息，并且将消息中的 MAC 地址设置为移动 VM 的 MAC 地址。在某些情况下，处理器/虚拟交换机可能会发送一条无故 ARP（Gratuitous ARP，也称为免费 ARP）消息，对这个 VM 的 IP 和 MAC 地址发生了移动的事情进行通告。无论采用上面两种方式中的哪一种方式，连接到目的服务器的那台 VTEP 都会发现，原本位于远端的 MAC 和/或 IP 地址现在成为了本地的 MAC 和/或 IP 地址。也就是说，这个 VM 现在可以通过自己的某个连接服务器的接口，来直接进行访问了。

通过上述信息，连接到目的服务器的这台 VTEP 就会创建一个类型 2 路由的 BGP EVPN 消息，这个消息酷似当 VTEP 发现了一台新设备时所发送的消息。但 VTEP 除了通告 MAC 地址、二层 VNI 和 VTEP IP 地址（作为下一跳 IP 地址）之外，还会用 MAC 移动性扩展团队属性的形式通告其他字段。MAC 移动性（MAC Mobility）字段中的顺序号会逐渐递增，这是为了帮助设备判断哪条类型 2 路由通告是最新的，因此所有远端边缘设备（或 VTEP）在进行转发时都会使用它。当最开始通告这个 VM 可达性的那台 VTEP 接收到这个类型 2 路由消息的时候，它会运行额外的验证，其目的是为了确保新 VTEP 所学习到的信息并不是因为 MAC/IP 地址重复所导致的。因为在两台终端主机配置了相同地址的时候，就会出现重复地址的问题。

图 2-22 显示了主机移动事件发生之后，用 show 命令显示的路由类型 2 条目，其中包含了 MAC 移动性顺序号字段的信息。一旦设备完成了重复性校验，老的 VTEP 就不会再继续发送非最佳的 BGP EVPN 类型 2 路由消息（移动性顺序号数值较低）了。RFC 7432 的 7.7 节对 BGP EVPN 的 MAC 移动性顺序编号的规则进行了详细的介绍。这份文档描述了当移动性事件极多，导致 MAC 移动性顺序号又绕回到起点的情况出现时，如何进行处理。

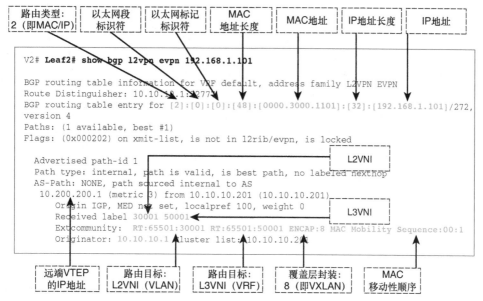

图 2-22　show bgp l2vpn evpn：类型 2 路由（MAC/IP 与移动性顺序号）

2.4　总结

本章介绍了覆盖层技术为何能够成为下一代数据中心网络的主要设计方案。这一章对 VXLAN 进行了专门的介绍，因为 VXLAN 已经成为了人们的不二之选。另外，本章也介绍了要在边缘设备之间分发主机可达性信息，必须借助控制平面的解决方案，同时对 BGP EVPN 进行了全面的介绍。在这一章中，我们对 BGP EVPN 用以支持网络虚拟化覆盖层而定义的消息类型进行了介绍，同时对这些消息类型的使用场景进行了说明。本书后面的章节都会以本章中介绍的内容作为知识背景，从而对 VXLAN BGP EVPN 数据中心环境中的底层、多宿主、单一目的以及多目的数据包流进行更加深入地介绍。

## 第 3 章

VXLAN/EVPN 转发的特征

本章会对以下几项内容进行介绍：

■ 增强的 BGP EVPN 特性，如 ARP 抑制、未知单播抑制和优化的 IGMP 嗅探（IGMP Snooping）；

■ VXLAN EVPN 矩阵中的分布式 IP 任意播网关；

■ 双上行部署环境中的任意播 VTEP 实施方法。

VXLAN BGP EVPN 已经广泛地出现在了大量的标准化文档当中，这里所说的标准化文档包括 IETF 草案和 RFC 文档。虽然这些信息对于实施这项协议，以及相关的数据封装操作很有指导意义，但有一些和转发有关的特征还需要进一步地探讨。问题是，人们经常有一种误解，认为 VXLAN BGP EVPN 不需要对多目的流量进行任何额外的处理。在这一章中，我们会介绍在 VXLAN BGP EVPN 环境中，为了转发广播、未知单播和组播（BUM）流量，需要如何完成多目的流量的复制。另外，本章也会介绍如何减少网络中的 BUM 流量。除了这些内容，本章也会对一些增强型的特性进行介绍，包括早期的 ARP 抑制、未知单播抑制和优化的 IGMP 嗅探，这些机制在 VXLAN BGP EVPN 网络中的方式。Cisco 针对 VXLAN BGP EVPN 环境提供的这些特性，可以减少 BUM 流量。为了检测出网络中的沉默主机，设备也需要进行一些特殊的处理，这些内容本章也会涵盖。

除了讨论二层的 BUM 流量之外，本章会对 VXLAN BGP EVPN 网络中三层流量的转发进行说明。VXLAN BGP EVPN 不仅可以提供二层覆盖层服务，还可以提供三层服务。为了实现三层转发或路由，必须在网络中部署第一跳默认网关。分布式 IP 任意播网关可以增强第一跳网关的功能，它会把端点的默认网关分发给所有边缘设备（或称为 VTEP）。在实施分布式 IP 任意播网关的时候，需要使用集成路由和桥接（IRB）功能。这可以确保往返于端点的桥接和路由流量，可以根据 BGP EVPN 所通过的可达性信息在网络中获得最优的转发，同时流量转发的延迟是可以预计的。因为在二层/三层边界采用了这种分布式的方法，所以从网络的角度来看，虚拟机移动的问题可以借助 BGP VPN 提供的移动性功能来得到完美的解决。分布式任意播网关可以保证无论终端主机出现在哪里、无论它们在网络中如何移动，默认网关的 IP-MAC 映射都不会发生变化。另外，在出现主机移动的事件之后，往返于端点设备的流量也不会出现那种发卡式的路由转发方式。因为 BGP EVPN 控制平面协议保存的路由条目都是主机条目，所以在向端点主机所在的 VTEP 路由流量时，效率会一直很高。

数据中心网络需要在各层、各个组件都拥有极高的可用性。数据中心矩阵必须能够提供冗余，并且能够实现动态路由分发。VXLAN BGP EVPN 可以从很多个角度提供冗余。VXLAN边缘设备（或曰 VTEP 设备）之间的三层路由底层，可以提供弹性以及多路径转发。我们可以用多机框链路汇聚或虚拟 PortChannel（vPC）来把普通的以太网端点连接起来，这样就可以提供双宿主功能，确保哪怕 VTEP 出现故障，网络都仍然拥有容错性。另外，网络也需要提供动态主机配置协议（DHCP）服务来给端点设备动态地分配 IP 地址。在 DHCP 提供处理的环境中，集中式网关的部署模型与分布式任意播网关的略有不同。在 VXLAN BGP EVPN 矩阵中，每台分布式任意播网关都需要配置 DHCP 代理（DHCP agent），而 DHCP 服务器的配置则必须配置 DHCP Option 82。这样才能在 VXLAN BGP EVPN 矩阵环境中为端点设备无缝配置 IP 地址。

前面介绍的标准针对的是数据平面与控制平面之间的互动。有些组件和功能目前还不是整个协议标准中的一个组成部分，但本章也会对这些功能进行介绍。在这一章中，我们讨论的范畴是如何在 Cisco NX-OS 平台上实施 VXLAN BGP EVPN。在后面的几章中，我们会对VXLAN BGP EVPN 网络中的一些必要的技术细节（包括具体的数据包流量）进行阐述，同时介绍对应的配置方法。

3.1　多目的流量

在处理 BUM（或者说多目的流量）方面，VXLAN BGP EVPN 控制平面有两种选择。一种方法是利用底层的组播复制；另一种是通过无组播的方法，这种方法称为入站复制（ingress replication），也就是用多个单播数据流来把多目的流量转发给各个接收方。接下来我们会对这两种方法分别进行介绍。

3.1.1　利用底层网络中的组播复制机制

处理多目的流量的第一种方式，需要在底层配置 IP 组播，然后利用基于网络的复制机制来转发组播。通过组播的方式，入站/源 VTEP 可以把一份 BUM 流量发送到底层传输网络。网络自身只会沿着组播树（共享树或源树）转发一份数据包，而这个数据包会到达参与这个组播组的所有出站/目的 VTEP。这个数据包会沿着组播树进行转发，只有当某个分支连接到这个组播组（在对应 VNI 中）的接收方时，数据包才会在这个分支进行复制。这种方式可以保证网络的每条链路上只有一份数据包的副本，这是转发 BUM 流量最经济的做法。

二层 VNI 要映射到一个组播组。在配置这个映射关系的时候，所有（连接了这个 VNI 的）VTEP 上的映射配置都要保持统一。如果管理员在某台 VTEP 上配置了这个 VNI 和组播组的映射关系，那么一般就表示这个 VTEP 下面连接了一些感兴趣的端点设备。只要管理员进行了这样的配置，那么这台 VTEP 就会发送对应的组播加入消息，表示自己希望加入到这个组播组当中。当然，把二层 VNI 映射到组播组的做法并不唯一，其中最简单的做法是配置一个组播组，然后把所有二层 VNI 都映射到这个组播组。这种配置方法的一大明显优势在于减少了底层网络中的组播状态。不过，这种做法在复制 BUM 流量时显得效率不高：当一台 VTEP 加入某个组播组之后，它就会接收到所有转发给这个组播组的流量。如果一台 VTEP 没有连接感兴趣设备（比如，VTEP 身后的网络没有包含对应的 VNI），那么这台 VTEP 就不会对流量执行任何操作。换句话说，此时 VTEP 就会默默丢弃这些流量。但即使如此，VTEP 还是会作为一个接收方设备，为整个组播组接收组播流量。如果 VTEP 没有连接真正的接收方，那么让它接收这些流量自然就是毫无必要的。这里面的问题在于，VNI 没有一个子选项可以同时基于组播组和 VNI 来修剪组播流量。所以，如果让所有 VTEP 都参与到相同的组播组中，那么设计者就应当把组播出站接口数量的扩展性考虑进去。

映射 VNI 和组播组有两种极端的做法。其中一种极端的做法是把每个二层 VNI 分别映射到一个专门的组播组。另一种极端的做法则是把所有二层 VNI 映射到同一个组播组。显然，最合理的做法位于这两者之间。从理论上讲，VNI 的数量最大可以达到 2^{24}（即 1600 万）个，比组播地址的数量要大（组播地址块的区间是 224.0.0.0～239.255.255.255）。在实际部署环境中，软硬件的性能是组播组数量的瓶颈，一般来说网络中映射 VNI 的组播组也就是几百个。建立和维护组播树需要对为数不少的状态进行维护，也需要在底层交换大量的协议（包括 PIM、IGMP 等）信息。为了更清楚地解释这个概念，我们会在这一章中介绍几个在 VXLAN 网络中为 BUM 流量设置组播组的简单案例。请看图 3-1 所示的 BUM 数据流。

在一个 VXLAN 网络中，有 3 台充当 VTEP 的边缘设备。这些 VTEP 我们在图 3-1 中分别标记为了 V1（10.200.200.1）、V2（10.200.200.2）和 V3（10.200.200.3）。IP 子网 192.168.1.0/24 关联到了二层 VNI 30001，而子网 192.168.2.0/24 关联到了二层 VNI 30002。另外，VNI 30001 和 30002 共享了同一个组播组（239.1.1.1），但这些 VNI 并没有跨越所有这 3 个 VTEP。图 3-1 显示得非常清楚，VNI 30001 跨域了 VTEP V1 和 V3，而 VNI 30002 则跨越了 VTEP V2 和 V3。不过，因为它们共享了组播组，所以全部 VTEP 都加入了同一棵共享的组播树。在图 3-1 中，当主机 A 发送一个广播数据包的时候，VTEP V1 会接收到这个数据包，然后给这个数据包封装上 VXLAN 的头部。因为 VTEP 可以识别广播流量（目的 MAC 地址全为 F），所以它会在外层 IP 头部中用组播组地址作为目的 IP 地址。于是，广播流量就会被映射到对应 VNI 的组播组（239.1.1.1）中。

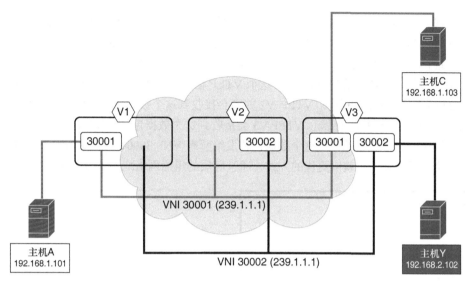

图 3-1 把所有 VNI 映射到同一个组播组

接下来，广播数据包就会被转发给所有加入了组 239.1.1.1 这棵组播树的 VTEP。VTEP V2 也会接收到这个数据包，但是它会直接丢弃，因为它在 VNI 30001 中没有找到对这个数据包感兴趣的接收方。同样，VTEP V3 也会通过组播底层的复制接收到同一个数据包。因为 VTEP V3 上配置了 VNI 30001，所以在解封装之后，广播数据包就会发送给这个（与 VNI 30001 建立了映射关系的）VLAN 的所有本地以太网接口。通过这种方式，广播数据包就从主机 A 发送给了主机 C。

对于 VNI 30002 来说，操作的流程也是一样的，这是因为所有 VTEP 使用的都是相同的组播组（239.1.1.1）。虽然在所有 VTEP 上都能看到 BUM 流量，但如果某个 VTEP 本地没有配置 VNI 30002，流量就会被丢弃。否则，流量就会被发送给这个（与 VNI 30002 建立了映射关系的）VLAN 的所有本地以太网接口。

从这个示例可以清晰地看出，如果管理员给 VNI 30001 和 VNI 30002 分配不同的组播组，那就可以避免无谓的 BUM 流量在网络中扩散。VNI 30001 中的流量只会发送给 VTEP V1 和 V3，而 VNI 30002 中的流量则只会发送给 VTEP V2 和 V3。图 3-2 所示的为使用了有范围（scoped）组播组这个概念的拓扑。

像前面的案例一样，我们把 3 台充当 VTEP 的边缘设备分别标记为 V1（10.200.200.1）、V2（10.200.200.2）和 V3（10.200.200.3）。二层 VNI 30001 使用的组播组是 239.1.1.1，而 VNI 30002 使用的组播组则是 239.1.1.2。这两个 VNI 会跨越网络中的各台 VTEP，其中 VNI 30001 会部署在 VTEP V1 和 V3 上，而 VNI 30002 则会部署在 VTEP V2 和 V3 上。这些 VTEP 只会加入本地配置的 VNI 所映射的组播组，以及对应的组播树中。当主机 A 发送一个广播数据包的时候，VTEP V1 会接收到这个数据包，然后给这个数据包封装上 VXLAN 的头部。因为 VTEP 发现这是一个广播数据包（目的 MAC 地址为全 F），所以它会在外层 IP 头部中用组播组地址作为目的 IP 地址。于是，广播流量就会被映射到对应 VNI 的组播组（239.1.1.1）中。这个数据包只会转发给 VTEP V3，这个 VTEP 也因为管理员配置了 VNI 30001 而加入到了组 239.1.1.1 这棵组播树中。VTEP V2 并不会接收到这个数据包，因为它没有配置 VNI 30001，所以并不属于这个组播组。VTEP V3 会接收到这个数据包，是因为它属于 VNI 30001 映射的组播组。它会在本地，把这个数据包转发给所有 VNI 30001 所对应的 VLAN 端口。由此，这个广播数据包也就以更优的方式，通过底层的组播网络配置获得了复制。

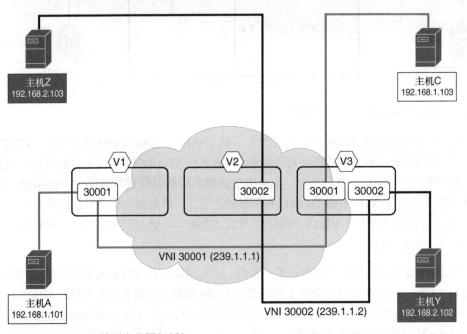

图 3-2　把 VNI 映射到有范围组播组

VNI 30002 的情形与此完全相同。VNI 30002 映射到了另一个组播组（239.1.1.2），这个组播组是 VTEP V2 和 VTEP V3 之间使用的组播组。只有参与了 VNI 30002（也就是参与了组播组 239.1.1.2）的 VTEP 才能看到对应的组播流量。所以，当主机 Z 发送广播流量的时候，广播流量就只会复制给 VTEP V2 和 V3，于是广播流量也就会被发送给主机 Y。VTEP V1 并不会接收到这个流量，因为 VTEP V1 不属于这个组播组。这样一来，底层网络中的组播出站接口（OIF）数量就减少了。

给每个 VNI 指定一个组播组，这种做法可以胜任一些简单的部署环境，比如那种只有 3 台 VTEP 和 2 个 VNI 的环境。在实际部署环境中，合理的做法是简化组播组和 VNI 之间的分配。有两种常用的方式进行分配：

- 随机给 VNI 选择和分配组播组，但这样会在不经意间让组播组由多个 VNI 共享；

- 把一个组播组配置在多个 VTEP 本地，这样可以确保这些 VTEP 共享相同的二层 VNI。

听上去，采用第二种方法处理多目的流量比采用第一种方法更有效率，但是在实际使用当中，第二种做法有时候灵活性欠佳，因为这种方法让人们难以把一组服务器分配在多个 VTEP 上，这当然不是我们想要的结果。

3.1.2 利用入站复制机制

虽然在底层配置组播是一种非常直白的做法，但并不是每个人都很熟悉这种做法，也不是每个人都愿意使用这种方法。还有一种方法适用于一部分平台：利用入站或头端复制的方法，也就是采用单播的形式发送数据。入站复制（IR）和头端复制（HER）这两个词可以替换使用。IR/HER 是一个基于单播的模式，也就是不使用基于网络的复制。入站 VTEP（或称为源 VTEP）会对每个 BUM 数据包复制出 $N-1$ 个副本，然后把这些副本分别用单播发送给连接了 VNI 的那 $N-1$ 台 VTEP。如果使用 IR/HER，管理员可以静态配置复制列表，也可以（利用 BGP EVPN 的控制平面）以动态的方式配置复制列表。RFC 7432 的 7.3 节定义了包含组播以太网标记（IMET）路由或者类型 3 路由（RT-3）。要想通过 IR/HER 实现最理想的效率，最佳实践的做法是使用 BGP EVPN 进行动态分发。BGP EVPN 可以提供类型 3 路由（包含组播）可选项，这个可选项可以建立一个动态的复制列表。因为在一个 VNI 中，所有 VTEP 的 IP 地址都会通过 BGP EVPN 进行通告。动态复制列表中会包含出站/目的 VTEP 的信息，也就是那些加入了相同二层 VNI 的 VTEP。

每个 VTEP 都会通告一条专门的路由，该路由包含 VNI，以及其自身地址所对应的下一跳 IP 地址。这样一来，设备就可以创建出动态的复制列表了。当管理员在 VTEP 上配置 VNI 的时候，这个列表就会同步通信。一旦设备创建了复制列表，那么只要这台入站/源 VTEP 接收到 BUM 流量，它就会对流量进行复制。于是，这个流量的副本就会分别发送给网络中参与了同一个 VNI 的所有 VTEP。因为这种做法并没有采用网络自带的组播复制机制，所以才要执行入站复制来创建更多的网络流量。在图 3-3 中，我们对 BGP EVPN 输出信息中的一些重点字段进行了标识，图 3-3 中显示的是某个 VNI 中的一条类型 3 路由通告消息。

当我们对 BUM 流量的这两种处理方式（即组播和单播模式）进行比较时，需要把所有多目的流量复制的处理负担考虑在内。比如说，假设所有的 256 台边缘设备（VTEP）都拥有某一个二层 VNI。我们进一步假设在需要执行 BUM 流量复制的边缘设备上，所有的 48 个以太网接口都分配了某一个 VLAN。本地边缘设备的每个边缘接口接收到的 BUM 流量的速率，都是名义接口速率的 0.001%。以 10G 接口为例，边缘设备连接主机的以太网接口会生成 0.0048Gbit/s，也就是 4.8Mbit/s 的 BUM 流量。在组播模式下，BUM 流量的理论速率就是这个速率。在单播模式下，复制产生的负荷取决于 VTEP 上需要执行的总入站/目的操作数量。

如果在一个拥有 255 台邻居 VTEP 的环境中，矩阵中的 BUM 流量速率就是 $255 \times 0.0048 \approx$ 1.2 Gbit/s。虽然这只是一个理论上的计算结果，但是这个结果准确地表明，随着网络中多目的流量的增加，采用单播模式的负荷会大幅增加。在这类环境中，组播模式的效率绝对不容忽视。

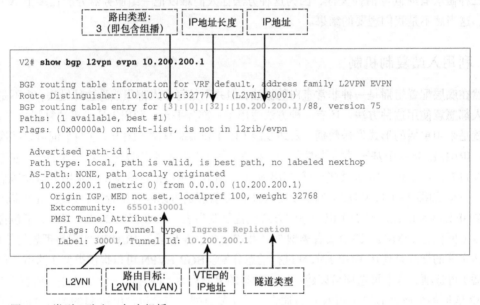

图 3-3　类型 3 路由：包含组播

读者一定要注意，在我们给 VNI 绑定组播组的时候，针对某个二层 VNI 的同一个组播，我们必须在整个 VXLAN 矩阵中执行配置。另外，在任何一个（由某个二层 VNI 所标识的）二层域中，所有 VTEP 都要采用相同的多目的流量配置模式。换句话说，在某个二层 VNI 中，所有 VTEP 都必须要么执行单播配置模式，要么执行组播配置模式。另外，对于组播模式，一定要给同一个组播组采用相同的组播协议（如 PIM ASM、PIM BiDir）。如果上述条件没有满足，那么多目的流量的转发就会失败。

3.2　VXLAN BGP EVPN 的增强特性

在后面几节中，我们对一些 BGP EVPN 控制平面中的增强特性进行介绍，这些特性可以优化 VXLAN 矩阵对二层和三层流量的转发行为。

3.2.1　ARP 抑制

地址解析协议（ARP）的作用是在网络中解析 IPv4 地址与 MAC 地址之间的映射关系。ARP

可以利用 IP 地址来发送 ARP 广播请求，从而获取到端点的 MAC 地址信息。广播请求消息是一种多目的流量，因此这种消息会在封装 VXLAN 之后，发送给每一台相关二层 VNI 的成员 VTEP（或者说相关二层 VNI 的成员边缘设备）。响应 ARP 请求的方式往往是向请求方发送单播的数据包。ARP 流量会限制在（由二层 VNI 所标识的）广播域边界之内。同样，IPv6 网络也需要依赖邻居发现协议（ND）来解析 IPv6 地址与 MAC 地址之间的映射关系。在 IPv6 环境中，设备会在二层广播域中发送初始的邻居请求（Neighbor Solicitation，NS）来解析地址。目的设备则会发送邻居通告（Neighbor Advertisement，NA）消息进行响应，一次 IPv6 邻居解析便已完成。

当端点需要解析默认网关（也就是本地 IP 子网的出站设备）的时候，这个设备会向管理员配置的默认网关发送一条 ARP 请求消息。ARP 操作可以让本地边缘设备（或者说 VTEP 设备）对各个本地直连的端点建立起 IP/MAC 的映射关系。除了边缘设备会建立 MAC-IP 表之外，所有 MAC 信息也会添加到 BGP EVPN 控制平面协议当中。此外，二层、二层 VNI、路由标识符（RD）、路有目标（RT）、VTEP 和对应的 IP 信息，都会添加到 BGP EVPN 控制平面协议中；且三层、三层 VNI、RD、RT、VTEP 和 RAMC 信息也会添加进来。具体来说，这些信息会添加到类型 2 路由通告消息当中，然后发送给所有远端 VTEP，于是 VTEP 也就会学到关于这个节点的信息了。

一般来说，一个端点发出的所有 ARP 广播请求消息都会采用"先复制到路由器然后再转发"的模式。只要端点设备曾经发送过某种 ARP 请求消息，那么本地边缘设备会学习到关于这个端点的信息。这个 ARP 请求消息甚至不需要是这个端点设备为了解析默认网关（也就是本地边缘设备）而发出的 ARP 请求。

一般来说，当一个端点希望与同一个子网中的另一个端点进行通信时，它就会发送一条 ARP 请求消息来查询目的端点的 IP-MAC 映射关系。ARP 请求消息会被发给这个二层 VNI 中的每一台端点设备。我们可以把 ARP 嗅探（ARP snooping）与 BGP EVPN 控制平面信息结合起来，来避免针对已知端点的泛洪行为。如果配置了 ARP 嗅探特性，那么端点设备所发送的所有 ARP 请求消息都会被重定向到本地直连的边缘设备。接下来，边缘设备就会提取出 ARP 负载中所包含的目的 IP 地址，然后判断这到底是不是一台已知的端点设备。以上就是从 BGP EVPN 控制平面查询已知端点信息的过程。

如果目的设备是已知的，那么边缘设备就会返回对应的 IP-MAC 绑定信息。本地边缘设备会替代目的端点来执行 ARP 代理。换句话说，它会向请求方发送一条单播的 ARP 响应消息，消息中携带已知目的节点的被解析 MAC 地址。通过这种方式，所有发送给已知端点设备的 ARP 请求都会终结在最早的节点，也就是本地直连的边缘设备或者 VTEP 或者 leaf 节点。

在这里要搞清一点，那就是 ARP 抑制和代理 ARP 不是一回事。代理 ARP 是让边缘设备或代表目的端点的可以充当代理的路由器，来使用自己的路由器 MAC 做出响应。ARP 抑制则是使用 BGP EVPN 控制平面的信息来减少 ARP 广播流量。ARP 抑制要以二层 VNI 为单位来使用。于是，对于所有已知端点，ARP 请求只会在端点和本地边缘设备/VTEP 之间进行转发。在图 3-4 所示的情景中，管理员在 VTEP V1 上配置的 ARP 抑制，让二层 VNI 30001 中主机 192.168.1.101 请求主机 192.168.1.102 的 ARP 消息终结于边缘设备。这里一定要注意，ARP 抑制特性会在二层 VNI 中所有启用了这个特性的设备上生效，无论这个 leaf 节点上是不是配置了默认网关。

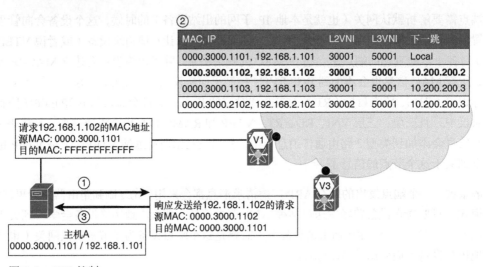

图 3-4　ARP 抑制

在 BGP EVPN 控制平面不了解目的节点的情况下（也就是目的节点是一台沉默节点或者未发现节点的情况下），ARP 广播消息就需要跨越 VXLAN 网络进行转发了。读者在这里可以回忆一下关于 ARP 嗅探机制的工作方式，这种特性可以拦截发送给本地直连边缘设备的 ARP 广播请求。因为查询目的端点的结果是"空"，所以边缘设备就会把 ARP 广播请求消息重新发送到网络中，同时执行相应的源过滤操作，确保这个数据包不会被发给最初接收到 ARP 请求的源端口。ARP 广播会利用 VXLAN 矩阵的多目的流量转发机制进行发送。

当被查询端点响应 ARP 请求消息的时候，这个端点会生成一个 ARP 响应消息。单播的 ARP 响应消息也会受到 ARP 嗅探特性的影响，所以这个消息首先会发送给目的设备直连的那台远端边缘设备。于是，远端 VTEP 就会学习到目的端点的 IP/MAC 对应关系。从此，这个信息（目的设备的 IP/MAC 对应关系）就可以添加到 BGP EVPN 控制平面当中进行分发了。远端边缘设备也会向最初发送 ARP 请求的设备发送 ARP 响应消息，这是为了完成端到端的 ARP 发现。这个 ARP 响应消息会通过数据平面进行发送，确保控制平面的更新没有出现延迟。这里非常重要的一点是，在最初查询结果为"空"之后，所有后续请求这个端点的 ARP 消息都会由本地 ARP 设备来进行处理，这和我们之前提到的处理方式一样。

在图 3-5 所示的情景中，包含了当控制平面查询结果为"空"时，ARP 抑制（或曰 ARP 终结）的工作方式。主机 A 和主机 B 都属于同一个 IP 子网，这个 IP 子网所对应的二层 VNI 为 30001。主机 A 希望与主机 B 进行通信，但主机的 ARP 缓存表中并不包含主机 B 的 MAC-IP 绑定关系。于是，主机 A 发送了一条 ARP 请求消息，来询问主机 B 的 MAC-IP 绑定关系。这个 ARP 请求被 VTEP V1 嗅探到了，于是 VTEP V1 就会使用从 ARP 请求负载中提取出来的目标 IP 地址信息来查询 BGP EVPN 控制平面中关于主机 B 的信息。鉴于目前这个网络对于主机 B 并不了解，所以这个广播 ARP 请求消息会被封装到 VXLAN 当中。在封装的过程中，数据包的目的 IP 地址会使用组播组的 IP 地址或者单播目的 IP 地址。如果在底层网络中启用了组播，那么这个数据包就会使用组播组来封装 VXLAN 数据包。否则，设备就会使用头端复制来为这个数据包创建出多个副本，然后分别发送给各个远端感兴趣的 VTEP，这一点前文中已经多次提到，这里不再赘述。

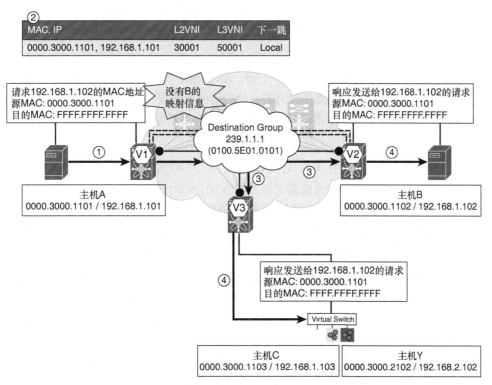

图 3-5　执行 ARP 抑制的环境中，ARP 查询不到信息

ARP 广播消息会被发送给 VTEP V2 和 VTEP V3，它们会对这个消息进行解封装然后把内部的广播负载转发给所有 VNI 30001 的成员端口。于是，主机 B 也就接收到了这个 ARP 请求消息。接下来，主机 B 就会向主机 A 发送一条单播的 ARP 响应消息。一旦这个单播的 ARP 响应消息到达 VTEP V2，VTEP V2 就会对这个信息执行嗅探。于是，控制平面就会获得关于主机 B 的 IP-MAC 地址映射关系信息。同时，VTEP V2 会对 ARP 响应消息执行封装，然后通过 VXLAN 网络发送给 VTEP V1。在接收到 ARP 响应消息之后，VTEP V1 就会解封装 VXLAN 头部，然后通过二层查询结果来转发解封装后的 ARP 响应消息。最后，主机 A 会接收到这条 ARP 响应消息，并且把这条消息添加到自己的 ARP 缓存当中。到此为止，主机 A 和主机 B 就实现了双向通信，因为这个网络现在已经了解了这两台主机的全部 MAC 和 IP 地址信息。

在 VXLAN BGP EVPN 矩阵中，端点之间执行 ARP 请求和响应的进程与传统以太网的机制或者其他泛洪–学习（F&L）网络的机制没有太大区别。不过，BGP EVPN 信息发挥了控制平面和 ARP 抑制机制的优势。对一个端点执行一次 ARP 解析就可以让控制平面把关于这个端点的信息分发给整个网络中的每一台 VTEP 设备。于是，后面所有发送给已知端点的 ARP 请求都可以在本地进行响应，再也不需要在整个网络中进行泛洪了。

由于 ARP 嗅探会主动学习端点的信息，并且把这些信息添加到控制平面当中，所以这个特性当然也就可以减少未知单播的流量。于是，ARP 请求实际上就只需要在最开始的阶段进行一次泛洪，也就是在目标端点还没有被发现的情况下进行一次泛洪就可以了。不过，还有一些因其他原因产生的未知单播流量（比如，二层非 IP 流量或者普通的二层 IP 流量）可能会导致目的 MAC 查询不到，于是这类流量仍然会在整个 VXLAN 网络中泛洪。

为了彻底避免未知单播流量在 VXLAN 网络中泛洪，一种称为未知单播抑制的特性出现了。这是一个独立的特性，这个特性也需要以二层 VNI 为单位来进行使用。在启用之后，如果针对任何二层流量出现了目的 MAC 地址查询不到的情况时，流量就会在本地进行泛洪，但是一定不会在整个 VXLAN 网络中进行泛洪。所以，如果网络中没有沉默主机或者未知主机，那么 BGP EVPN VXLAN 网络中的泛洪操作就可以大幅度减少。

接下来，我们考虑第三类 BUM 流量（即多目的流量），也就是组播流量。在一个 VXLAN 网络中，二层组播会被按照广播或者未知单播流量的方式进行处理，这是因为这种组播流量会在整个底层网络中进行泛洪。二层组播泛洪会利用管理员配置的多目的流量处理方式进行操作，无论管理员选择的是单播模式还是组播模式。并不是所有设备平台都可以区分不同类型的二层泛洪（如组播或者未知单播）。如果设备平台支持 IGMP 嗅探（snooping）特性，则管理员可以用这个特性来优化二层组播流量的转发行为。Cisco NX-OS 默认的配置是在本地和 VTEP 接口同时泛洪二层组播流量（见图 3-6）。这表示所有 VNI 映射关系相同的相关 VTEP，以及这个二层 VNI 中的所有端点设备，它们都会接收到这个二层组播流量。这类多目的流量会被转发给 VNI 中的每一台端点设备，无论这台端点设备是不是感兴趣的接收方。

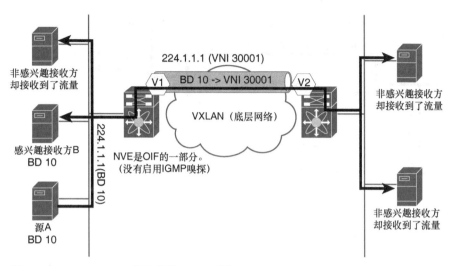

图 3-6 VLAN/VXLAN 没有使用 IGMP 嗅探

在 VXLAN 环境中，实施 IGMP 嗅探的方式和在传统以太网中实施 IGMP 嗅探的方式是没有区别的。这两者主要的区别在于 VTEP 接口会有选择地向远端 VTEP 身后那些感兴趣的接收方转发二层组播。如果远端 VTEP 身后并没有感兴趣的接收方，那么从源端点那里接收到的二层组播流量就不会发送到 VXLAN 网络当中。不过，只要某个远端 VTEP 身后至少还有一台感兴趣接收方，那么设备就会把二层组播流量转发给所有远端 VTEP，只要这个远端 VTEP 包含了相同的二层 VNI。VTEP 接口是参与了 IGMP 嗅探的组播路由器端口，所以会允许二层组播的转发。转发的依据是这台设备是否在这个二层 VNI 中，以及接收到了某个端点向该组播组发送的"加入"消息。

设备会把自己接收到的 IGMP 加入报告封装到 VXLAN 头部，然后传输给所有参与了这个二层 VNI 的 VTEP。这里要注意的是，在端点之间为覆盖层组播流量所使用的组播组不应该与关联二层 VNI 的底层组播组混为一谈。其中，后者的作用是给外层 IP 头部提供目的 IP 地址，从而可以在组播模式中通过底层转发多目的流量。

如果在 VXLAN VNI 中启用了 IGMP 嗅探，那么组播的优势就可以真正得到体现了。在这种环境中，流量只会转发给感兴趣的接收方设备（见图 3-7）。换句话说，如果在同一个 VNI 中，一台 VTEP 的身后没有某个组播组的感兴趣接收方，那么二层组播流量就会被丢弃，而不会进行泛洪。在远端 VTEP 解封装之后，二层组播流量会根据本地 IGMP 嗅探状态进行转发。设备会使用 IGMP 加入消息来有选择地对某些二层组播流量进行转发。

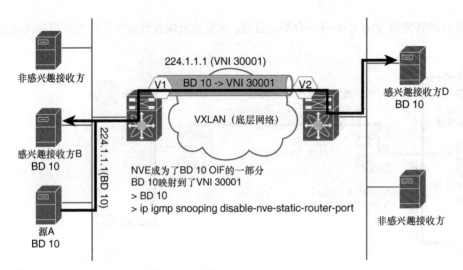

图 3-7　VLAN/VXLAN 使用 IGMP 嗅探

有些平台的软件可能不支持对启用了 VXLAN 的 VLAN 执行 IGMP 嗅探。IGMP 嗅探是一种软件特性，它并不依赖任何底层的硬件。虽然我们在这一部分内容中进行了简单的介绍，但本书第 7 章还会详细介绍在 VXLAN BGP EVPN 网络中的 IP 组播流。

3.2.2　分布式 IP 任意播网关

为了让处于两个不同子网中的端点设备可以相互通信，我们需要部署一台默认网关。传统的做法是采用冗余的方式，在数据中心的汇聚层部署集中式的默认网关。端点设备要想访问集中式默认网关，就必须首先穿过二层网络。这里所说的二层网络包括以太网、vPC、FabricPath 甚至 VXLAN F&L。同一个 IP 子网内部的通信往往不需要集中式默认网关的参与。但是如果要在不同的 IP 网络/子网之间进行路由，那么集中式默认网关就必须能够通过相同的二层网络路径进行访问。

一般来说，网络的设计必须包含冗余，必须拥有高可用性。同样，集中式网关的可用性就很高。第一跳冗余协议（HSRP）的初衷就是支持冗余的集中式默认网关，像 HSRP、VRRP 和 GLBP 等协议都属于此类。其中，HSRP 和 VRRP 只有一个节点负责响应 ARP 请求，以及将流量路由到不同的 IP 网络/子网中。当主用节点出现故障时，FHRP 就会把备用节点的操作状态修改为主用。这需要一定的时间才能实现主用设备的切换。

把 FHRP 和 vPC 相结合的做法，让 FHRP 类的协议的使用方式更加多样，因为 vPC 可以让两个节点一起路由流量，同时只允许主用节点响应 ARP 请求消息。把 vPC 与 FHRP 相结合大大增强了网络的弹性，减少了故障导致的收敛时间。在 vPC 环境中针对 FHRP 启用 ARP 同步，可以实现 vPC 主用和 vPC 备用之间的 ARP 同步。任意播 HSRP 与 FabricPath 结合使用,可以把互动网关的数量由 2 个增加到 4 个。在任意播 HSRP 环境中,设备之间还是需要交换 FHRP 协议信息和操作状态的。通过 FHRP,在数据中心汇聚层中部署的默认网关就可以充当集中式的默认网关,并且充当二层/三层网络的边界。

二层和三层操作的重要性越来越高,在大型数据中心矩阵中尤其如此,这就要求这类环境的弹性比采用传统 FHRP 获得的弹性要高。把二层-三层网络的边界迁移到矩阵的 leaf/TOR 交换机或者接入层,就可以减小故障域(见图 3-8)。这种采用分布式 IP 任意播网关进行扩展的方式会大大减少网络和协议的缺点。由于分布式 IP 任意播网关在矩阵的各个 leaf 节点上进行实施,所以端点设备也就不需要再穿越一个大的二层域来访问默认网关了。

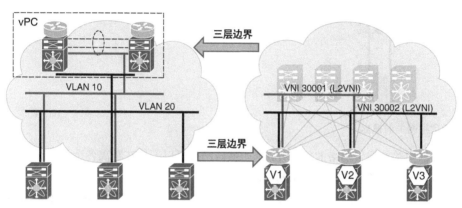

图 3-8　网关的设置

分布式 IP 任意播网关采用了任意播网络那种"一到最近"的通信概念。任意播是一种网络的编址和路由方式,即把一个端点发送的数据流量路由给所有网关中在拓扑上(距离源端点)最近的那一台网关,而所有这些网关都会由相同的目的 IP 地址标识。通过部署分布式 IP 任意播网关(见图 3-9),我们可以让默认网关与端点设备之间的距离更近,尤其是可以让网关与端点直连的 leaf 交换机更近。在网络矩阵的每台边缘设备/VTEP 上,任意播网关都会处于活动状态,所以在网络矩阵中也就不会需要使用传统的 hello 协议/hello 数据包了。因此,对于一个子网来说,同一台网关可以同时位于多个 leaf 节点上,而不需要使用任何 FHRP 类的协议。

我们可以通过某种多机框链路聚合束(MC-LAG)技术(比如 vPC 技术)来提供冗余的 ToR。通过对 Port-Channel 执行散列运算,设备只会从两台可用的默认网关中选择一台使用,这里就需要"一到最近"的通信模型发挥用武之地了。VXLAN BGP EVPN 网络可以提供二层和三层服务,而默认网关则会部署在本地边缘设备与端点设备之间。当端点设备尝试去解析默认网关的时候,直连的边缘设备是唯一会接收并且响应 ARP 请求的设备。因此,每台边缘设备都会为自己直连的端点设备来执行网关的功能。边缘设备也会周期性地发送 ARP 刷新消息,来追踪本地(那些已发现的)直连端点设备的生存状态。

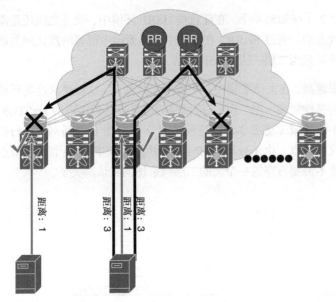

图 3-9 任意播网关的概念

分布式任意播网关扩展了网络的部署方式，让默认网关可以部署在距离各个端点设备最近的位置上。所有边缘设备都会共享默认网关的 IP 地址，同时每台边缘设备都会负责对应的 IP 子网。默认网关除了 IP 地址非常重要之外，对应 MAC 地址也同样非常重要。这是因为每个端点设备都有一个本地 ARP 缓存，其中会包含默认网关的 IP-MAC 绑定关系。

从主机移动性的角度来说，如果主机移到另一个 TOR（这台设备安装在了另一个机架上）下面的服务器中，（即使默认网关本身还是同一台设备）并且网关的 MAC 地址发生变化，那么这样的网络就有可能会出现流量 "黑洞"。为了避免出现这种情况，在 VXLAN EVPN 矩阵中，所有边缘设备上的分布式任意播网关都会共享相同的 MAC 地址，来为端点设备提供网关服务。共享的 MAC 地址称为任意播网关 MAC 地址（AGM），技术人员需要把该（同一个）MAC 地址配置在所有的边缘设备上。其实，所有 IP 子网都会共享相同的 AGM，但每个子网都会有自己专门的默认网关 IP。任意播网关不仅会用最高效的方式提供出站路由，而且会提供通向直连 VTEP 的路由，这样就解决了发卡型流量的问题。

在端点设备是沉默设备或者端点设备未被发现的情况下，BGP EVPN 控制平面不会了解它的主机路由信息。如果没有主机路由信息，那么设备就会使用路由表中的次优路由来转发去往那台端点设备的流量，这样才能保证发送给这台端点的数据包不会被丢弃。让每台分布式 IP 任意播网关从各个（配置了本地子网的）VTEP 向外通告一条子网路由，就可以让 "最优路由" 出现在路由表中。没有在本地配置这个子网的远端 VTEP，会发现这个子网前缀可以通过多条路径进行访问。当这台远端 VTEP 接收到了去往这个子网中未知/沉默端点的流量时，它会根据计算出来的 ECMP 散列值，从所有服务目的子网的多个 VTEP 中选择一台，然后把流量发送过去。一旦对方接收到这个流量，它就会找到子网前缀路由，而这条路由则会指向邻接网络。于是，这台 VTEP 会根据目的子网的信息，向本地直连的二层网络发送一条 ARP 请求消息。同时，这台 VTEP 也会用目的子网所关联的二层 VXLAN VNI 来封装这条 ARP 请求消息，然后把它发送给三层核心网络。最终，这条 ARP 请求消息会到达这个子网中的沉默端点。端点会对 ARP 请求进行响应，与这个端点直连的 VTEP 就会接收到这条 ARP 请求消息。这是因为所有 VTEP 都会共享同一个任意播网关 MAC。接下来，VTEP 就会发现这台端点设备，它会把端点信息分发到 BGP EVPN 控制平面中。

还有一种代替子网路由通告的方式，那就是用默认路由（0.0.0.0/0）来实现类似的效果，但这种做法的缺点是端点发现集中化。基于子网前缀路由的分布式方式的扩展性更好，可以发现沉默端点。图 3-10 展示了在 VXLAN BGP EVPN 矩阵中，分布式 IP 任意播网关的逻辑实现。

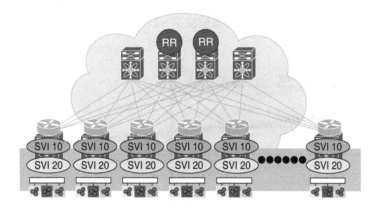

SVI 10，网关IP地址：192.168.1.1，网关MAC地址：2020.0000.00AA
SVI 20，网关IP地址：192.168.2.1，网关MAC地址：2020.0000.00AA

图 3-10　分布式任意播网关环境中的子网前缀通告

分布式 IP 任意播网关的部署方式，让每台 VTEP 都可以为整个 VXLAN BGP EVPN 矩阵中的所有子网提供服务。VXLAN BGP EVPN 中的集成路由与桥接（IRB）可以用更加高效的方式对流量进行路由和桥接。无论哪种模式的流量（东西向还是南北向流量）都不会再出现发卡流量的问题。BGP EVPN 控制平面了解端点设备的身份，也拥有标识其位置的下一跳（VTEP）信息。所以，在网络中不需要拥有一个庞大的二层域就可以实现最优转发。

总之，所有边缘设备和子网共享一个 AGM 就可以实现主机的无缝迁移，因为端点 ARP 缓存不会因为主机的迁移而发生变化。这就为主机在整个 VXLAN 矩阵中"热"迁移提供了条件。分布式任意播网关把三层网关部署在了 leaf 节点，于是网络的故障域变小了，配置变简单了，路由转发优化了，端点的迁移过程对用户来说也透明了。

3.2.3   集成路由和桥接（IRB）

VXLAN BGP EVPN 为 IRB 提供了两种不同的模式，这两种模式都记录和发表在了 IETF 的 draft-ietf-bess-evpn-inter-subnet-forwarding 文档中。

异步 IRB 是第一个记录在文档中的第一跳路由操作。在这种操作模式下，本地边缘设备（或 VTEP）会执行桥接-路由-桥接的操作模式。顾名思义，如果我们用异步 IRB 来路由流量，那么去往远端 VTEP 的流量使用的 VNI，就会与返程流量使用的 VNI 不同。

如图 3-11 所示，连接到 VTEP V1 的主机 A 希望与连接到 VTEP V2 的主机 X 进行通信。由于主机 A 和主机 X 属于不同的子网，所以这种环境就需要使用异步 IRB。在默认网关执行 ARP 解析之前，主机 A 会在 VLAN 10 中向默认网关发送数据流量。网关则会从 VLAN 10 向 VLAN 20 执行路由操作（VLAN 20 映射到了 VXLAN VNI 3002）。当封装的流量到达 VTEP V2 时，VTEP V2 会对流量进行解封装，然后把流量桥接给 VLAN 20，因为在 VTEP V2 上 VLAN 20 也映射到了 VNI 30002。

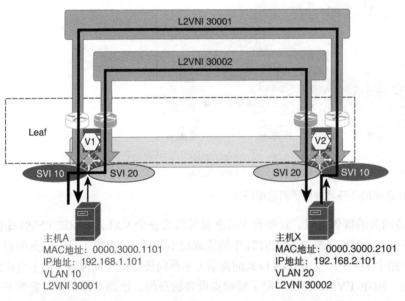

图 3-11   异步 IRB

主机 A 与主机 X 之间的通信需要执行先桥接、再路由、再桥接的操作，让封装后的流量在 VNI 30002 中传输。对于返程流量，主机 X 会把 VLAN 20 的本地子网流量发送给默认网关。在网关执行了从 VLAN 20 到 VLAN 10 的路由操作之后，就会给流量封装上 VXLAN VNI 30001 的头部信息，然后再把流量桥接给 VTEP V1。一旦流量到达 VTEP V1，这台 VTEP 就会对流量进行解封装，然后把解封装后的流量桥接到 VLAN 10，这是因为 VLAN 10 与

VNI 30001 建立了映射关系。最终，对于从主机 X 到主机 A 的返程流量，设备同样执行了先桥接、再路由、再桥接的操作，并且让封装后的流量在 VNI 30001 中传输。主机 A 到主机 X 的端到端数据流使用的是 VNI 30002，而主机 X 返回主机 A 的流量使用的则是 VNI 30001。

上面这个案例显示了在使用异步 IRB 的环境中，用不同的 VNI 在主机 A 和主机 X 之间实现异步流量转发的方式。如果使用异步 IRB，那么所有 VXLAN VTEP 上面的 VNI 配置都要保持一致，否则就会出现流量黑洞。在先桥接、再路由、再桥接的操作过程中，第二次桥接操作要求配置保持一致，因为如果目的设备所在网络对应的桥接域/VNI 出现配置缺失，那么这个过程就会失败。图 3-12 显示了从主机 A 到主机 Y 的流量可以正常转发，而从主机 Y 返回主机 A 的流量无法工作的情形，这就是因为与主机 Y 直连的 VTEP 上没有配置 VNI 30001。主机 A 与主机 X 之间的流量可以得到正确的转发，因为直连的 VTEP 上有两边的 IRB 接口（SVI 10 和 SVI 20）。

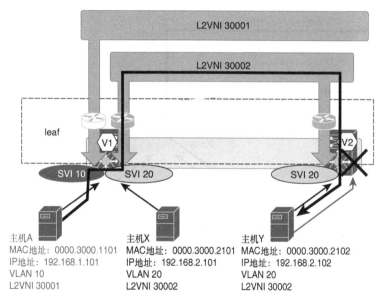

图 3-12　异步 IRB 与配置不一致的情形

除了异步 IRB，IRB 操作还有另一种模式，那就是同步 IRB。异步 IRB 采取的是桥接-路由-桥接的操作模式，而同步 IRB 采取的则是桥接-路由-路由-桥接的操作模式。同步 IRB 可以提供异步 IRB 无法提供的用法。

在使用了 VRF Lite 或者 MPLS L3VPN 的环境中，为不同的 IP 子网之间路由流量时，同步 IRB 会使用相同的转发模式。在同步 IRB 的环境中，所有从 VTEP 发出或者返回 VTEP 的流量都会使用相同的 VNI。具体来说，所有路由流量都会使用与这个 VRF 相关联的三层 VNI

（L3VNI）。在 BGP EVPN 控制平面中，L2VNI 和 L3VNI 之间的区别在于 VXLAN 头部的 24 位 VNI 字段。

如图 3-13 所示，连接到 VTEP V1 的主机 A 希望与连接到 VTEP V2 的主机 Y 进行通信。主机 A 会在 VLAN 10 中向本地子网的默认网关发送数据流量。接下来，设备会通过查询目的 IP 地址的结果把流量从 VLAN 10 路由出去。查询的结果显示哪些流量需要使用 VXLAN 进行封装，然后发送给主机 Y 所连接的 VTEP V2。封装后的 VXLAN 流量会在 VNI 50001 中从 VTEP V1 发往 VTEP V2，其中 VNI 50001 就是主机 A 与主机 Y 所在 VRF 对应的那个三层 VNI。一旦封装后的 VXLAN 流量到达 VTEP V2，这台 VTEP 就会对流量进行解封装，然后在这个 VRF 中路由给 VLAN 20，因为主机 Y 就在 VLAN 20 当中。所以，从主机 A 到主机 Y 的流量就经历了从桥接到路由、再到路由，最后再到桥接的处理顺序。这里特别值得注意的是，主机 A 和主机 Y 所在的二层网络对应的 VNI，不会在同步 IRB 流程的路由操作中用到。

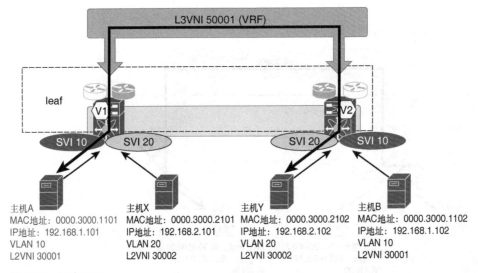

图 3-13　同步 IRB

对于从主机 Y 发回给主机 A 的返程流量，它的发送方式是同步的，也就是说返程流量也会在这个 VRF 对应的那同一个 VNI 50001 中发回给主机 A。主机 Y 会在 VLAN20 中向本地子网的默认网关发送数据流量。VLAN 20 会根据这个 VRF 和 VNI 50001 来执行路由决策，将使用 VXLAN 封装的流量发送给 VTEP V1。一旦封装后的 VXLAN 流量到达 VTEP V1，VTEP V1 就会对流量进行解封装，并且路由给 VRF 和 VLAN 10。从主机 Y 去往主机 A 的返程流量也会在 VNI 50001 中执行桥接-路由-路由-桥接的操作顺序。所以，从主机 A 发送给主机 Y 的流量，和从主机 Y 发送给主机 A 的流量使用的都是相同的 VRF VNI 50001，这就是同步数据流的概念。其实，在同一个 VRF 中不同网络的主机之间，它们相互发送的所有路由的流量都会使用相同的 VRF VNI 50001。

如果使用同步 IRB 模式，那么 VXLAN 网络中的所有边缘设备并不需要使用相同的配置。换句话说，管理员并不需要在所有边缘设备或 VTEP 上都配置所有的 VNI，如图 3-14 所示。不过，由于 VRF 实现了桥接-路由-路由-桥接的操作模式，所以对于一个特定的 VRF，管理员需要在所有 VTEP 上都配置相同的三层 VNI。要想让属于不同 VRF 的主机之间能够相互通信，管理员需要执行路由泄露（route leaking）。而如果要实现 VRF 路由泄露，则需要通过外部路由器或者防火墙来完成 VRF 之间的通信。在这里应该注意一点，要想实现 VRF 路由泄露，那么设备需要软件系统的支持才能用数据平面的封装来规范控制协议的信息。除了本地 VRF 路由泄露之外，下游 VNI 分配也可以为外联网环境提供这种功能。这种做法本书会在第 8 章进行详细介绍。

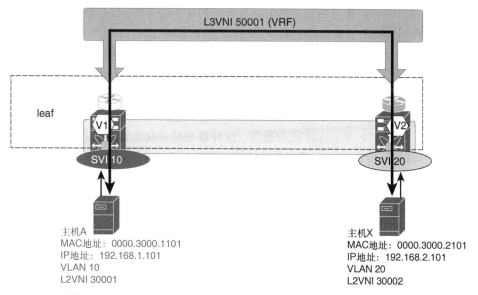

图 3-14　同步 IRB 与配置不一致的情形

同步模式和异步模式都记录在了 IETF 草案的文档中。Cisco NX-OS 系统采用的是同步 IRB 模式。同步 IRB 的桥接-路由-路由-桥接的操作顺序，特别适合于大规模多宿主的部署环境。这种操作顺序也和跨一个中间网段执行传统路由转发模式有异曲同工之妙。其实在 VXLAN BGP EVPN 环境中，那个中间路由网段只不过是被 VRF 对应的三层 VNI 所替代了。

3.2.4　端点移动性

BGP EVPN 提供了一种机制，可以在矩阵中为端点提供移动性支持。在一个端点迁移的时候，（这个端点）对应的主机路由前缀就会在控制平面中通过更新的顺序号进行通告。采用顺序号的方式可以避免设备因为端点迁移而重复学习到相应的前缀。所以，BGP EVPN 机制采取了在控制平面更新位置信息的方式。鉴于转发操作总是要根据 BGP EVPN 控制平面中所拥有的信息才能执行，所以流量迅速就会被重定向到端点迁移之后的新位置，这就实现了流量的平滑收敛。当一个端点迁移的时候，BGP EVPN 控制平面会对同一个端点给出两条主机路由前缀，其中原始的 VTEP 位置对应一个前缀，迁移后新的 VTEP 位置则会对应另一个前缀。

由于控制平面中同一个端点拥有两个前缀，所以就需要有一种机制来决定设备使用哪个前缀。所以，在通过端点主机路由（也就是类型 2 路由）的时候，设备会添加一种叫作 MAC 移动性顺序号的 BGP 扩展团体属性。每当端点迁移时，这个顺序号就会增加。当这个顺序号达到最大值的时候，顺序号就会回到起点重新开始。MAC 移动性顺序号记录在 RFC 7432 中，这也是 BGP EVPN 对应的 RFC 文档。

在端点迁移之前，设备会通过类型 2 路由通告学习到这个端点的 MAC 地址，其中 BGP 扩展团体 MAC 移动性顺序号会被设置为 0。0 表示这个 MAC 地址没有出现过迁移，这个端点仍然在它最初的那个位置。一旦检测到 MAC 移动性事件，那么端点（所在的位置）连接的 "新" VTEP 就会生成新的类型 2 路由（MAC/IP 通过），并且添加到 BGP EVPN 控制平面。接下来，控制平面就会把 BGP 扩展团体属性中的 MAC 移动性顺序号设置为 1。BGP EVPN 控制平面中现在有了两条相同的 MAC/IP 通告，但只有新通告的 MAC 移动性顺序号是 1。于是，所有 VTP 都会选择新的通告，这样流量就会发送给端点的新位置。图 3-15 显示了 BGP EVPN 环境中的一个端点移动性使用案例，其中主机 A 从 VTEP V1 移动到了 VTEP V3。

一台端点设备可能会在整个生命周期内在矩阵中进行多次迁移。每当端点迁移的时候，检测出其新位置的 VTEP 就会把顺序号加 1，然后再把这个端点的主机前缀通告给 BGP EVPN 控制平面。因为所有 VTEP 上的 BGP EVPN 信息都是同步的，所以每台 VTEP 都知道端点是首次启动，还是从之前的某个位置迁移过来的。

出于各种各样的原因，端点设备可能会关机或者变为不可达。如果因为老化机制，导致一个端点设备从 ARP、MAC 和 BGP 表中被清除了出去，那么扩展团体 MAC 移动性顺序号也会为 0。如果这样的端点重现连接到网络中（也就是从矩阵和 BGP VPN 来看，这个端点重新出现了），它就会被当成是一台新的设备。换句话说，BGP EVPN 控制平面可以掌握当前活动的端点，以及这些端点所对应的位置，但是控制平面并不会存储之前端点的历史记录。

端点设备到底是出现了迁移（即热迁移），还是宕机之后被另一台端点设备取而代之（即冷迁移），这些在 BGP EVPN 控制平面看来都差不多。这是因为在 BGP EVPN 的控制平面中，端点的身份是由这台端点的 MAC 和/或 IP 地址所决定的。

路由类型	MAC, IP	L2VNI ("VLAN")	L3VNI ("VRF")	下一跳	封装类型	顺序号
2	0000.3000.1101, 192.168.1.101	30001	50001	10.200.200.1	8:VXLAN	0
2	0000.3000.1101, 192.168.1.101	30001	50001	10.200.200.3	8:VXLAN	1

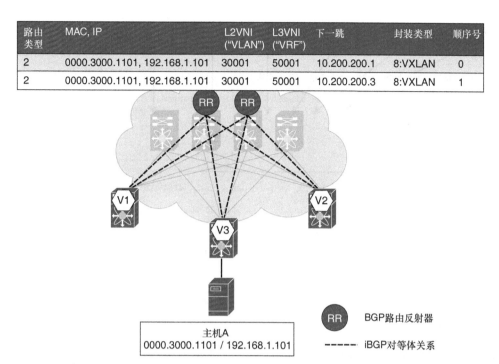

图 3-15　端点移动性

当一个端点移动时，这个端点就会自己发送 RARP 或者 GARP，或者由其他设备代替这个端点发送 RARP 或者 GARP。如果发送 RARP，那么虚拟交换机就会将这个消息的源 MAC 地址设置为端点的 MAC 地址，并将目的 MAC 地址设置为全 1（即 FFFF.FFFF.FFFF）。如果发送 GARP，那么这个端点就会在新的位置通告自己的 IP 地址和 MAC 地址。这就是端点在 BGP EVPN 控制平面中更新 IP/MAC 可达性的方式。当老的 VTEP 接收到这个信息的时候，它会执行端点验证，从而判断这个端点是不是真的已经不在原先的位置了。如果验证成功，那么 BGP EVPN 控制平面就不会继续通告过去的前缀和过去的顺序号。不仅 BGP EVPN 不会继续通告前缀，之前那个位置的 ARP 和/或 MAC 地址表也会被清除。图 3-16 所示的为一个端点在矩阵中进行了迁移之后，其对应前缀的输出信息。这张图标识出了各个相关的字段（包括 MAC 移动性顺序号字段）。

在进行验证的过程中，如果端点设备在原来的位置也进行了响应，那么设备就检测到了重复端点，因为同一个前缀在不止一个地点上出现。重复端点检测的默认检测值是"180s 内移动 5 次"。这也就是说，如果在 180s 的时间周期内移动了 5 次之后，VTEP 就会启动一个"3s 的抑制"计时器，然后重新启动验证和清除进程。在第 5 次迁移（180s 内迁移 5 次）之后，VTEP 就会冻结重复的条目。在 Cisco NX-OS 系统的 BGP EVPN 解决方案中，用户是可以对这些默认的检测值进行修改的。

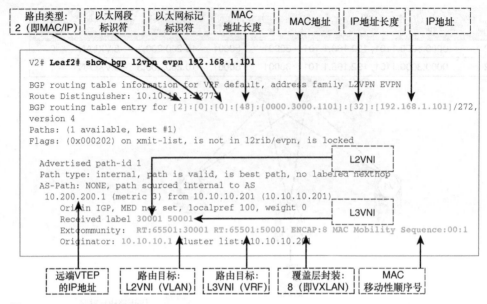

图 3-16　MAC 移动性顺序

在类型 2 路由通告消息中携带 MAC 移动性顺序号，可以让 BGP EVPN 控制平面标识端点是否曾经进行了位置迁移。如果判断出某个前缀仍然可达，那么控制平面就会主动验证这个端点是不是曾经出现过迁移。控制平面可以提供大量数值，这些数值不仅可以在 VXLAN BGP EVPN 网络中验证和清除移动性事件，也可以检测重复端点。

3.2.5　VXLAN BGP EVPN 环境中的虚拟 PortChannel（vPC）

跨两个机框来把多个物理接口绑定为一组逻辑接口，这种操作就称为 port-channel，或者称为链路汇聚组（Link Aggregation Group，LAG）。虚拟 PortChannel（vPC）技术可以跨两个或者多个物理机框提供二层冗余。具体来说，就是把一个机框连接到另外两个（配置为 vPC 对的）机框。这种做法在业内称为多机框链路汇聚组（MC-LAG）。我们在之前提到过，VXLAN 的底层传输网络会利用支持 ECMP 的三层路由协议，端点还是会通过传统的以太网接口连接到 leaf 节点或者边缘设备。这里应该注意的是，VXLAN BGP EVPN 矩阵不会强制要求端点用冗余链路连接到矩阵。不过，在大多数实际部署环境中，人们会要求网络支持高可用性，所以端点会通过 port-channel 连接到边缘设备。

建立 port-channel 的方式有很多种，包括采取静态无条件配置，以及使用像端口汇聚协议（PAgP）这样的动态协议，或者使用像链路汇聚控制协议（LACP）这样的标准化动态协议。

在端点和网络交换机之间可以配置 port-channel。如果要求部署 ToR 或者交换机级的冗余（以及要求部署链路级冗余），就可以用 MC-LAG 来把一个端点连接到多台网络交换机。

vPC 可以让一个端点的接口在物理层面上连接到两台不同的网络交换机。从端点的角度来说，它们会认为这是一台交换机用一个 port-channel 连接多条链路。连接到 vPC 域的端点既可以是一台交换机、一台服务器，也可以是其他任何支持 IEEE 802.3 标准和 port-channel 技术的网络设备。vPC 可以创建出能够扩展到两台交换机的二层 port-channel。vPC 会由两个通过 peer-link 链路直连的 vPC 成员组成，其中一台成员设备充当主用设备，另一台充当辅助设备。这个通过网络交换机建立起来的系统就称为 vPC 域，如图 3-17 所示。

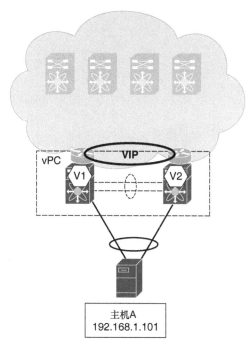

图 3-17 经典的以太网 vPC 域

vPC 的主用成员和辅助成员最初都会配置为边缘设备或 VTEP，来集成到 VXLAN 网络中。对于北向流量来说，路由接口属于底层网络的一部分，提供去往各个 VTEP 的可达性。每个 VTEP 都会用一个独立的主用 IP 地址（PIP）来表示。

首先，我们需要启用 vPC 特性，然后在两个 vPC 成员网络交换机之间配置 vPC 域。接下来的工作是在两个节点之间，配置 vPC peer link（PL）和 vPC peer 保活（PKL）链路。vPC peer link 也需要配置底层网络，来实现单播和（如必要）组播的底层路由。

在 VXLAN BGP EVPN 矩阵中，管理员需要配置一个 VTEP 来代表这个 vPC 域。为了达到这个目的，管理员需要在任意播 VTEP 上配置一个公共的虚拟 IP 地址（VIP），让构成 vPC 域的交换机共用这个地址。vPC 域身后的所有端点都会使用这个任意播 IP 地址，而任意播 VTEP 也会用这个任意播 IP 地址来代表这个 vPC 域。

图 3-18 所示的为一个 vPC 域的示例。其中，VTEP V1 的 IP 地址为 10.200.200.1/32，VTEP V2 的 IP 地址为 10.200.200.2/32。这些都是 NVE 接口或 VTEP 上的物理 IP（PIP）地址。两台 VTEP 上也需要配置辅助 IP 地址（secondary IP address），这个地址代表 VIP 或者任意播 IP 地址（也就是 10.200.200.254/32）。辅助地址展示的是所有 vPC 对所连端点设备的位置。这个地址是 BGP EVPN 控制平面通告消息中通告的下一跳地址，代表了某个 vPC 交换机对身后的所有本地端点。

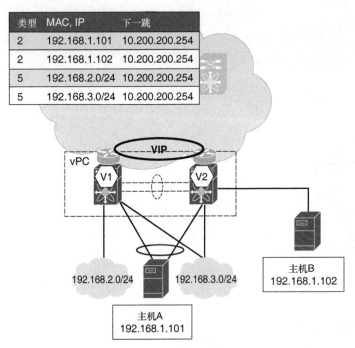

类型	MAC, IP	下一跳
2	192.168.1.101	10.200.200.254
2	192.168.1.102	10.200.200.254
5	192.168.2.0/24	10.200.200.254
5	192.168.3.0/24	10.200.200.254

图 3-18   vPC 与 VXLAN BGP EVPN 相结合

两台 vPC 成员交换机都会通告 VIP，这样两台 vPC 成员才能从本地直连端点那里接收到流量。远程 VTEP 可以穿越底层路由网络，借助 ECMP 来通过两台 vPC 成员交换机访问它们通告的 VIP。于是，只要还有一条路径连接着其中一台 vPC 成员交换机（或 VTEP），远端设备就可以访问双上联的端点。

在一个 vPC 域中，无论通告的是双上联端点还是单上连端点（一般称为孤儿端点），这些端点都是要通过任意播 VTEP 对应的 VIP 进行访问的。所以，对于 vPC 成员交换机连接的孤儿端点来说，如果因为上行链路出现了故障而导致这台设备无法访问 spine 节点，vPC 域就会通过 vPC peer link 建立起一条备份路径。所以，推荐设备之间通过 vPC peer link 来建立底层路由邻接，从而解除链路故障带来的隐患。

如果管理员在底层启用了组播来承载多目的流量，那么 peer link 上也应该启用组播路由（一般来说就是启用 PIM）。要注意，在默认情况下，在 BGP EVPN 环境中，类型 2 路由的 MAC/IP 地址通告，以及类型 5 路由的 IP 前缀路由，都会把任意播 VTEP 的 VIP 地址通告为下一跳地址。通过这种方式，在所有远程 VTEP 看来，vPC 对交换机身后的所有 BGP EVPN 路由都可以通过一台 VTEP 进行访问，这台 VTEP 的表示形式是 VIP 地址。在一个 vPC 域中，vPC 对等体上的 VIP 所关联的 VTEP 有时会称为这个域的任意播 VTEP。如果一个 VXLAN BGP EVPN 矩阵中部署了 N 台 leaf 节点，且这些节点都是 vPC 对等体，那么这个网络中就会一共有 N/2 组对等体用各自任意播的 VTEP 来表示，每个 vPC 域对应一台 VTEP。

任意播 VTEP 这个词不要和任意播网关搞混。我们在前文介绍过，任意播网关指的是某个子网的分布式 IP 任意播网关，所有 leaf（包括配置为 vPC 对等体的 leaf 节点）节点都会同时共享这个网关，leaf 节点之间则会通过 BGP EVPN 来交换终端主机的可达性信息。之所以称之为网关，是因为子网中的终端主机都会把默认网关指向任意播网关的 IP 地址。所以，从终端主机的角度来看，无论终端主机在矩阵中位于什么位置，默认网关的 IP-MAC 对应关系都应该保持不变。在 Cisco NX-OS 系统中，所有任意播网关也会共享相同的任意播网关 MAC 地址（AGM），这个地址需要管理员在全局进行配置。

在一个 vPC 域中，由于两台 vPC 成员交换机之间的 ARP、MAC 和 ND 条目都是同步的，所以这两台交换机也就能够高效地通过 BGP EVPN 通告相同前缀的可达性了。因此，某一个 vPC 成员交换机就可以忽略从邻接 vPC 成员交换机那里接收到的 BGP EVPN 通告，只要它们属于同一个 vPC 域，vPC 成员交换机就会在通告消息中使用起始站点（site-of-origin）这个扩展团体属性来对通告消息进行标识。这样一来，就只有一台 VTEP（或 VIP）需要通过 BGP EVPN 来向每个 vPC 域中的所有端点进行通告了。所以，在一个有 N 个 vPC 对的 VXLAN BGP EVPN 网络中，每台远端 VTEP 都只需要了解 N−1 个 VTEP IP 地址（或者 VIP 地址）。即使只有一台 VIP 在一个 vPC 域中充当任意播 VTEP，MP-BGP 的路由标识符（RD）也会针对管理员在每一台 vPC 成员上的定义来标识路由。

不过，在有些环境中，某个 vPC 域中只有两台 vPC 成员交换机的其中之一会通告 IP 前缀。比如，在每台 vPC 成员交换机上，管理员都在一个 VRF 下配置了一个单独的环回地址。在这种环境中，由于通告到 BGP EVPN 中的可达性信息都是要通过任意播 VTEP 的 VIP 地址来访问的，因此去往某个 vPC 成员交换机的流量就有可能会到达它邻接的那台对等体设备。在解封装之后，流量就会进入黑洞，因为在这个 VRF 中查询路由表，找不到这个流量的匹配信息。

如果只有两台 vPC 成员交换机的其中之一会通告 IP 前缀，那么会出现一些问题。这是因为返程流量一定要最终到达其中的某一台 vPC 成员交换机。从 vPC 域中通告所有信息时，都让信息通过任意播 VTEP 的 IP 地址来访问，这是没法达到目的的。这种环境适用于南向 IP 子网、连接孤儿端点的 IP 子网、单独的环回 IP 地址和/或 DHCP 代理。在上述环境中，管理员需要针对每个 VRF 分别建立三层路由邻接，这样才能保证 vPC 域成员之间的路由交换能够正常进行。这样做还可以保证即使数据包到达了另一台 vPC 对等体，在解封装之后，这台设备在 VRF 中查找路由表也不会出现查找不到的情况。

当然，在 vPC 成员交换机上给每个 VRF 分别配置路由邻接关系，是一件非常烦人的工作。不过在 BGP EVPN 环境中，有一种比较轻松的方法可以帮助我们达到类似的目的，这个方法需要用到一种叫作 advertise-pip 的特性。这种特性需要在每台交换机上分别全局启用。之前曾经提到过，每个 vPC 成员交换机都有一个专用的 PIP 和一个共享的 VIP 地址。如果启用了这个特性，那么每台 vPC 成员交换机在通过类型 5 路由消息来通告所有 IP 路由前缀可达性的时候，都会用 PIP 作为下一跳地址。交换机在通过类型 2 路由消息通告端点可达性信息（IP/MAC 地址）的时候，则会继续使用任意播 VTEP 或者 VIP 作为下一跳地址（见图 3-19）。这就实现了每台交换机的路由分别进行通告，这样返程流量就可以到达 vPC 域中的对应 VTEP 了。通过这种方式，一个 vPC 域中的 vPC 成员交换机也会通过 BGP EVPN 类型 5 路由通告，了解到其邻接 vPC 对等体交换机的各个 IP 前缀可达性信息。

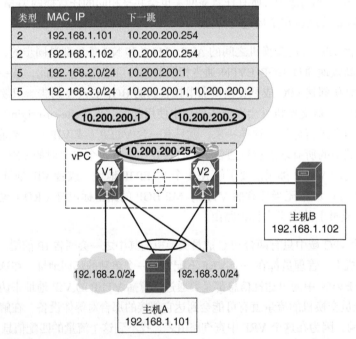

图 3-19   在 vPC 环境中通过 PIP

BGP EVPN 类型 2 路由和类型 5 路由消息中携带的路由器 MAC 扩展团体属性也值得专门进行一下解释说明：如果启用了 advertise-pip 特性，那么每台 vPC 交换机都会通告两台 VTEP 的 IP 地址（一个 PIP 和一个 VIP 地址）。其中，PIP 会使用交换机的路由器 MAC，而 VIP 则会使用在本地通过 VIP 提取的 MAC 地址。两台 vPC 成员交换机会提取相同的 MAC 地址，因为这两台交换机在任意播 VTEP 上配置的共享 VIP 地址是相同的。因为路由器 MAC 扩展团体属性是非传递属性，而一个 VXLAN BGP EVPN 矩阵中的 VIP 是唯一的，所以我们可以给 VIP 使用只有本地意义的路由器 MAC 地址。

总之，在 VXLAN BGP EVPN 环境中使用 advertise-pip 属性，那么 VTEP 的下一跳 IP 地址被设置为哪个地址，会由设备宣告的是类型 2 路由（MAC/IP 通告）还是类型 5 路由（IP 前缀路由）来决定。通告 PIP 可以让设备更加有效地处理 vPC 直连的端点，也可以让设备更加有效地处理二层和三层边界相连的 IP 子网，以及使用 DHCP 中继的环境。最后，读者应该注意，vPC 在不同的 Nexus 平台上执行的操作方式是存在一定区别的。如果想要了解 Nexus 9000 平台的设备，并在 VXLAN BGP EVPN 环境中部署 vPC 的需求，可以参考 Cisco 的《VXLAN BGP EVPN(EBGP)实例》（*Example of VXLAN BGP EVPN (EBGP)*）；如果想要了解 Nexus 7000 和 Nexus 5600 平台上的相关需求，可以参考 Cisco 的《Cisco Nexus 5600 与 7000 系列交换机在可编程矩阵中的转发配置》（*Forwarding configurations for Cisco Nexus 5600 and 7000 Series switches in the programmable fabric*）。

3.2.6 DHCP

动态主机配置协议（DHCP）是一种常用的协议，其目的是为端点提供 IP 地址以及其他可选配置。DHCP 服务器的工作是分配 IP 地址，并且管理端点 MAC 地址与（分配给端点的）IP 地址之间的绑定关系。除了分配 IP 地址（DHCP 范围），DHCP 服务器也可以分配其他设置，譬如默认网关、DNS 服务器以及另外一些可以分配给 DHCP 客户端（即端点设备）的信息。DHCP 客户端作为通信的请求方，会给 DHCP 服务器发送一条发现请求。于是，DHCP 服务器就会用一条 offer 消息来响应发现请求。在最初的交换完成之后，客户端就会在发送 DHCP 请求消息（DHCP request）之后，收到服务器发送的 DHCP 确认消息（DHCP acknowledgement），这就是通过 DHCP 完成 IP 地址及相关信息分配的过程。图 3-20 展示了这个 DHCP 过程。

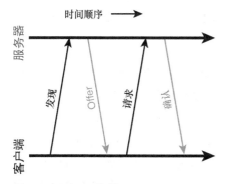

图 3-20　DHCP 流程

由于 DHCP 进程需要依靠广播消息在 DHCP 客户端和 DHCP 服务器之间交换信息，所以 DHCP 服务器需要与 DHCP 客户端处于同一个二层网络中。这是 DHCP 的一种部署方式。在大多数情况下，网络中会有多个 IP 子网，DHCP 客户端和 DHCP 服务器之间的路径也会包含路由器。在这类情况下，就需要在网络中部署 DHCP 代理（DHCP agent）。DHCP 中继代理是 DHCP 协议的辅助设备，这类设备可以嗅探 DHCP 广播消息，然后把这些信息（以单播的形式）发送给专门的 DHCP 服务器。

DHCP 代理一般会配置在面向 DHCP 客户端的默认网关上。DHCP 中继代理可以支持很多自动分配 IP 地址的方式，具体的方式取决于 DHCP 服务器（与 DHCP 客户端）是不是处于同一个网络、同一个 VRF 当中。在那些租户之间必须严格进行隔离的数据中心服务提供商网络中，给每个 VRF 或者每个分户提供一个 DHCP 服务器是一种相当常见的做法。反过来，在一般的企业环境中，在共享服务 VRF 中部署一台中央 DHCP 服务器的做法也不算新鲜。因为 DHCP 服务器和 DHCP 客户端处于不同的 VRF 中，所以流量会穿过租户（VRF）的边界。总之，我们可以把 DHCP 服务器的部署模式分为下面 3 种。

■ DHCP 客户端和 DHCP 服务器处于相同的二层网段中（VLAN/L2 VNI）：

  ➤ 不需要使用 DHCP 中继；

  ➤ DHCP 客户端发送的 DHCP 发现消息是用广播的形式在本地二层网络（VLAN/L2 VNI）中传输的；

  ➤ 由于 DHCP 会使用广播，所以需要使用多目的流量复制。

■ DHCP 客户端和 DHCP 服务器处于不同的 IP 子网，但处于相同的租户（VRF）中：

  ➤ 需要使用 DHCP 中继；

  ➤ 中继会嗅探到 DHCP 客户端所发送的 DHCP 发现消息，然后再将这个消息发送给 DHCP 服务器。

■ DHCP 客户端和 DHCP 服务器处于不同的 IP 子网，且处于不同的租户（VRF）当中：

  ➤ 需要使用 DHCP 中继并且选择 VRF；

  ➤ 中继会嗅探到 DHCP 客户端所发送的 DHCP 发现消息，然后再将这个消息发送给 DHCP 服务器所在的那个 VRF，从而最终发送给 DHCP 服务器。

在上述 3 种 DHCP 服务器部署模式中，有两种模式需要使用 DHCP 中继代理来转发数据。DHCP 服务器基础设备是多宿主网络中的一种共享资源，因此 DHCP 服务需要支持多宿主。同一个 DHCP 中继代理需要负责处理 DHCP 客户端发来的 DHCP 发现消息和 DHCP 请求消息，以及 DHCP 服务器响应 DHCP 客户端时发送的 DHCP offer 消息和 DHCP 确认消息。

一般来说，针对一个子网，我们会在配置默认网关 IP 地址的相同地址处配置 DHCP 中继代理。在所有发送给 DHCP 服务器的消息中，DHCP 中继代理会把 DHCP 负载中的 GiAddr 字段设置为默认网关的 IP 地址。在被中继的 DHCP 消息中，GiAddr 字段的作用是选择子网的范围，让 DHCP 服务器能够从这个子网中选择一个可以分配给客户端的 IP 地址，以及其他需要分配的 DHCP 可选项，然后 DHCP 服务器就可以把这个消息发回给中继代理了。GDHCP 服务器发送响应消息（包括 DHCP offer 消息和 DHCP 确认消息）时设置的目的地址，就是 GiAddr 字段中的地址。

在 VXLAN BGP EVPN 矩阵中部署分布式 IP 任意播网关时，如果要实施 DHCP 中继代理，那么还有一些需要考虑的因素。这是因为所有充当某个网络默认网关来提供三层服务的 VTEP 都会使用相同的 IP 地址。于是，这些 VTEP 中继转发的 DHCP 请求也会封装上相同的 GiAddr 字段。这样就有可能会导致一种结果，那就是由于任意播 IP 的出现，DHCP 服务器发送的 DHCP 响应消息可能无法到达中继转发最初请求的那个 VTEP。换言之，每一台为这个任意播 IP 提供服务的 VTEP 都有可能接收到 DHCP 服务器发来的响应消息，这显然事与愿违（见图 3-21）。如果每个 VTEP 都有一个专门的 IP 地址，那么这个 IP 地址就可以封装在 GiAddr 字段当中，确保服务器的响应消息可以到达那台需要接收到它的 VTEP。管理员可以在配置任意播网关 IP 地址的三层接口下面，通过 ip dhcp relay source-interface xxx 命令来实现这样的效果。

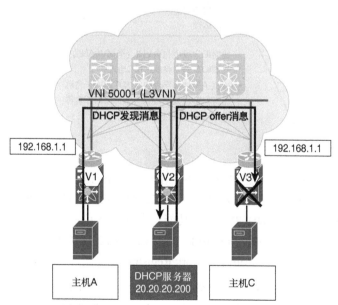

图 3-21　分布式 IP 任意播网关中的 GiAddr 问题

通过这种方式，GiAddr 字段经过了修改，修改后的 GiAddr 字段包含了指定源接口的 IP 地址。网络交换机上的任何给定接口都可以在这里使用，只要这个接口的 IP 地址在（查找 DHCP 服务器的那个）网络中是唯一的就可以。此外，这个 IP 地址必须是可路由的，因为 DHCP 服务器必须能够把响应消息发送给 GiAddr 字段所指定的设备，以及其对应的唯一 DHCP 中继 IP 地址。做到了这一点，客户端发送给服务器的 DHCP 消息就一定能够在同一台网络交换机或者中继代理之间进行转发了。

这里还有一点应该注意：一般来说，在从 IP 子网范围中选择一个可用 IP 地址并且将其发回给 DHCP 客户端的过程中，GiAddr 字段也同样发挥着作用。因为 GiAddr 字段已经根据管理员指定的源接口发生了改变，所以这个地址也不能再表示 DHCP 选择的范围和要分配的 IP 地址了。所以，这里必须有另一种方式来实现地址范围的选择，DHCP option 82（这是一个由厂商定义的可选项）的作用就是承载一些线路信息，这个可选项在很多不同的部署方案中都得到了广泛的应用，如图 3-22 所示。DHCP option 82 中包含了两个子选项，它们都可以在 IP 地址分配中表达客户端所请求的是哪一个 IP 子网，这就给 DHCP 子网范围选择提供了另一种方式。

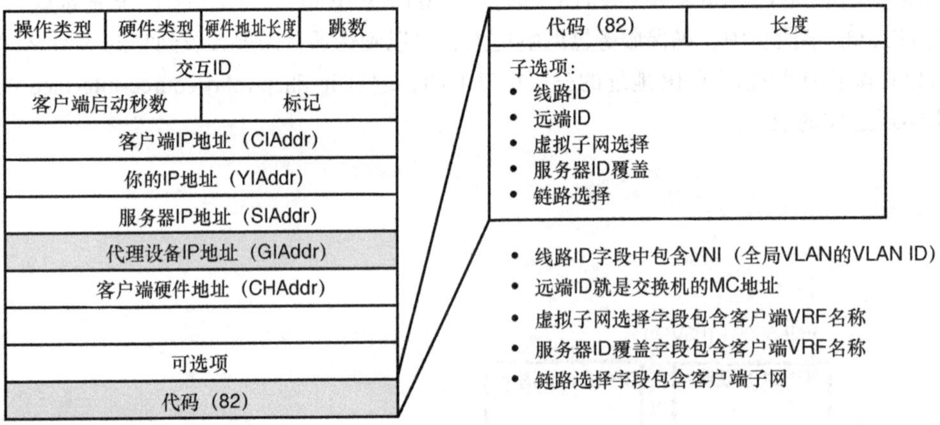

操作类型	硬件类型	硬件地址长度	跳数

代码（82）   长度

子选项：
- 线路ID
- 远端ID
- 虚拟子网选择
- 服务器ID覆盖
- 链路选择

交互ID

客户端启动秒数	标记

客户端IP地址（CIAddr）

你的IP地址（YIAddr）

服务器IP地址（SIAddr）

代理设备IP地址（GIAddr）

客户端硬件地址（CHAddr）

可选项

代码（82）

- 线路ID字段中包含VNI（全局VLAN的VLAN ID）
- 远端ID就是交换机的MC地址
- 虚拟子网选择字段包含客户端VRF名称
- 服务器ID覆盖字段包含客户端VRF名称
- 链路选择字段包含客户端子网

图 3-22   DHCP option 82

因为 DHCP option 82 携带了线路 ID 这个子选项，所以客户端所在网络对应的 VLAN 或 VNI 信息也可以添加到 DHCP 消息当中，这可以作为提供给 DHCP 服务器的信息。DHCP 服务器需要支持这种通过线路 ID 来正确选择 DHCP 范围的功能。支持 DHCP option 82（以及它包含的线路 ID 子选项）的 DHCP 服务器包括 Microsoft Windows 2012 DHCP 服务器、ISC DHCP 服务器（dhcpd）以及 CPNR（Cisco Prime Network Registrar）。

另一种做法更好，那就是使用 DHCP option 82 中的链路选择子选项来实现对 DHCP 范围的选择。链路选择子选项会携带原始的客户端子网，所以可以让 DHCP 服务器选择正确的范围。支持链路选择子选项的 DHCP 服务器包括 dhcpd、Infoblox 的 DDI 和 CPNR。读者如果希望了解，在 VXLAN BGP EVPN 网络中 DHCP 中继配置所涉及的详细内容，可以访问 Cisco

官网来参阅 vPC VTEP DHCP 中继的配置示例。

如果在 VXLAN BGP EVPN 交换矩阵中部署了分布式任意播网关及多宿主功能，那么集中式的 DHCP 服务就可以让给端点分配 IP 地址的工作变得日常简单。使用专门的源 IP 地址来中继 DHCP 消息，然后借助 DHCP option 82 提供的信息，哪怕跨 VRF 或者租户边界也可以通过集中式的基础架构来为端点分配 IP 地址了。

3.3　总结

这一章深入探讨了 VXLAN BGP EVPN 交换矩阵的核心转发功能。对于承载组播、未知单播和组播（BUM）流量的话题，本章探讨了组播和入站复制，以及 BGP EVPN 对组播路由类型的支持。另外，本专业介绍了一些增强的转发特性，这些特性可以减少矩阵中的 ARP 和未知单播流量。或许，BGP VPN 交换矩阵的最大优势就是可以在 TOR 或 leaf 层实现分布式任意播网关，从而可以对交换矩阵中的二层和三层流量提供最优的转发。本章也提到了如何在 BGP EVPN 环境中高效地处理端点移动性的问题，以及如何在 vPC 部署环境中处理双上联端点的问题。在本章的最后，我们探讨了在分布式 IP 任意播网关环境中，如何才能实现 DHCP 中继功能这个话题。

## 第 4 章

底层

本章会对以下几项内容进行介绍：

■ BGP EVPN VXLAN 矩阵所对应的底层；

■ 底层的 IP 地址分配可选项和设置 MTU 的考量因素；

■ 底层的单播和组播路由可选项。

网络虚拟化覆盖层（包括 VXLAN）需要一个网络来传输那些覆盖层封装的流量。出于这个目的，用户需要考虑大量的因素。由于 VXLAN 是一个把 MAC 封装在 IP/UDP 中的覆盖层，所以传输网络需要通过一种优化的方式，让 VXLAN 隧道端点（简称 VTEP）承载 IP 流量。可以回忆一下，每个覆盖层都会在原始数据包/帧的基础上添加另一个头部。于是，传输层网络（称为底层）就需要考虑覆盖层头部给流量增加的字节。在 VXLAN 环境中，一般来说，传输网络需要在最大传输单元（MTU）中（为这个新增的头部）多考虑 50 字节。同样，传输网络也必须考虑覆盖层在弹性和收敛方面的需求。在考虑数据中心矩阵的设计方案时，一定要把扩展性、弹性、收敛和容量都考虑在内。在基于覆盖层的这种数据中心矩阵中，底层的重要性是怎么强调都不为过的。通常来说，覆盖层的性能不可能超越底层的传输能力。哪怕是在对流量进行排错和调试，以及在研究流量收敛情况的时候，底层仍然拥有不容忽视的重要性。

在为矩阵设计和搭建底层时，IP 地址的分配是一项重要的步骤。要是希望运行任何形式的路由协议，让矩阵中的各个设备之间相互可达，那么给这些设备分配 IP 地址就是一个必要的前提。在分配这些 IP 地址的时候，用户有很多选择，其中包括使用传统的点到点（P2P）方式，或者使用一种非编号的 IP 编址方案来节约地址。同样，人们也一定要搞清楚 VTEP 接口（亦称为网络虚拟化边缘接口或 NVE 接口）的编址需求，搞清楚用来建立多协议 BGP 会话的环回接口编址需求，并且（在使用基于组播的底层时）搞清楚组播汇集点的编址需求。

底层可能不仅仅需要传输单播流量，还需要提供组播路由转发，这样才能在覆盖层中处理 BUM（广播、未知单播和组播）流量。在给基于 BGP EVPN VXLAN 的数据中心矩阵设计和创建底层网络时，所有上面这些需求都要考虑清楚。

4.1 关于底层的考量

在搭建数据中心矩阵的时候，一些关于底层的前期考虑因素可谓至关重要。其中第一要务是定义自己想要的底层拓扑。当今的数据中心都拥有大量的南北向流量和东西向流量，底层拓扑必须能够处理这类数据流和这种通信模型。

如图 4-1 所示，南北向流量是指数据流入流出数据中心的那种传统通信模型。从本质上看，当园区网的一位用户或者互联网中的一位用户希望访问数据中心内部的数据时，此时使用的就是这种模型。常见的南北向流量包括网页浏览器或者收发电子邮件行为所产生的流量。这类南北向流量可以有效地让流量在数据中心和终端用户之间进行传输。

图 4-1 南北向流量

然而，东西向流量反映的通信模型则稍有不同，它描述了服务器和/或数据中心内部各类应用之间的数据通信，如图 4-2 所示。一般来说，企业网络或者互联网中的一位终端用户发来的请求需要在底层网络经历相当复杂的预处理过程。给这种预处理举个例子，东西向流量需要涉及通过一个 App 从一台 Web 服务器访问数据库。动态返回网站和/或业务应用的网络往往会使用一个两级或者三级的服务器架构。在这个架构中，一级必须与另外的层级进行通信，才能把终端用户请求的数据发回给用户。当这些层级相互通信或者它们需要访问数据存储设备，抑或是它们需要访问同一个数据中心中保存的其他数据时，我们就把这种更加横向的或者说更加水平的流量模型称为东西向流量。

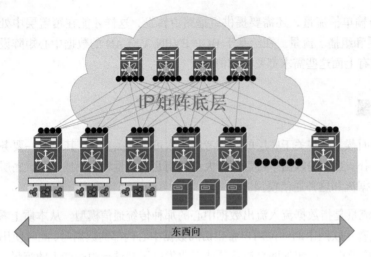

图 4-2 东西向流量

在 20 世纪 50 年代初，电话的总机还是需要人工进行操作的，Charles Clos 需要找到一种更加高效的方法来转接电话呼叫。这种总机使用了一个两级（two-stage）网络，这个网络本来希望使用一个纵横交换机（crossbar switch）来转接呼叫。问题在于，如果电话呼叫频繁发生，那么呼叫就会被阻塞，因为网络中只有一条路径，如果有另一个转接的电话占用了这条路径，那么转接就会失败。面对这种困境，Clos 找到了一种最理想的数学方法，利用级联矩阵（multistage fabric）来把一个入向的呼叫连接到一个出向的呼叫，实现两点之间的互联。由于这个矩阵拥有入向级、中间级和出向级，因此呼叫就有很多路径来转接到目的。于是，这种增加级（stage）的方式就建立起了一个纵横立交式的连接矩阵。鉴于最终获得的网络看上去就像一张机器纺织出来的纤维，由很多横向和纵向的纺线组成，纵横交换机（crossbar switch）由此得名。

Clos 的上述成就和设计方案无疑是一场电话总机的革命，它同时为网络交换机和数据中心矩阵的设计方案提供了思路。如今，大多数网络交换机都是参照 Charles Clos 在 70 年前提出的这种数学方案设计的。在网络交换机上，前向的以太网端口（即第一级）都是通过一个网络矩阵（即第二级）相互连接的。于是，每个前向的以太网端口都必须经历相同的距离，到达每一个其他的前向以太网端口（等距），这就保证了端口之间的延迟是可以预测的，也是一致的。图 4-3 所示的为一个典型的级联模块化网络交换机的内部架构。

这种方法又怎么应用于数据中心网络或者数据中心矩阵呢？要想把 Clos 提出的矩阵概念从网络交换机移植到数据中心矩阵拓扑环境中，那就需要把前向以太网端口的概念替换为架顶（ToR）交换机的概念，架顶交换机也称为叶（leaf）交换机。这种交换机负责在数据中心矩阵中提供往返于服务器的连接，并且执行桥接和路由查找，从而做出转发决策。理论上，数据中心可能会包含成百上千台 leaf 交换机，它们之间都需要实现互联。一台 leaf 交换机连接到数据中心矩阵的第二级，而第二级网络则由一系列的脊（spine）交换机组成。根据矩阵在扩展性和带宽方面的需求，spine 交换机的数量可以为 2～32 台，这足以完成实际的部署方案。

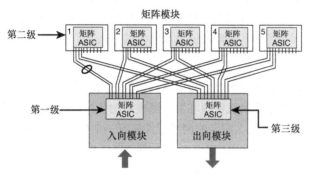

图 4-3 级联模块化网络交换机

在数据中心矩阵中，一个 spine 节点会连接到所有的 leaf 节点，这是为了提供 N 条从每个leaf 节点去往其他所有 leaf 节点的路径，这里的 N 代表了 spine 节点的数量。级联 Clos 网络如图 4-4 所示。反之，spine 交换机则可能会连接到另一个 spine 层，这种结构称为超级主干层（super-spine layer），这是为了实现 N 级 leaf 矩阵的结构。因为在基于覆盖层的数据中心矩阵环境中，spine 节点本身是一个建立连通性的“主干网”（backbone），所以 spine 节点无法看到用户流量本身，这是因为覆盖层封装是在 leaf 节点上执行的。然而，spine 节点可以确保 VTEP 之间的通信可以通过底层 IP 网络的等价多路径功能（EMCP）在不同的 leaf 节点之间实现。而这种 EMCP 功能是通过底层的路由协议来提供的。如果和 Clos 的矩阵拓扑概念进行比较，那么 spine 节点之间可以有多条路径，其中每条路径都会在数据中心矩阵中的任意两个端点之间提供相同的距离和延迟。

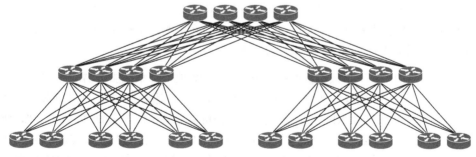

图 4-4 级联 Clos 网络

4.1.1　MTU 的考量

我们在前文中曾经提到过，VXLAN 这种网络虚拟化覆盖层技术会在原始数据帧的基础上增加一个头部。这个头部可以提供 VXLAN 实现其功能所必备的一些标识符信息。这就解决了传统网络传输技术（如以太网）所固有的一些缺陷。但也是因为这个头部，人们不得不考虑一些关于底层网络设计的因素。

总体来说，分片（也就是由于一个帧或者数据包对于传输网络来说过大，所以对其进行分割的操作）是要规避的。分片和重组会加重交换机资源和服务器资源的负担，从而降低传输的效率。计算机、服务器、PC 和其他配备了以太网卡的网络硬件都有一个标准的 1500 字节最大传输单元（MTU）。以太网帧在这个基础上再加上 6 字节的源 MAC 地址和 6 字节的目的 MAC 地址，2 字节的 Ethertype（以太类型）字段，以及 4 字节的帧校验和（FCS），它的总长度就是 1518 字节（如果携带了可选的 802.1Q 标记，那就是 1522 字节）。这也就是说，一台计算机可以发送小于等于 1500 字节的数据载荷，这里面包含了所有 OSI 三层及以上的头部信息。同样，一台服务器如果使用默认的配置，那么它最大也可以发送 MTU 为 1500 字节的未分片数据。不过，如果在服务器直连的交换机之间部署了 VXLAN，那么在默认配置条件下，这个 MTU 值就会减少为 1450 字节。这是因为 VXLAN 会增加 50 或者 54 字节（见图 4-5）的头部，这里面携带着标识符信息。

使用 VXLAN 会让数据增加一个头部，其中包括 14 字节的外部 MAC 地址、20 字节的外部 IP 地址、8 字节的 UDP 头部和 8 字节的 VLAN 头部。VXLAN 给数据引入的这 50 或 54 字节在计算以太网 MTU 时必须考虑在内。还有 4 字节可选的字段可以让增加的头部开销由 50 字节变成 54 字节，这个字段的目的是保留原始以太网帧中的 IEEE 802.1Q 标记。在大多数情况下，这个 802.1Q 标记会被映射为 VNI，从而会在设备向原始帧封装 VXLAN 时被摘掉。不过，有些和 Q-in-Q 或 Q-in-VNI（比如套嵌的虚拟机管理程序（hypervisor）、二层隧道等）有关的使用案例偏偏需要保留原始的 IEEE 802.1Q 标记。无论在哪种情况下，在设计底层网络时，都应该把增加的 VXLAN 开销考虑在内。

在数据中心网络中，效率是极为重要的。因此，人们常常需要增加服务器端的 MTU 来容纳巨型帧（也就是超过传统以太网帧 1500 字节的数据单元）。服务器端发来的巨型帧通常可以高达 9000 字节，绝大多数 NIC 和/或虚拟交换机都可以提供这种大小的帧。那么，如果服务器端在使用巨型帧的情况下，需要支持 9000 字节的 MTU，那么由于 VXLAN 封装会增加字节的数量，所以要想避免发生分片，这时就需要把许可的帧大小设置为一个 9050 或 9054 左右的值。

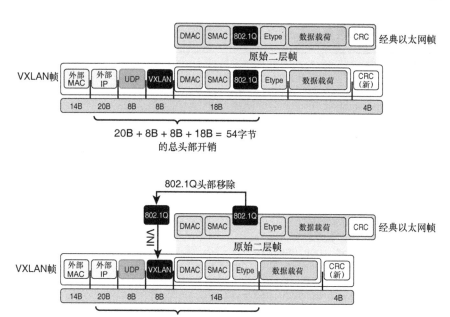

图 4-5　VXLAN 帧格式，包括字节数（50/54 字节头部的比较）

不过，大多数思科公司和其他厂商生产的网络交换机提供的最大 MTU 值是 9216 字节，有些设备需要把这个值减少 20～30 字节，以便封装网络交换机内部的服务头部。因此，网络交换机可以支持服务器端的巨型帧 MTU（9000 字节），而不需要对数据进行分片。这种情况并不罕见，因为增加传输单元可以提升效率，而且在高速网络中，使用大的传输单元还可以减少网络中信息往复的次数。由于 MTU 的配置需要在大量位置上进行，同时还会在之后重新配置的时候给覆盖层带来影响，所以关于网络 MTU 的大小，一定要在一开始就考虑清楚。在网络的所有节点（包括那些面向主机的服务器接口）上，巨型帧 MTU 的配置都应该保持一致。为了确保万无一失，有些网络协议会校验邻居设备是否使用了相同的 MTU 值，在校验通过之后才会和邻居设备建立路由邻接关系。虽然 VXLAN 的底层可以容纳巨型帧的 MTU，但是我们在设计时还是要考虑一些具体的因素。

4.1.2　IP 编址

在搭建底层的路由网络时，为网络设备和相关接口（包括物理接口和逻辑接口）分配 IP 地址非常重要。这部分内容的重点是基于 VXLAN 网络和 IPv4 的底层。我们可以看到，覆盖层既支持 IPv4 地址，也支持 IPv6 地址。每一台参与 VXLAN 网络底层的网络交换机都会通过一个路由器 ID（RID）来唯一地标识出来，如例 4-1 所示。

例 4-1 查看 OSPF RID 的输出信息

```
LEAF11# show ip ospf

Routing Process UNDERLAY with ID 10.10.10.1 VRF default
 Routing Process Instance Number 1
 Stateful High Availability enabled
 Graceful-restart is configured
   Grace period: 60 state: Inactive
   Last graceful restart exit status: None
 Supports only single TOS(TOS0) routes
 Supports opaque LSA
 Administrative distance 110
 Reference Bandwidth is 40000 Mbps
 SPF throttling delay time of 200.000 msecs,
   SPF throttling hold time of 1000.000 msecs,
   SPF throttling maximum wait time of 5000.000 msecs
 LSA throttling start time of 0.000 msecs,
   LSA throttling hold interval of 5000.000 msecs,
   LSA throttling maximum wait time of 5000.000 msecs
 Minimum LSA arrival 1000.000 msec
 LSA group pacing timer 10 secs
 Maximum paths to destination 8
 Number of external LSAs 0, checksum sum 0
 Number of opaque AS LSAs 0, checksum sum 0
 Number of areas is 1, 1 normal, 0 stub, 0 nssa
 Number of active areas is 1, 1 normal, 0 stub, 0 nssa
 Install discard route for summarized external routes.
 Install discard route for summarized internal routes.
 Area BACKBONE(0.0.0.0)
       Area has existed for 5w1d
       Interfaces in this area: 4 Active interfaces: 3
       Passive interfaces: 0 Loopback interfaces: 2
       No authentication available
       SPF calculation has run 86 times
        Last SPF ran for 0.000505s
       Area ranges are
       Number of LSAs: 7, checksum sum 0x25cd5
```

在路由协议中，RID 的作用是在数据库中唯一地标识一个邻居和/或一个信息索引，其中的信息是这个邻居设备收发的信息。既然如此，RID 应该一直保持可用的状态，同时也永远可以访问得到。因此，最好的办法就是创建一个环回接口，给这个接口配置一个 IP 地址，用该接口来充当 RID。环回接口是网络交换机或者路由器上的一种逻辑软件接口，这个接口永远都会处于开启（up）状态，因为一直有很多物理路径可以访问到环回接口。物理接口则不然，如果邻居设备接口关闭或者消失（比如连线断开），那么这个物理接口就会不可用。例 4-2 显示了一段 OSPF 的配置，其中包含了充当 RID 的环回接口。

例 4-2　配置环回接口和 OSPF 的示例

```
LEAF11# show running-config ospf

feature ospf

router ospf UNDERLAY
  router-id 10.10.10.1

interface loopback0
  ip address 10.200.200.1/32
  ip router ospf UNDERLAY area 0.0.0.0

interface loopback1
  ip address 10.10.10.1/32
  ip router ospf UNDERLAY area 0.0.0.0
```

除了 RID，物理接口必须配置 IP 地址才能建立路由的邻接关系。最好的办法给物理接口分配 IP 地址，让它们成为 P2P 的路由接口。在图 4-6 所示的环境中，两个 P2P 接口参与了 spine 和 leaf 之间通过 VTEP1（后简称 V1，VTEP2 简称 V2，VTEP3 简称 V3）建立的通信，另外两个 P2P 接口参与了 spine 和 leaf 之间通过 VTEP3 建立的通信。

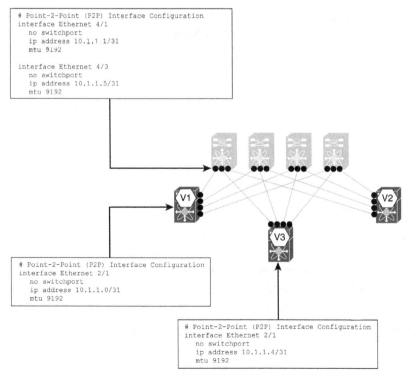

图 4-6　采用 P2P 配置的网络

在对 P2P 路由接口划分 IP 地址子网时，有很多方法可以分配子网掩码或者前缀长度，其中有两种比较有效、常用的方式。P2P 子网可以使用前缀长度为/31 的子网，或者长度为/30 的子网。/30 是 P2P IP 网络最常见的前缀长度。一个典型的/30 前缀可以提供 1 个网络 ID 地址、2 个可用的 IP 地址和 1 个广播 ID 地址。虽然采用这个前缀长度是给 P2P 网络分配 IP 地址的一种行之有效的方法，但我们可以看到有 50%的地址都没有用到（也就是网络 ID 地址和广播 ID 地址）。

如果我们要给一个包含了 4 个 spine 交换机和 40 个 leaf 交换机的底层网络分配/30 的前缀，则计算过程如下：

4 个 spine 交换机 × 40 个 leaf 交换机 = 160 条 P2P 链路

=160 条链路 × 4 (/30) = 40 个 leaf 交换机 + 4 个 spine 交换机

=640 个用于 P2P 链路的 IP 地址 = 44 个环回接口 IP 地址

= 684 个 IP 地址 => /22 前缀（可以提供 1024 个 IP 地址）

此外，另一种分配 IP 地址的方式更加有效，那就是使用/31 的前缀长度。/31 长度的 IP 子网只包含了两个 IP 地址，这两个 IP 地址都可以用于 P2P 网络中。如果使用/30 的前缀，那么多出来的两个没有使用的 IP 地址（网络 ID 和广播 ID）就浪费了，因为这个网络只需要两个可用的 IP 地址。然而，/31 前缀只提供了两个可用的 IP 地址，其中不包含网络 ID 和广播 ID 地址，因此也就没有了浪费的问题。如果在底层网络中使用/31 前缀（而不采用/30 前缀），那么 P2P 网络就可以使用这个范围内的所有 ID 地址了。

如果我们要给一个包含了 4 个 spine 交换机和 40 个 leaf 交换机的底层网络分配/31 的前缀，计算过程如下：

4 个 spine 交换机 × 40 个 leaf 交换机 = 160 条 P2P 链路

= 160 条链路 × 2 (/31) = 40 个 leaf 交换机 + 4 个 spine 交换机

= 320 个用于 P2P 链路的 IP 地址 = 44 个环回接口 IP 地址

= 364 个 IP 地址 => /23 前缀（可以提供 512 个 IP 地址）

另一种为 P2P 接口编址的方法称为 IP 无编号（IP unnumbered），这种方法在网络领域可谓由来已久。简而言之，这种做法可以让 P2P 接口执行 IP 处理，同时又不需要以接口为单位给这些接口分配 IP 地址，这就节省了网络中的 IP 地址空间。IP 无编号的做法可以让我们复用那些为 RID 创建的环回接口，在所有物理接口上"借用"它的 IP 地址。例 4-3 所示的为典型的 IP 无编号配置。

例 4-3 IP 无编号的配置示例

```
interface loopback1
  ip address 10.10.10.1/32
  ip router ospf UNDERLAY area 0.0.0.0
  ip pim sparse-mode

interface Ethernet2/1
  no switchport
  mtu 9216
  ip unnumbered loopback 1
  ip ospf network point-to-point
  ip router ospf UNDERLAY area 0.0.0.0
  ip pim sparse-mode
  no shutdown
```

如果我们可以只为每台网络交换机分配一个 IP 地址，那么比起使用/30 前缀的方法，使用/31 前缀的方法就可以大大节省 IP 地址空间。同时，总的地址分配也可以得到简化。

如果我们要给一个包含了 4 个 spine 交换机和 40 个 leaf 交换机的底层网络执行 IP 无编号配置，计算过程如下：

> 40 个 leaf 交换机 + 4 个 spine 交换机 = 44 台独立的设备
>
> = 44 个环回接口 IP 地址（IP 无编号方案）
>
> => /26 前缀（可以提供 64 个 IP 地址）

在使用 OSPF 或者 IS-IS 路由协议的环境中，我们可以在大多数 Cisco Nexus 数据中心交换机上为以太网接口采用 IP 无编号方案，如图 4-7 所示。

到目前为止，我们讨论的都是底层的接口编址方案。不过，还有一项功能，涉及底层网络与覆盖层网络有关的重要方面。在这里我们需要谈到 VTEP 或者 NVE 接口。NVE 接口只能从逻辑环回接口获取自己的 IP 地址，这样的 IP 地址就像 RID 一样始终都是可用而且可以访问的。我们可以把已经用于 RID 的环回接口再用于 NVE。这种方法可以避免我们为每个 NVE 接口配置一个新的 IP 地址。

不过，从网络设计的角度来看，我们还是需要从覆盖层功能中分离出纯粹的底层功能。换句话说，常见的最佳实践是创建一个独立的环回接口以供 NVE 接口使用，如例 4-4 所示。

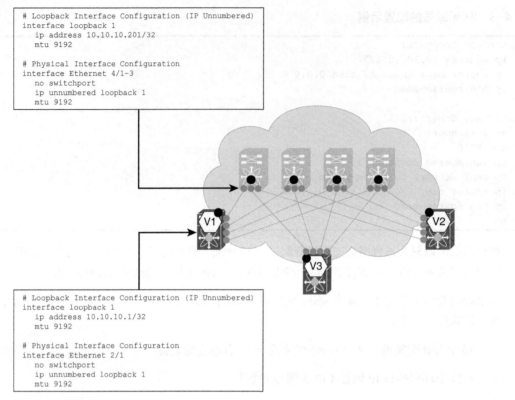

图 4-7 配置 IP 无编号的网络

例 4-4 为路由和 NVE 配置独立环回接口的示例

```
! Loopback0 Interface Configuration (VXLAN VTEP)
interface loopback0
  ip address 10.200.200.1/32
  ip router ospf UNDERLAY area 0.0.0.0
  ip pim sparse-mode

! Loopback1 Interface Configuration (Routing Loopback for Underlay and BGP EVPN)
interface loopback1
  ip address 10.10.10.1/32
  ip router ospf UNDERLAY area 0.0.0.0
  ip pim sparse-mode
```

可以看到,关联到 Loopback0 和 Loopback1 接口的地址的可达性需要通过底层的内部网关协议(IGP)通告出去。把 NVE 环回接口和底层路由协议之间相互分离的做法还有一些好处。由于 Cisco NX-OS 提供了 GIR(graceful insertion and removal)特性,所以在维护窗口或者其他需要中断连接的操作过程中,交换机可以关闭和 NVE 或者 VTEP 相关联的第一个环回接口,从而与底层路由隔离开。这样我们就可以对底层网络进行排障,并且不必同时断开覆盖层和底层的可达性了。另外，这样也可以避免无谓的流量中断。

除了连接 spine-leaf 网络时需要给接口分配 IP 地址之外，spine 交换机上还有另外一些 IP 编址的需求。一般来说，一台纯 spine 交换机可以给充当 VTEP 的 leaf 交换机提供连通性，同时自己没有配置任何 NVE 接口，于是这样的 spine 交换机也就不能提供 VXLAN 封装/解封装的功能。在这种情况下，spine 上面有一个环回接口就够了，这个接口可以同时用作底层路由协议的 RID 和 BGP 路由反射器的标识。不过，底层可不仅仅需要提供单播的可达性，它也需要能够传输多目的流量。

我们在前文曾经提到过，为了传输多目的流量，底层往往需要使用 IP 组播。所以，在底层支持组播路由就需要分配和标识组播汇集点（RP）。在 spine-leaf 拓扑环境中，spine 交换机必须充当 RP。于是，spine 交换机有可能配置另外的环回接口来供 RP 使用了。

实现 RP 冗余性的编址方法不一而足。在这里，我们讨论的重点是 PIM 任意播源组播（PIM ASM）的任意播 RP。为了实现 RP 的冗余性和负载分担，编址方案中必须拥有对应的 IP 地址才能提供这些服务。对于 PIM ASM 环境来说，只需要给任意播 RP 编址方案配置一个环回接口就足够了，因此我们只需要一个 IP 地址（即/32 前缀的 IP 地址）。对于使用 PIM BiDir 和幻影 RP（Phantom RP）的环境，我们就需要拥有更多的 IP 地址来实现冗余性和负载分担。因此，我们就需要一个成比例的专用子网。关于 RP 冗余性的具体内容，我们会在本章稍后的内容中进行介绍。

读到这里，读者应该明白，理解底层网络的 IP 编址需求是非常重要的。为了缩减路由表的大小，我们可以考虑为这些 IP 地址创建汇总前缀。最佳实践是，一个汇总 IP 地址或者超网地址是最理想的，这取决于底层 P2P 接口的数量，以及使用的编址模式。通过这种方式，所有分配给各个 P2P 接口的/30 或者/31 IP 子网前缀都可以汇总为一个汇总地址。同样，我们也可以给 NVE 环回接口和 RID 分别使用不同的汇总地址，这些地址可以根据需要再捆绑为一个汇总地址。在幻影 RP 的环境中，我们还需要多一个汇总地址。总结一下，给底层执行汇总的做法如下（以图 4-8 为例）：

■ 给所有 P2P 接口子网使用一个 IP 子网；

■ 给所有 RID 和 NVE 接口使用一个 IP 子网（如有需要，可以分割为多个独立的 IP 汇总）；

■ 给幻影 RP 使用一个 IP 子网。

```
P2P Agg: 10.1.1.0/24
RID Agg: 10.10.10.0/24
VTEP Agg: 10.200.200.0/24
RP Agg: 10.254.254.0/24
```

图 4-8 给一个典型底层网络划分 IP 地址池的简单示例

4.2　IP 单播路由

在底层,单播路由可以通过很多不同的路由协议来实现。具体而言,在一个多层级的 spine-leaf 拓扑中,有两种 IGP 展现出了强大的功能,这两种 IGP 称为链路状态型路由协议和距离矢量型路由协议。链路状态型 IGP 是基于最短路径优先(SPF)算法的协议,这种 IGP 适合 spine-leaf 网络。spine 交换机可以在 leaf 交换机之间提供多条等价路径。在计算一条最佳路径或者多条等价路径时,基于 SPF 的协议会把所有链路(及其对应的链路速率)考虑在内。我们在前文中曾经提到,等价多路径(ECMP)是 IP 底层网络提供的最大优势,这是在以太网环境中占统治地位的生成树协议(STP)所不具备的,如图 4-9 所示。

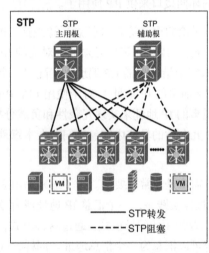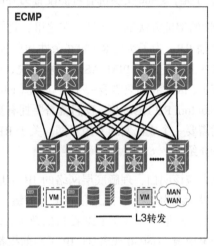

图 4-9　STP 与 ECMP

BGP 作为底层路由协议有很多优点,它是一种路径矢量协议(PVP),它在计算路径时只会考虑自治系统(AS)。不过,对于一位有经验的网络工程师来说,使用 BGP 也可以获得和使用其他 SPF 路由协议相差无几的效果。

4.2.1　用 OSPF 作为底层路由协议

开放式最短路径优先(OSPF)是一种在 LAN、WAN 和数据中心核心网络环境中都得到了广泛采用的 IGP。在业内的大量网络软硬件设施(包括路由器、交换机、服务应用等)上都可以使用这种协议。这款协议也因为它的 IETF 背景而可以提供强大的互操作性。对于以太网接口而言,OSPF 默认的接口类型是"广播",这种接口类型表示设备需要执行指定路由器(DR)和/或备份指定路由器(BDR)的选择,而选举 DR 和 BDR 可以减少由路由更新所产生的控制流量。虽然这种方式很适合共享以太网段这样的多路访问网络,但是在底层的 P2P

网络中，这种做法就难免有些多余了。

如果我们把接口类型修改为点到点（point-to-point），那就可以规避 DR/BDR 选举，并且可以减少在 leaf 节点和 spine 节点之间建立 OSPF 邻接关系所花费的时间。另外，在点到点这样的接口模式下，不存在类型 2 的链路状态通告（LSA），而只有类型 1 的 LSA。这可以让 OSPF LSA 数据库变得十分清爽。另外，这样也可以在拓扑发生变化时减少网络收敛所需的时间。例 4-5 所示的为在底层配置 OSPF 的典型方案，以及 show 命令的输出信息。

例 4-5　OSPF 的接口配置和状态

```
interface Ethernet2/1
  no switchport
  mtu 9216
  ip address 10.1.1.0/31
  ip ospf network point-to-point
  ip router ospf UNDERLAY area 0.0.0.0
  ip pim sparse-mode
  no shutdown

LEAF11# show ip ospf interface Ethernet 2/1

Ethernet2/1 is up, line protocol is up
    IP address 10.1.1.0/31, Process ID UNDERLAY VRF default, area 0.0.0.0
    Enabled by interface configuration
    State P2P, Network type P2P, cost 1
    Index 3, Transmit delay 1 sec
    1 Neighbors, flooding to 1, adjacent with 1
    Timer intervals: Hello 10, Dead 40, Wait 40, Retransmit 5
      Hello timer due in 00:00:05
    No authentication
    Number of opaque link LSAs: 0, checksum sum 0
```

如果我们要对 OSPF 的工作方式、不同的状态机以及网络触发状态变更的情形进行一番详细介绍，恐怕几章的篇幅都不够用。本章的目的只是为了着重介绍一些和底层有关的具体内容，其中包括在底层用 OSPF 作为 IGP 的知识。此外，OSPF 还有一些额外注意事项，包括在进行 SPF 计算时的行为，以及这款协议对 IPv4 和 IPv6 路由的支持。OSPF 是建立在 IP 前缀上的。在一个区域内部，任何 IP 前缀发生变化都会触发完整的 SPF 计算行为，因为 IP 信息是在路由、该 IP 前缀自身的网络 LSA 和相关的拓扑信息中进行通告的。这说明如果一个接口的 IP 地址发生了变化，则 OSPF 就会发送路由器 LSA 或者网络 LSA，而这样会触发该 OSPF 区域中所有路由器重新执行完整的 SPF 计算（也就是说，LSA 会泛洪出去）。虽然在网络交换机和路由器资源相对强大的今天，这可能也没什么大不了，但是搞清楚这个过程中会发生哪些情况仍然非常重要。

另一个需要考虑的因素是 OSPF 为 IPv4 和 IPv6 提供的支持。虽然 OSPFv2 只支持 IPv4，但 OSPFv3 完全是为 IPv6 设计的。换句话说，所有希望使用 IPv6 协议的底层网络都要使用 OSPFv3，这就需要设备采用双栈配置，并且增加第二个路由协议。

使用 OSPF 作为底层 IGP 的重点信息包括：

■ 在使用 OSPF 时，要把网络类型设置为点到点（point-to-point）；

■ 一定要理解 OSPF 使用的 LSA 类型和 LSA 泛洪存在的问题；

■ 一定要理解 OSPFv2 对 IPv4 的需求，以及 OSPFv3 对 IPv6 的需求。

4.2.2 用 IS-IS 作为底层路由协议

中间系统到中间系统（IS-IS）是另一个链路状态路由协议，它同样也使用 SPF 算法来计算网络中的最短路径和无环路径。ISIS 和 OSPF 的不同之处在于，ISIS 是一项 ISO 标准化的路由协议（ISO/IEC10589:2002），IETF 把这项协议通过 RFC 1195 发布了出来。在服务提供商网络之外的环境中，ISIS 并没有得到广泛的应用。造成这种情况的原因可能和 IS-IS 无法工作在 IP 层上有关。ISIS 位于第二层，它会使用无连接的网络服务（CLNS）来连接连通性。因此，ISIS 是独立于 IP 编址的，它不使用 IP 地址来建立路由对等体关系，它可以通过相同的路由交换方式来传输任何编址，包括 IPv4 地址和 IPv6 地址。不过，IS-IS 同时也需要使用另一种不同的编址协议来唯一地标识一个中间系统（即一台路由器）。

IS-IS 网络实体标识（IS-IS-NET）是一个 CLNS 使用的网络层地址（网络服务接入点[NSAP]地址），它可以在一个给定的 IS-IS 路由网络中标识一台路由器。一个给定的路由器 NET 中有 3 种 NSAP 格式。例 4-6 所示的为在一台 Cisco Nexus 交换机上配置 IS-IS 的示例。

例 4-6 在一台 Cisco Nexus 交换机上配置 IS-IS

```
feature isis

router isis UNDERLAY
  net 49.0001.0100.1001.0001.00

interface Ethernet2/1
  no switchport
  mtu 9216
  ip address 10.1.1.0/31
  ip router isis UNDERLAY
  medium p2p
  ip pim sparse-mode
  no shutdown
```

在 IS-IS 中,IP 信息是通过链路状态数据包(LSP)的 TLV(类型-长度-值)来承载的。由于 IP 前缀始终会被视为是外部的,所以在这种配置环境中,在最短路径树的计算进行到最后,如果 IP 网络发生了变化,那么设备不需要运行完整的 SPF 运算。IS-IS 路由器(节点)信息对于执行 SPF 运算是必不可少的,这些信息是在 IS 邻居或 IS 可达性 TLV 中单独进行通告的。

这种方法把拓扑从 IP 信息中分离了出来,让设备可以执行部分的路由计算。因此,IS-IS 在处理 IP 路由变更时,强度可以低很多,因为拓扑本身不会收到变更的影响。IS-IS 也有一种类似于 OSPF DR/BDR 选举的做法,这是一种指定中间系统(DIS)的选举进程。OSPF 和 IS-IS 在多路访问媒介中执行选举的具体做法存在很多、很大的差异,但这些区别并不在本书介绍的内容范畴之内。

IS-IS 的重点信息包括:

- IS-IS 是基于 CLNS 的路由协议,会使用 NSAP 编址;

- IS-IS 是一种独立于 IP 的路由协议;

- 拓扑是独立于 IP 路由前缀的。

4.2.3 用 BGP 作为底层路由协议

边界网关协议(BGP)是一种路径矢量路由协议,它可以跨越多个自治系统(AS)来交换路由和可达性信息。BGP 可以很好地根据路径、网络策略和/或网络管理员配置的规则集来做出路由转发决策。所以,和那些基于 SPF 的路由协议相比,用 BGP 来充当 spine-leaf 底层需要进行更加精心的设计和配置。虽然 BGP 适合在网络中执行策略,但是这款协议并不是专门为了实现快速收敛或者链路路径计算而设计的。不过,BGP 倒是有很多使用案例,这主要是因为操作需求导致的——使用 BGP 来作为底层路由协议可以带来一些明显的优势。可以看到,BGP 是一个硬状态协议,它只有在网络可达性发生了变化的情况下,才会向外发送更新消息。因此,BGP 不会像 OSPF 这种链路状态协议那样周期性地发送 hello 消息和冗余路由拓扑更新,因此不会因为周期性更新而增加负载。

最初的 BGP 负责在不同 AS 之间互通可达性信息,这种 BGP 如今称为外部 BGP(eBGP)。后来,人们对 BGP 进行了强化,可以支持相同 AS 中不同对等体之间的通信,由此又产生了内部 BGP(iBGP)。在使用 OSPF 或者 IS-IS 充当底层的路由协议的情况下,人们常常会使用 iBGP 来承载覆盖层 EVPN 可达性信息。不过,如果以 eBGP 作为底层路由协议,同时又必须交换覆盖层的 EVPN 可达性信息,那么就有很多因素需要考虑了。具体而言,如果每台网络交换机是一个 BGP 实例,那么在给底层使用 eBGP 作为路由协议时,覆盖层也必须配置 eBGP。

如果使用 eBGP，那么路由就会携带下一跳属性，也就是说一条路由的邻居会成为转发的下一跳。在 spine-leaf 拓扑中，这就未必适合，因为 spine 交换机往往不会配置 VTEP 接口，因此也就不会封装/解封装 VXLAN 流量。由 leaf 节点发送的 EVPN 通告（包含本地连接的主机或者前缀）需要通过 spine 交换机来中继给其他 leaf 节点，在这个过程中下一跳属性不能发生变化，这样才可以让 leaf 交换机之间建立端到端的 VXLAN 隧道。这就需要在 eBGP 中设置一个特定的配置，把下一跳属性设置为 unchanged（不变）。更改下一跳的行为和覆盖层（L2VPN EVPN）的配置有关，如例 4-7 所示。

例 4-7   eBGP：next-hop 不变

```
route-map NH-UNCHANGED permit 10
      set ip next-hop unchanged

router bgp 65501
      address-family l2vpn evpn
            nexthop route-map NH-UNCHANGED
neighbor 10.1.1.1 remote-as 65500
      address-family l2vpn evpn
            send-community both
            route-map NH-UNCHANGED out
```

如果底层和覆盖层使用的都是 eBGP，那么推荐的做法是给 EVPN 地址族（也就是覆盖层）建立独立的 BGP 对等体关系。底层的 eBGP 对等体关系使用物理接口到物理接口来建立，而覆盖层的 BGP 对等体关系使用环回接口到环回接口建立（eBGP 多跳）。

使用 eBGP 建立对等体关系，不仅在执行底层路由和实现覆盖层可达性方面有区别，而且所有 EVPN 信息必须反射给所有的 leaf 交换机。在 iBGP 环境中，路由反射器（RR）提供了这样的功能，但在 eBGP 环境中，路由反射器的功能并非必不可少。由于 eBGP 邻居只反射那些创建了本地实例的 EVPN 路由，所以我们必须配置 retain Route-Target all 让 eBGP 邻居充当 EVPN 地址族的路由反射器。这并不是针对 EVPN，使用 MPLS VPN 或者 MP-BGP VPN 也是如此。如何让 eBGP 邻居充当 VPN 地址族的路由反射器，这和覆盖层的配置方法（L2VPN EVPN）有关，如例 4-8 所示。

例 4-8   eBGP：retain Route-Target all

```
router bgp 65500
      address-family l2vpn evpn
            retain route-target all
```

eBGP 有两种模型：双 AS 模型（见图 4-10）和多 AS 模型（见图 4-11）。双 AS 的 eBGP 模型是指所有 spine 节点都属于一个 AS，所有 leaf 节点都属于另一个 AS。在多 AS 的 eBGP 模型中，所有 spine 节点都属于同一个 AS，每个 leaf 节点（或使用 vPC 连接的每对 leaf 节点)则分属于不同的 AS。

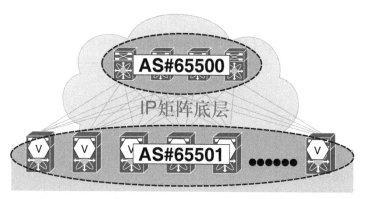

图 4-10 双 AS 模型

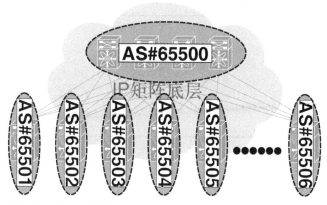

图 4-11 多 AS 模型

多 AS 模型和互联网的概念有些类似,一个管理域中的每个节点都有一个独立的 AS。在连接 leaf 节点和 spine 节点的 P2P 链路上,物理第三层接口上配置的 IP 地址会被用来建立 BGP 对等体关系。比如,在一个有 4 台 spine 交换机的拓扑中,leaf 节点必须通过 4 个物理接口的 IP 地址来创建 4 组不同的 BGP 对等体关系,建立对等体的对象是对应 spine 节点的物理接口 IP 地址。逻辑的 IP 接口(即环回接口)需要通过 BGP 进行宣告或者重分布,这是为了让 VTEP、RP 等可以访问它们。

我们在前文中曾经提到过,在双 AS 模型中,所有 leaf 节点共用一个 AS,而 spine 节点则共享另一个 AS。这种场景和多 AS 场景很类似,BGP 对等体关系是利用点到点链路上配置的 IP 地址,以接口为单位建立的。不过,在双 AS 模型中,由于源 AS 和目的 AS 相同,所以需要进行一些调整。幸亏,Cisco 的实现方式提供了一切必要的措施,让管理员可以通过合理的配置方法来落实双 AS 的模型。在例 4-9 所示的示例中,管理员在 spine 节点上(使用配置 disable-peer-as-check）禁用了校验对等体 AS 的操作，让设备能够接收相同 AS 中远端路由器发送的 eBGP 更新（需要使用例 4-10 所示的 allowas-in 配置）。

例 4-9　双 AS 模型：disable-peer-as-check（仅用于 spine 节点）

```
router bgp 65500
      router-id 10.10.10.201
neighbor 10.1.1.0 remote-as 65501
          address-family ipv4 unicast
              send-community both
              disable-peer-as-check
          address-family l2vpn evpn
              send-community both
              disable-peer-as-check
```

例 4-10　双 AS 模型：allowas-in（仅用于 leaf 节点）

```
router bgp 65501
      router-id 10.10.10.1
neighbor 10.1.1.1 remote-as 65500
      address-family ipv4 unicast
              allowas-in
          address-family l2vpn evpn
              send-community both
              allowas-in
```

总结一下，使用 eBGP 作为底层 IGP 的重点信息包括：

- BGP 有两种不同的模型——双 AS 模型和多 AS 模型；
- 需要对 BGP 对等体关系进行一些配置；
- 会影响覆盖层使用的控制协议。

4.2.4　IP 单播路由汇总

读者应该已经看到了，底层协议的选择会影响覆盖层的控制协议。如果底层和覆盖层使用了同一种协议，那么这两个域之间的界限就可能变得模糊。因此，只要设计的是覆盖层网络，最好能够独立搭建传输网络，这和我们几十年来搭建 MPLS 网络时的逻辑是一样的。让底层和覆盖层的控制协议相互分隔，这样可以让传输网络（仅由环回接口和 P2P 接口组成）觉得路由域更加清晰简洁。同时，在另一个不同的协议中（这里是指 BGP）可以实现覆盖层的 MAC 和 IP 可达性。因为拓扑的地址空间和终端主机可达性的地址空间是相互独立的，所以这是一份高度可扩展网络的蓝图。还有一点值得一提，那就是基于链路状态和 SPF 算法的 IGP 特别适合于 ECMP 网络，哪怕数据中心矩阵常常包含着数百台路由器。在底层和覆盖层都使用 BGP 的主要优势是网络中只有一种路由协议。不过,这需要我们在 leaf 交换机和 spine 交换机上进行一些额外的配置工作。

总之,对于 BGP EVPN VXLAN 矩阵来说,设计人员最好了解清楚所需覆盖层服务在收敛速度方面的需求。底层的收敛应该独立于覆盖层的收敛单独进行测试,以便最终决定在底层使用哪种 IGP。分层量化网络的需求,评估理想与现实的差距,这样做一定是物有所值的。在理想情况下,搭建底层时应该按照自底向上的顺序,循序渐进地完成。在搭建网络覆盖层时,一项重要的原则是先搭建好底层,然后对底层进行通盘测试,然后再继续搭建覆盖层。

4.3 多目的流量

多目的流量包括广播、未知单播和组播(BUM)这几种流量。底层网络必须有某种方式能够承载边缘设备之间发送的 BUM 流量。VXLAN 有两种处理 BUM 流量的方式:

- 单播模式也称为入站复制(ingress replication)或者头端复制(head-end replication),这种方式可以创建出一个独立于组播的底层;
- 组播模式是一种措施,可以在底层使用 IP 组播。

在给基于 BGP EVPN VXLAN 的数据中心矩阵设计和创建底层网络时,一定要考虑如何选择模式,以及不同模式的优缺点。

4.3.1 单播模式

在单播模式下,入向 VTEP 会对数据包进行复制,并且发送给对应的邻居 VTEP,邻居 VTEP 也属于同一个 VNI,如图 4-12 所示。因为入向 VTEP 必须处理发送给所有相邻 VTEP 的数据包,所以它必须了解相邻 VTEP 的信息,也需要负责把 BUM 流量复制并发送给这些 VTEP。也就是说,如果某个 VNI 中有 N 个 VTEP 成员,那么对于这个 VNI 中的每一个多目的数据包,VTEP 都要把它复制出 $N-1$ 份。每一份都需要封装 VXLAN,并且外部 DIP 需要设置为目的 VTEP 的 IP 地址。从底层和目的 VTEP 的角度来看,这个数据包其实就是按照常规 VXLAN 封装的单播数据包来进行处理的。

在图 4-12 中,和 VTEP V1 相连的主机 A(192.168.1.101)发送了一个 ARP 请求消息,希望解析主机 B(192.168.1.102)的 IP-MAC 绑定信息,而主机 B 则与 VTEP V2 相连。这两台路由属于同一个 IP 子网(192.168.1.0/24),这个 IP 子网对应 VNI 30001。图 4-12 显示了,在处理这个 BUM 流量时,VTEP V1 发送了两个单播数据包,其中包含了 ARP 请求负载,其中一个数据包的目的是 VTEP V2,另一个数据包的目的则是 VTEP V3。在图 4-12 中,数据包的重要字段都用阴影进行了标识。

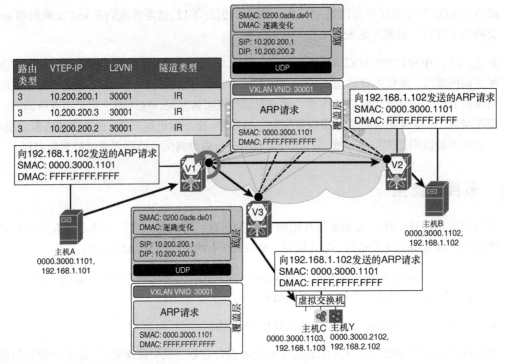

图 4-12　单播模式（即入站复制）

单播模式有两种配置方式。一种方式是静态方式，也就是在每个 VTEP 上配一个地址感兴趣
VTEP 列表。另一种方式是动态配置列表，也就是通过一种控制协议（本例中为 BGP EVPN）
在网络中分发地址感兴趣的信息。静态配置的扩展性乏善可陈，因为网络中每增加一个 VTEP
或者一个 VNI，就需要在所有相邻 VTEP 上重新进行配置，如例 4-11 所示。

例 4-11　静态入站复制的配置示例

```
interface NVE 1
source-interface loopback1
member vni 30001
      ingress-replication protocol static
      peer-ip n.n.n.n
```

BGP EVPN 支持单播模式。比如，在例 4-12 中，设备可以利用 BGP EVPN 控制协议和类型
3 路由（包括组播）消息来分发 VTEP 和 VNI 成员信息。这并不表示 BGP EVPN 在执行入
站复制，它只不过通过控制协议分发了 VTEP 和 VNI 成员信息。复制数据流量是 VTEP 在
数据平面执行的操作。因此，这项操作（入向或头端复制）必须有 VTEP 内置的转发功能的
支持。

例 4-12　EVPN 入站复制的配置

```
interface NVE 1
source-interface loopback1
member vni 30001
      ingress-replication protocol bgp
```

无论在单播模式中使用静态方式还是动态方式，VTEP 都一样需要对每一个多目的数据包复制出 N 个副本。如果可以获得 BGP EVPN 控制协议的支持，那就会发现 VTEP 邻居的方式动态得多。对于一个给定的 VNI，接收方 VTEP 或者对其感兴趣的 VTEP 会通过 EVPN 来通告自己的兴趣，这样就可以把自己动态地添加到传输方 VTEP 的复制列表中。在静态模式中，对于一个给定的 VNI，只有对等体 VTEP 列表是在发送方 VTEP 上静态配置的，发送方 VTEP 会不断地给这个列表中的每一个成员发送副本，不管接收方 VTEP 表现出的感兴趣的级别。一种配置静态模式的方法是把所有 VTEP 都配置为邻居。这样一来，管理员就不需要在每次配置一个新 VNI 的时候，都对 VTEP 列表进行调整和修改了。只有在添加或者删除 VTEP 时才需要调整 VTEP 列表。

鉴于静态配置方式存在这种缺陷，我们不难得出一个非常直观的结论：如果要在 VXLAN 环境中通过单播模式对 BUM 流量进行复制，那么使用 BGP EVPN 控制协议是一种更高效的手段。不过同时，这种方式的效率依然比不上组播模式，因为组播模式不需要从入向 VTEP 传输一个数据包的大量副本。在底层，IP 组播可以处理多目的流量的传输，把这些流量传输给感兴趣的 VTEP，而不需给 VTEP 带来太大的负担。无论如何，单播模式不需要借助其他协议（如 PIM），因此也不需要组播方面的专业技术人员来维护底层网络，这是单播模式的优势。换句话说，只要充当 VTEP 的网络交换机支持对应的单播模式，那么底层不需要进行任何多余的配置就可以使用单播模式。

4.3.2　组播模式

在使用组播模式通过 VXLAN 传输多目的流量时，在 VTEP 和 spine-leaf 网络中配置的组播路由应该和单播路由一样能够实现快速复原，如图 4-13 所示。

在组播模式下，在由 spine 和 leaf 交换机（leaf 交换机往往会充当 VTEP）组成的底层网络中，网络交换机的功能一定要搞清楚。这一点非常重要，因为并不是每一种网络交换机都可以支持所有模式的组播复制。以 Cisco 交换机为例，有两种在底层支持组播的模式可供使用。有一种模式需要借助 PIM 任意源组播（PIM ASM；RFC 7761），这种模式有时也称为 PIM 稀疏模式（PIM SM）。另一种模式则需要借助双向 PIM（PIM BiDir；RFC 5015）。根据网络交换机硬件的功能，我们需要从这两者中选择其一。

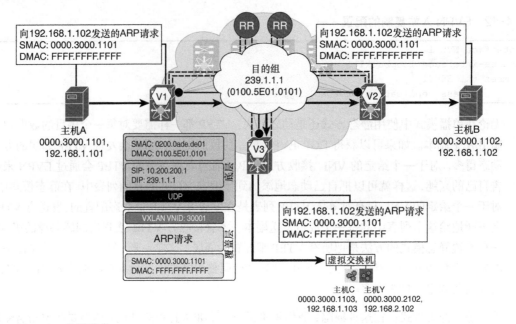

图 4-13 组播模式

VXLAN 网络是由一个二层 VNI 或者 24 位的标识符进行标识的，它是一个二层网段。所有源自于这个网络内部的 BUM 流量都必须发送给在这个 VNI 中拥有成员的节点。一般来说，这个二层 VNI 会和一个组播组进行关联。同时，在同一个 VXLAN 网络中的所有交换机上，我们都需要执行相同的[VNI，组播组]配置。即使是在这种对称配置环境中，我们仍然需要保证所有交换机都配置为支持相同的 PIM 组播模式。例如，在一个包含 4 台 leaf 交换机和 2 台 spine 交换机的 VXLAN 网络中，如果两台 leaf 交换机只支持 PIM ASM，而另外两台 leaf 交换机只支持 PIM BiDir，那么我们就无法保证一个 VNI 中的多目的 BUM 流量能够得到正确的转发。这是因为 PIM ASM 和 BiDir 的工作方式截然不同。毋庸赘言，如果在一个 VXLAN 网络中，有些 leaf 节点支持单播模式，另外的 leaf 节点支持组播模式，那么同一个二层 VNI 是无法跨越这些 leaf 节点的。

图 4-13 描述了如何使用组播底层，主机 A（与 VTEP V1 直连）发送的原始 ARP 请求才会被转发给所有在本地配置了 VNI 30001 的 VTEP。鉴于 VNI 30001 映射到了组播组 239.1.1.1，原始 ARP 请求的载荷会使用 VXLAN 头部进行封装，这个头部封装的 VNI 为 30001，其外层目的 IP 地址为 239.1.1.1。底层的组播树会确保这个数据包能够被转发到 VTEP V2 和 V3。再次强调，我们在图 4-13 中也把数据包中的重要字段用阴影进行了标识。

总之，在共享同一个二层 VNI 的 VTEP 之间，需要采用一种多目的流量的复制模式。具体来说，即使所有 VTEP 都支持组播模式，他们还需要支持相同的 PIM 模式（ASM 或者 BiDir）。如果二层 VNI 在组播模式下采用了一致的复制模式，那么多个二层 VNI 可以共享一个组播组，如图 4-14 所示；一个二层 VNI 也可以单独占用一个组播组，如图 4-15 所示。只要为所有 VTEP 分配了相同的模式，而且它们的硬件平台属于相同的范围，就可以自由地把二层 VNI 分配到一个组播组中。

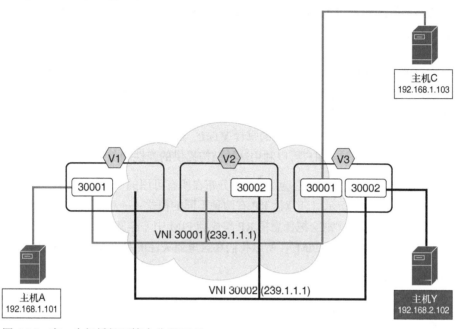

图 4-14　在一个组播组环境中分配 VNI

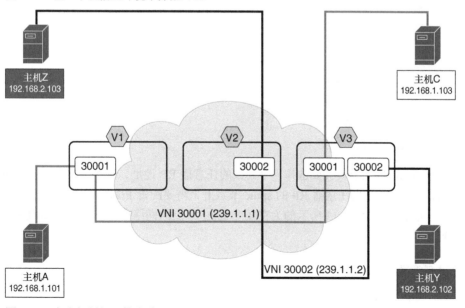

图 4-15　在多组播组环境中分配 VNI

在组播模式下,因为底层需要支持组播路由,所以它天然依赖 PIM。在 PIM ASM 或 PIM BiDir 的组播网络中,需要有一个汇集点(RP)。我们在底层需要考虑的因素中曾经提到,spine 节点应该作为承载 RP 的主要位置,因为所有在 leaf 节点之间相互发送的流量都会穿越 spine 节点。共享组播树的根就在 spine 交换机的 RP 上。此外,也需要在网络中建立源树,源树的根则位于对应的 leaf VTEP 上。

1. PIM 任意源组播(ASM)

在 PIM ASM 环境中,需要在 VTEP 上创建源树(S,G)。因为每个 VTEP 都可以发送和接收某个组播组的组播流量,所以每个 VTEP 既是源节点也是接收方。由此,可以在网络中创建多个源树,每棵树发源于参与这个组播组的每台 VTEP。这些源树的 RP 位于 spine 层。因为矩阵中有多个 spine 节点,所以用户可以利用这种结构提供的弹性和负载均衡。

在 PIM ASM 环境中,任意播 RP 是为了让 RP 分布在所有可用的 spine 节点上,同时依旧表现为一个 RP,如图 4-16 所示。任意播 RP 有两种不同的模式:一种模式会使用组播源发现协议(MSDP),另一种模式则会把任意播 RP 集成到 PIM 中(详见 RFC 4610)。因为 MSDP 需要处理两种协议(MSDP 和 PIM),所以我们在这里要关注的是 PIM 任意播 RP。

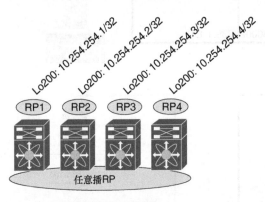

图 4-16   任意播 RP 的概念

在 PIM 任意播 RP 环境中,需要选择一个公共的任意播 RP 地址,这个地址在所有 spine 节点上都应该一致。在充当任意播 RP 的 spine 节点上,需要配置 PIM 任意播 RP 的对等体,让它们交换状态信息。例 4-13 所示的为在 4 个 spine 节点的网络中,Spine#1 上的任意播 RP 配置示例。

例 4-13   PIM 任意播 RP 配置

```
! Anycast-RP Configuration on Spine#1
ip pim rp-address 10.254.254.254
```

```
ip pim anycast-rp 10.254.254.254 10.254.254.1 (Spine#1 IP)
ip pim anycast-rp 10.254.254.254 10.254.254.2 (Spine#2 IP)
ip pim anycast-rp 10.254.254.254 10.254.254.3 (Spine#3 IP)
ip pim anycast-rp 10.254.254.254 10.254.254.4 (Spine#4 IP)

! Loopback Interface Configuration (RP) on Spine#1
interface loopback 200
 ip address 10.254.254.1/32
 ip pim sparse-mode

! Loopback Interface Configuration (Anycast RP) on Spine#1
interface loopback 254
 ip address 10.254.254.254/32
 ip pim sparse-mode
```

除了在 spine 节点上给 PIM 任意播 RP 配置对等体，让它交换所有必要的信息，并让它充当任意 RP 之外，我们并不需要进一步动态分配组播 RP。因为 spine 节点上的所有 RP 充当的都是一个 RP，它们通过集群的方式实现冗余和负载分担，所以就不必在 leaf 节点上动态分配 RP 了。也就是说，leaf 节点上关于任意播 RP 的配置就大大简化了，因为网络中已经有一个 RP 了。一个重要的步骤是验证 P2P 链路上的组播对等体关系已经启用，并且 RP 已经在全局进行了定义或者以每个组播组为单位进行了定义。完成这一步之后，在 VXLAN 中组播网络就可以复制 BUM 流量了。因此，PIM ASM 需要的配置工作相对来说比较简单，只不过在创建 PIM 任意播 RP 时需要额外创建环回接口。例 4-14 提供了任何一个 leaf 节点有可能需要的配置。

例 4-14　使用任意播 RP

```
ip pim rp-address 10.254.254.254
```

2．双向 PIM（PIM BiDir）

在组播模式中，PIM BiDir 提供了另一种复制多目的流量的方法。PIM BiDir 和 PIM ASM 大异其趣，不过 P2P 链路的接口配置倒是完全相同。如图 4-17 所示，在 PIM BiDir 环境中需要创建共享树。更具体地说，需要双向共享树(*,G)。这些共享树(*,G)都以 RP 为根，而 RP 在这里充当路由矢量。PIM BiDir 针对多对多的通信模型进行了优化。这种环境会创建出一棵双向的树，这棵树是由给定组播组中所有公共的源和接收方构成的。RP 是组播流量的中心，它位于 spine 节点上。同样，leaf 节点上的 VTEP 也会充当 BUM 流量的源和接收方。

PIM BiDir 的主要区别在于，人们只需要给每个组播组创建一个共享树(*,G)，而不需要为每个 VTEP 每个组播组分别创建一个源树(S,G)，后者是 PIM ASM 环境的需求。在 PIM BiDir 环境中，RP 并没有实际的协议功能。它充当的是一个路由矢量，让所有多目的流量都收敛于 RP。相同的共享树也负责把流量从源向上转发给 RP，然后再由 RP 发送给接收方设备。

设备需要选举出适合的节点来充当指定转发器（designated forwarder），这些设备负责沿着共享树转发流量。此外，在跟踪各个组播组的状态和它们对应的树这一方面，RP 的工作负担相对比较轻。

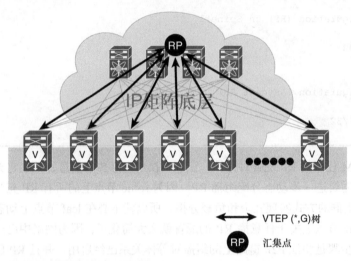

VTEP (*,G)树

RP　　汇集点

图 4-17　PIM BiDir：单树(*,G)

为了能够在 PIM ASM 中实现任意播 RP 式的冗余，PIM BiDir 使用了幻影 RP（Phantom RP）的概念。在这种环境中，RP 会被配置为一个 IP 地址，但这个 IP 地址并不分配给某一个特定的 spine 节点（故称幻影 RP）。提供 PIM BiDir RP 冗余的理想方式，是使用逻辑环回接口，并且给这些接口配置不同的前缀长度。这种方法依赖于单播路由最长前缀匹配的路由查找方式，来确保流量会通过一致的路径到达 RP。RP 地址依然是一个幻影地址（不分配给任何物理实体），但这个地址是不可或缺的，这是为了保证有路由可以把流量发送给 RP。主用路由器和辅助路由器（在本例中即为 spine 节点）使用环回接口，它们的网络掩码长度是不同的。于是，借助通告 RP 时使用不同掩码的方式，就可以区分出主用路由器和辅助路由器了。根据单播路由最长前缀匹配查询的结果，可以确保主用路由器总是优先于辅助路由器的。

请看图 4-18 所示的拓扑。在例 4-15 中，根据这个拓扑，主用路由器会通告 RP 的/30 路由，而辅助路由器则会通告比较短的网络掩码，也就是通告 RP 的/29 路由。只要这两条路由都出现在路由表中，同时这两台路由器一切正常，那么单播路由转发机制就会选择最长匹配的那条路由，因此也就会收敛于主用路由器。只有在主用路由器掉线或者它的所有接口都无法正常工作的情况下，单播路由转发机制才会选择那条辅助路由器通告的路由。

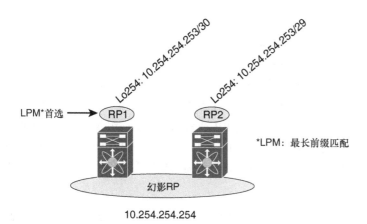

图 4-18 幻影 RP 的概念

例 4-15 所示的为 Spine#1 的配置示例。

例 4-15 Spine#1（主用路由器）上的幻影 RP 配置

```
! Defining Phantom Rendezvous-Point Spine#1
ip pim rp address 10.254.254.254 bidir

! Loopback Interface Configuration (RP) (Redundancy)
interface loopback 254
 ip address 10.254.254.253/30
 ip pim sparse-mode
```

例 4-16 所示的为 Spine#2 的配置示例。

例 4-16 Spine#2（备用路由器）上的幻影 RP 配置

```
! Defining Phantom Rendezvous-Point Spine#2
ip pim rp address 10.254.254.254 bidir

! Loopback Interface Configuration (RP) (Redundancy)
interface loopback 254
 ip address 10.254.254.253/29
 ip pim sparse-mode
```

我们在前文提到过，幻影 RP 只会使用属于某个特定子网（10.254.254.254）的 IP 地址，但是并不会关联到任何一个 spine 节点上的任何物理或者逻辑接口。这样可以确保只要还有一个 spine 节点连接到这个子网，而且这个子网也可以正常工作，那么这个 RP 地址就是可达的。这样一来，IP 路由层的冗余性也就成为了 RP 可用性的保障。

例 4-17 所示的为任何一个 leaf 节点上可能需要的配置的示例。

例 4-17　使用幻影 RP

```
ip pim rp address 10.254.254.254 bidir
```

在单纯使用幻影 RP 来实现冗余性的环境中，leaf 节点上的幻影 RP 配置非常简单：所需的配置就和配置一个 RP 所需的配置是一样的。在 PIM ASM 环境中，需要启用 P2P 链路上的组播对等体关系，还需要跨所有组播组全局配置 RP 或者以每个组播组为单位配置 RP。在 RP 地址配置命令的最后，必须配置上关键字 bidir，这是为了让 RP 和对应的组使用 PIM BiDir。如果还需要使用幻影 RP 来执行负载分担，那就需要创建多个幻影 RP，给每个组播组的分片分配一个。

我们在前文中曾经提到，最长前缀匹配定义了活动的 spine 节点，也就是定义了所有组播组的幻影 RP。如果还需要执行负载分担，那么组播组范围可以分为很多分片（通常为 2 的某次幂），一般情况下是分为 2 个分片或者 4 个分片。当组播组分为两个分片的时候，必须在不同的 spine 节点上创建活动的幻影 RP。比如，如果要创建 4 个活动的幻影 RP，那么组播组就需要分为 4 个分片，让每个 RP 成为一个组播组分片的活动 RP。要创建 2 个或者 4 个幻影 RP，那就需要给给定的 RP 候选（比如一个 spine 节点）创建相同数量的环回接口并且分配合理的前缀长度，这样才能达到负载分担的目的，如图 4-19 所示。

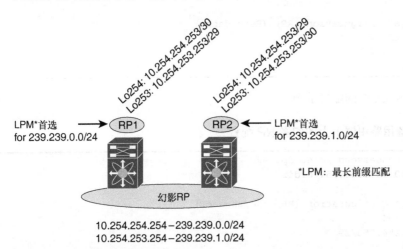

图 4-19　通过幻影 RP 实现负载分担

例 4-18 所示的为 Spine#1 上的配置示例，这个 spine 节点配置了组播组范围为 239.239.0.0/24 的活动 RP。按照单播路由查找提供的最长前缀匹配结果，Spine#1 是 10.254.254.254 的活动幻影 RP。

例 4-18　Spine#1 负载分担的幻影 RP 配置

```
! Defining Phantom Rendezvous-Point Spine#1
ip pim rp address 10.254.254.254 bidir group 239.239.0.0/24
ip pim rp address 10.254.253.254 bidir group 239.239.1.0/24

! Loopback Interface Configuration (RP) (Redundancy)
interface loopback 254
 ip address 10.254.254.253/30
 ip pim sparse-mode

! Loopback Interface Configuration (RP) (Redundancy)
interface loopback 253
 ip address 10.254.253.253/29
 ip pim sparse-mode
```

例 4-19 所示的为 Spine#2 上的配置示例，这个 spine 节点上配置了组播组范围为 239.239.1.0/24 的活动 RP。按照单播路由查找提供的最长前缀匹配结果，Spine#1 是 10.254.253.254 的活动幻影 RP。

例 4-19　Spine#2 负载分担的幻影 RP 配置

```
! Defining Phantom Rendezvous-Point Spine#2
ip pim rp address 10.254.254.254 bidir group 239.239.0.0/24
ip pim rp address 10.254.253.254 bidir group 239.239.1.0/24

! Loopback Interface Configuration (RP) (Redundancy)
interface loopback 254
ip address 10.254.254.253/29
ip pim sparse-mode

! Loopback Interface Configuration (RP) (Redundancy)
interface loopback 253
ip address 10.254.253.253/30
ip pim sparse-mode
```

leaf 节点的配置会包含分片组播组的配置，其中一个幻影 RP 定义给一个特定的组播组范围，另一个组播组范围则划分给另一个不同的幻影 RP。虽然这种做法乍一听有点复杂，但是这里其实只使用了经典路由中最长前缀匹配的概念和去往一个节点的最佳路径。再次重申，幻影 RP 是一个未定义的 IP 地址，并且需要一条子网路由来确保流量通过最长前缀匹配的路由进行转发。

例 4-20 所示的为任何一个 leaf 节点上可能需要的配置的示例。

例 4-20　使用幻影 RP

```
ip pim rp address 10.254.254.254 bidir group 239.239.0.0/24
ip pim rp address 10.254.253.254 bidir group 239.239.1.0/24
```

在前面的示例中，最长前缀匹配把范围 239.239.0.0/24 中的所有组播组指向 Spine#1 上的活动幻影 RP。同样，Spine#2 则充当范围 239.239.1.0/24 中组播组的活动幻影 RP。在一个典型的双 RP 环境中，设备会根据分配给二层 VNI 的组播组来实现负载分担。如果 Spine#1 发生了故障，最长前缀路由就会继续指向 Spine#2，这样网络就可以实现快速复原了。因此，所有故障切换和负载分担的功能基本会发生在单播路由的层面（包括幻影 RP 自身的功能），其中只有非常小的一部分属于组播路由的层面。

总之，根据底层所需的属性，有很多做法都可以高效地传输多目的流量或者 BUM 流量。虽然组播是最理想的多目的流量复制方式，但单播模式的入站复制也可以达到这个目的，只不过有一系列注意事项应该考虑清楚。随着 VXLAN 网络的扩张，尤其是随着 leaf 节点或者 VTEP 的规模增加，BUM 复制也必须大规模扩展。组播模式在这方面的优势难以比拟。如果针对一个 BUM 流量的数据包在多个 VTEP 上创建大量副本，由此给性能带来的影响可以忽略不计的话，那么入站复制就满足这样的任务要求，虽然入站复制也会受到规模的限制。不过，鉴于支持租户的组播流量穿越 VXLAN 覆盖层这样的需求现在已经变得愈发重要，所以把组播封装在组播当中可能会比单播模式更有优势。

4.4　总结

这一章讲解了 BGP EVPN VXLAN 底层需要能够传输单目的和多目的的覆盖层流量。底层需要提供一系列的功能，并且呈现出某些特征。底层主要的目的是为矩阵中的大量交换机提供相互的可达性。这一章介绍了底层的 IP 地址分配方案，其中包括 P2P IP 编号方案和 IP 无编号的方案。两种方案相比，后者更具吸引力。这一章也描述了如何为了实现单播路由，而在各种流行的 IGP 路由协议中做出选择，这些路由协议包括 OSPF、IS-IS 和 BGP，还介绍了每种路由协议需要考虑的因素。这一章介绍了在底层中，多目的流量复制的两种主要方案，这两种方案分别称为单播模式和组播模式。其中，单播模式会依赖于硬件 VTEP 执行多次复制的功能，而组播模式（无论是通过 PIM ASM 还是 BiDir）是一种更理想的方案。随着租户覆盖层组播的转发成了一项非常主流的需求，组播模式也极有可能变得更加流行。

第 5 章

多租户

本章会对以下几项内容进行介绍：

■ 多租户的概念；

■ 以 VLAN 为导向的操作模式和以桥接域（BD）为导向的操作模式；

■ VXLAN BGP EVPN 网络中的二层和三层多租户。

多租户是一种操作模式，在这种模式下多个独立的逻辑实体（即租户）会在一个共享环境中操作。每个逻辑实体都会在二层或三层，抑或同时在二层和三层（这是最常见的部署方案）提供服务。在使用多租户的环境中，目的是为了让控制平面和数据平面相互分离，来确保两个平面相互隔离，防止租户之间出现出乎管理员意料的通信。在传统网络中，二层的隔离往往是通过 VLAN 来实现的，而三层的隔离则是使用虚拟路由转发（VRF）来实现的。在当今基于云的数据中心覆盖层环境中，这些概念必须进行扩展，以提供类似的隔离，并且同时确保服务级协议（SLA）能够得到保障。

多租户用户案例既存在于企业环境中，也存在于服务提供商环境中。当服务提供商在客户端站点之间传输流量，或者把客户站点的流量传输到互联网时，大型企业往往拥有类似的需求。比如，在一家大型企业中，由于企业的分层和结构，每个部门或者团队都需要充当一个独立的实体或者"客户"。在服务提供商和企业环境中，属于不同实体的流量可以使用重叠的地址空间来传输流量，这就确保了二层和/或三层的多租户功能可以相互隔离。

在网络覆盖层环境中，覆盖层的封装和解封装都会在网络边缘交换机上执行，多租户的相互隔离是通过各个网络交换机硬件中的 ASIC 来实现的，这也需要通过软件来驱动这项功能。一些和服务质量（QoS）有关的特性往往是通过硬件来提供的，因为它们需要以一定的速度应用于数据流。而其他特性（比如由软件控制的跨租户/VRF 的路由泄露）则是通过软件控制的，这类功能是根据控制平面注入的路由前缀和合适的路由映射来进行控制的。

读者应该注意到，网络交换机上的硬件和软件资源都是由多个逻辑实例共享的，因此在设计阶段，它们都需要进行认真细致的规划和考虑。虽然网络的硬件和软件功能或许可以支持成千上万种二、三层的多租户服务，但传输隔离流量的网络接口可能只会提供有限的缓冲和队列来实现 SLA。

为了提供充分的多租户，并且避免所需基础设施服务的重复，共享服务就成了一种常见的需求。诸如 DHCP、DNS 等共享服务，它们都需要被所有租户公平地进行访问，但不需要在租户之间放行任何信息。在这种集中化或者共享的服务中，其他实施点（如防火墙）则可以在边缘实施，以便接受和监控那些跨租户的通信。很多设计方案都可以提供这种集中式的服务，包括那些在租户之间提供简单路由泄露的方案，以及那些包含多层级融合的路由器和防火墙。

我们曾经在前文中提到，VXLAN 头部有一个 24 位的标识符，称为虚拟网络标识符（VNI）。VXLAN 封装会使用这个字段来唯一地表示二层或者三层的服务。VXLAN BGP EVPN 提供了二层和三层多租户。各类 VNI 根据要提供的服务类型而被赋予了对应的术语。只要使用的是二层服务，也就是实现相同子网或相同广播域中的通信，那么术语就是二层 VNI（L2VNI）。只要使用的是三层服务（如 VRF），那么就应该称为三层 VNI（L3VNI）或者 VRF VNI。二层 VNI 和三层 VNI 的差异只是单纯地与服务有关，所以这种术语描述的不是 VXLAN 封装头部本身的不同字段。

多租户的使用案例不一而足，实施的方案也同样不胜枚举。为了能够描述各类设计方案，这一章会对多租户进行一番基本的介绍，并且把关注的重点放在 VXLAN BGP EVPN 提供的多租户服务上，介绍这些服务的详细内容。同样，这一章也会探讨基本的二层和三层多租户服务，以及这些服务如何在数据平面和控制平面中一起实现。涉及服务设施（如防火墙）集成的那些高级使用案例会在本书第 10 章中进行描述。

5.1   桥接域

桥接域（bridge domain）是一种跨越多种网络技术，工作在二层的多租户服务。换句话来说，一个桥接域就是一个广播域，它代表了这个二层网络的范围。在封装 IEEE 802.1Q（dot1q）头部的传统以太网部署环境中，使用 VLAN 是最常用的二层多租户方案。VXLAN 会在头部中使用 VNI 来达到相同的目的。因此，桥接域可以提供一种方法，来跨越多种封装或者说跨越多种不同网络服务来扩展二层服务。

IEEE 802.1Q 头部提供的 VLAN 命名空间是 12 位，因此传统的以太网域中可以部署 4096 个 VLAN。VXLAN 则提供了 24 位的命名空间，所以可以分配 1600 万个 VNI 分段。于是，这里就有了两种不同的命名空间和封装，从而就需要有一种机制来实现 VLAN 命名空间和 VNI

命名空间这两者之间的相互映射。这种映射需要在边缘设备（如 VTEP）上进行配置，然后使用一个桥接域（见图 5-1）"缝合起来"。具体而言，如果 VTEP 是一台硬件设备（比如配置在一台 ToR 交换机上），那么代表同一个二层网络的 VLAN 和 VNI 会被映射为相同的硬件桥接域。同样，如果 VTEP 是一台软设备（比如配置在虚拟交换机上），那么同一个二层网络的 VLAN 和 VNI 就会被映射为相同的软件桥接域。

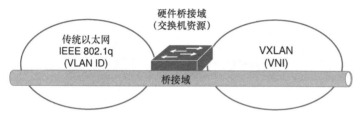

图 5-1　硬件桥接域

总之，在 VXLAN 环境中，桥接域是由下列三大组件所组成的：

■ 使用 VLAN 命名空间的传统以太网域；

■ 使用 VNI 命名空间的 VXLAN 域；

■ 拥有硬件/软件桥接域资源的网络交换机。

VXLAN 的命名空间非常大，因此很适合云规模的环境，而 802.1Q VLAN 的命名空间在企业或者服务提供商环境的传统部署环境中可能都已经捉襟见肘了。桥接域的概念并不是针对 VXLAN 的，它可以比较不同的命名空间和封装。因此，这个概念也同样适用于其他覆盖层封装，譬如 NVGRE 等。

5.2　VXLAN 中的 VLAN

网络中的大多数服务器或者端点会使用 IEEE 802.1Q 描述的传统以太网接口来相互连接。IEEE 802.1Q 可以支持在二层实现分隔，并且可以通过物理线路来支持多个 VLAN。IEEE 802.1Q（dot1q）标准使用了一个 12 位的编址 VID 字段、一个 3 位的 CoS 字段和一个 16 位的标记协议标识符（TPID）。VID 和 VLAN 标识符是众所周知的，TPID 则往往会携带 0x8100 这个值，这个值充当的是 dot1q 头部中的以太类型。

使用双重标记（IEEE 802.1ad 或 q-in-q）的方式可以背对背地配置多个 dot1q 标记。在实施双重标记 802.1Q 头部的时候，外部 VLAN 可以放在内部 VLAN 中进行传输。为了达到这个目的，封装中的第二个 TPID 必须标识出第二个 dot1q 头部和其他内部 VLAN 空间标识符。在城域以太网传输案例中，q-in-q 的使用是非常普遍的，这时内部 VLAN 空间会被分配给客户（C-TAG），而外部 VLAN ID 则用于服务提供商（S-TAG）且 Ethertype（以太类型）字段

的值为 0x88A8。在 VLAN ID 边上，802.1Q 头部也会承载服务类型（CoS）字段中的 QoS
信息，这些内容记录在 IEEE 802.1p 标准中。

在传统以太网环境中，VLAN 命名空间是在全局范围内有效的。对一个给定的二层网络来说，
从第一台交换机到最后一台交换机都是端到端地使用一个 VLAN，如图 5-2 所示。所以，在
以太网网络中，VLAN ID 是一个全局标识符，可以提供 4000 个 VLAN 边界。

VLAN-VNI映射

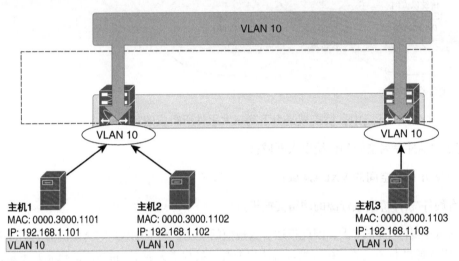

图 5-2   端到端的 VLAN

5.2.1   VLAN-VNI 映射

在 VXLAN 环境中，VLAN 只有本地意义，全局标识符成为了 VXLAN VNI。所有在二层相
互通信的端点都会在穿越 VTEP 所在的网络交换机时，接收到相同的 L2 VNI（L2VNI）标
记。本书在前文中介绍过，端点还是会利用以太网技术来连接到网络交换机，而交换机可以
提供一种机制来把 VLAN 标识符映射为 VNI。这种操作可以发生在连接端点的 VXLAN 边
缘设备上。服务器所在的本地网络会使用一个 VLAN ID 来标识端点所在的二层域。从端点
一直到网络交换机或者边缘设备，都在这个 VLAN 网段的范畴之内，所以都会使用本地标
识符。在大多数情况下，VLAN 会成为各个交换机的标识符。在进入网络交换机的时候，交
换机就会把 VLAN 标识符转换为 VXLAN VNI（L2VNI），如图 5-3 所示。鉴于 VXLAN VNI
的可用位多于 dot1q 标记的可用位，因此在给设计的网络选择总的编号方案时，可以出现重
叠的编号。

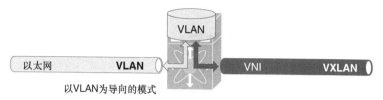

图 5-3 边缘设备上的 VLAN-VXLAN 映射

在某一台边缘设备上，VLAN 和 VXLAN VNI 之间是按照 1：1 的关系来建立映射的，如下
所示：

```
vlan 10
 vn-segment 30001
vlan 20
 vn-segment 30002
```

上面的内容展示了在入站方向的边缘设备上把 IEEE 802.1Q 定义的 VLAN 命名空间映射为基
于 IETF RFC 7348 的 VNI 命名空间。

通过这种方式，VLAN 就成了本地的标识符，而 VNI 则成了全局标识符。现在，VLAN 就
只在边缘设备上本地有意义了。于是，不同边缘设备上的不同 VLAN 可以映射为同一个 VNI，
如图 5-4 所示。只要由 VNI 来充当全局标识符，那么从 VLAN 应设置为 VNI，最后再映射
回 VNI 就可以用一种很灵活的方式来实现。例 5-1 提供了在边缘设备上，为 VNI 30001 和
30002 配置列表的示例。为了让映射保持一致，源和目的 VLAN 被映射为了一个公共的 VNI
（L2VNI）。不过，有些使用案例需要映射不同的源 VLAN 和目的 VLAN。

每交换口的VLAN-VNI映射

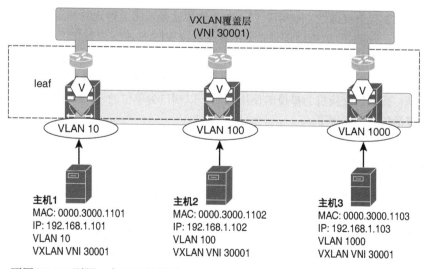

图 5-4 不同 VLAN 到同一个 VNI 的映射

5.2.2 以每台交换机为单位执行 VLAN-VNI 映射

在不同边缘设备上配置二层 VNI 的示例见例 5-1。

例 5-1 在不同边缘设备上配置二层 VNI 的示例

```
Edge-Device #1
vlan 10
 vn-segment 30001
vlan 20
 vn-segment 30002

Edge-Device #2
vlan 100
 vn-segment 30001
vlan 200
 vn-segment 30002

Edge-Device #3
vlan 1000
 vn-segment 30001
vlan 2000
 vn-segment 30002
```

交换机本地的 VLAN 或者说交换机范围的 VLAN，可以让 VLAN 命名空间随着 VXLAN 扩展到整个矩阵中。读者应该特别注意的是，一台交换机上的 VLAN 命名空间仍然仅限于 4096 个 VLAN。把 VLAN 标识符从以每台交换机为单位，变为以每台交换机上的端口为单位，这样可以大幅提升灵活性。每端口 VLAN 会使用这条线路上到达的 VLAN ID，该 VLAN ID 存储在 dot1q 头部中。边缘设备会立刻把这个线路 VLAN 映射为独立于封装的标识符，而不需要在交换机上创建出这个 VLAN。网络交换机分配的硬件资源会提供从线路 VLAN 到相应硬件桥接域的转换能力，它们可以用独立于封装的标识符，把线路 VLAN 映射为一个 VNI。这样一来，比起以交换机为单位的使用案例，以端口为单位的 VLAN 标识符映射就可以实现更加灵活的使用案例了。

5.2.3 每端口的 VLAN-VNI 映射

每端口 VLAN 的这种方式能够以每个端口为单位来利用完整的 VLAN 命名空间，并且把每个（端口，VLAN）的组合映射为一个专门的 VXLAN VNI，如图 5-5 所示。这样一来，重叠 VLAN 的使用案例就成为了可能——只要属于不同的物理交换机端口/接口，人们就可以把同一个 VLAN 映射为不同的 VXLAN VNI。图 5-5 所示的为这样一个场景：在一台边缘设备上，相同的线路 VLAN 10 包含了两个不同的端口（Ethernet 1/8 和 Ethernet 1/9），这两个端口分别映射到了 VNI 30001 和 VNI 30002。例 5-2 显示了在这台边缘设备上，实现这种经典 VLAN 转换使用案例所需要进行的配置。

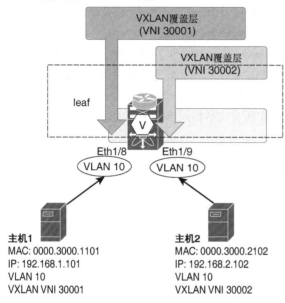

图 5-5 每端口 VLAN 映射到相同的 VNI

例 5-2 以端口 VLAN 为单位执行转换的二层 VNI 配置示例

```
vlan 3501
 vn-segment 30001
vlan 3502
 vn-segment 30002

interface Ethernet 1/8
 switchport mode trunk
 switchport vlan mapping enable
 switchport vlan mapping 10 3501
interface Ethernet 1/9
 switchport mode trunk
 switchport vlan mapping enable
 switchport vlan mapping 10 3502
```

创建硬件桥接域有很多不同的 CLI 实现方式，具体的方式取决于硬件和软件平台。一般来说，可以使用的操作模式有两种，即 VLAN 映射的方式和桥接域映射的方式。用 VXLAN VNI 作为全局标识符可以扩展 VLAN 命名空间，增加二层多租户环境的灵活性。在一些网络交换机平台上，如果软件支持的话，管理员可以基于交换机或者基于端口来把一个 VLAN 映射为一个对应的 VNI。无论采用哪种方式，从硬件资源（即 VLAN 或者桥接域）进行映射都应该保持 1∶1 的对应关系。

为了在基于 BGP 的 EVPN 地址族中通过 L2VNI，管理员需要配置基于 MAC 的 EVPN 实例，如例 5-3 所示。EVPN 二层实例包含了和多协议 BGP 相关的需求（确保唯一性），以及对 BGP 路由策略的支持。为了在 MP-BGP 中唯一地标识 EVPN 实例（EVI），这个实例会由一个二层 VNI（L2VNI）和一个路由区分符（route distinguisher）构成。为了能够支持 MP-BGP 策略，需要定义路由目标（route target）来确保这个实例的前缀会被注入。为 EVI 选择的值对于给定实例来说是唯一的，因为这些值对 L2VNI 来说是唯一的。在每台边缘设备上，路由区分符对于二层 EVI 也是唯一的，同时在所有共享相同二层服务的边缘设备上，L2VNI 和路由目标有一个相同的值。

例 5-3　把二层 VNI 路由通告到 BGP EVPN 的配置示例

```
evpn
 vni 30001 l2
  rd auto
  route-target import auto
  route-target export auto
 vni 30002 l2
  rd auto
  route-target import auto
  route-target export auto
```

在 Cisco 的 BGP-EVPN 实施环境中，路由区分符和路由目标值是自动获取的。RD 来自于路由器 ID 和内部二层示例 ID，如例 5-4 所示。RT 取自于 BGP 的自治系统号（ASN）和二层 VNI（L2VNI）。注意，如果底层使用的是 eBGP，那么 RT 需要手动进行配置，因为不同边缘设备的 ASN 可能是不同的。

例 5-4　把二层 VNI 路由通告到 BGP EVPN 的配置示例

```
LEAF1# show bgp l2vpn evpn vni-id 30001 | include "Route Distinguisher"

Route Distinguisher: 10.10.10.1:32777    (L2VNI 30001)
```

> **注意**：RD 的自动获取会使用类型 1 格式配合 RID 的环回 IP：内部 MAC/IP VRF ID（RD：10.10.10.1:32777）。内部 MAC VRF ID 取自于 VLAN ID（映射到 L2VNI）加上 32767。至于 RT 的自动获取，格式为 ASN:VNI（RT：65501:30001）。

5.3 二层多租户：操作模式

在前面一节中，我们讨论了在 VXLAN 背景下 VLAN 的意义。同样，上一节也介绍了 VLAN 作为本地标识符的概念，以及 VNI 作为全局标识符的概念。为了进一步进行说明，读者应该首先了解 VXLAN 环境中的二层多租户支持下面两种操作模式（见图 5-6）：

- 以 VLAN 为导向的模式；
- 以 BD（桥接域）为导向的模式。

虽然这两种模式在概念上非常接近，但是实施和对应的命令行界面则颇不相同。

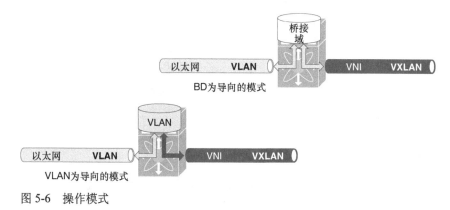

图 5-6　操作模式

5.3.1　以 VLAN 为导向的模式

以 VLAN 为导向的这种操作模式可以理解为传统模式，因为 VLAN 是实现 VNI 映射的基础。边缘设备上的完整配置也会按照 VLAN 模式来执行。这里所说的配置包括创建 VLAN，并且针对可能提供的三层服务来创建交换机虚拟接口（SVI）。如果工作在每交换机 VLAN 的模式下，那么 VLAN 就会映射为对应的 VNI。所以，交换机就会根据特定的配置，来把以太网映射为 VXLAN。这种情况代表，在发生封装后，桥接域就会从使用 VLAN 编址的本地以太网网段扩展到 VNI。图 5-7 介绍了这样一个概念，即 VLAN、VNI 和交换机内部资源如何从逻辑上来提供端到端的二层服务。以 VLAN 为导向的模式在本章前文中介绍下列 VLAN-VNI 映射时，已经进行过讨论：

```
vlan 10
 vn-segment 30001
```

在以 VLAN 为导向的模式下，顾名思义，每台交换机上最多只能有 4000 个 VLAN-VNI 映射。一般来说，映射为 VNI 的 VLAN 往往也是分配给本地以太网端口的 VLAN。不过，执行转换也是可以的，也就是把线路 VLAN 映射为另一个转换后的 VLAN，然后再映射为 VNI，这一点我们也在前文中进行了介绍。

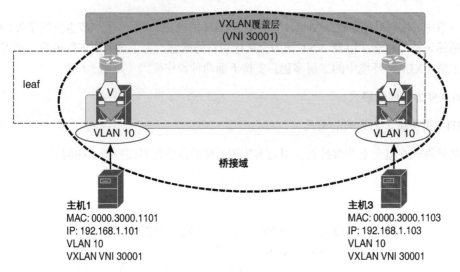

图 5-7　每交换机 VLAN 操作模式下的桥接域范围

5.3.2　以 BD 为导向的模式

在以 BD 为导向的操作模式下，VLAN 位于本地以太网网段中，编址方式是相同的，封装方式也是明确确定的。在传统以太网和 VLAN 环境中，设备会使用 dot1q 封装来标识线路 VLAN。同时，在全局 VXLAN 网段的一端（VNI），封装会通过 VNI 来提供具体的命名。在这种结构中，下面这种封装配置文件（encapsulation profile）可以实现从 dot1q VLAN 到 VXLAN VNI 的映射：

```
encapsulation profile vni from10to30001
  dot1q 10 vni 30001
```

通过配置封装映射配置文件，边缘设备对线路上的打标、封装编号和封装命名等情况毫不知情。封装配置文件定义了 VLAN 到 VNI 的映射关系。这里很重要的一点是，管理员一定要确保执行上述操作的硬件资源是可用的，同时封装配置文件也被分配了正确的物理接口。本地以太网网段连接了对应的接口。在以 BD 为导向的模式中，硬件资源会以桥接域的形式进行分配。所以，每台交换机上最多只能有 4000 组 VNI 映射的限制也就不复存在了。于是，从理论上看，VNI 的数量只会受到交换机上硬件桥接域表的限制，数量限制往往为 16000～32000。即使有三层服务实例，BD 模式也不会使用 VLAN 模式的配置方式。在这种情况下，三层服务实例的配置会从 SVI 迁移到桥接域接口（BDI）的配置当中。

总之，BD 模式在实施方面和 VLAN 模式有下面两点区别：

■ 使用桥接域而不使用 VLAN；

■ 桥接域实施 BDI 而不是 VLAN。

现在，我们开始配置 BD 了，因为 BD 这个概念和数据的流量紧密相关。线路上一个 VLAN
发送出来的流量，在到达边缘设备时，会在这台边缘设备上被映射到一个硬件桥接域中。
然后，流量会封装上 VNI 并发往 VXLAN 核心。为了对桥接域进行分类以便封装 VXLAN，
配置时必须把 VNI 的成员关系分配给对应的桥接域。VNI 与桥接域之间的映射关系必须采
用 1∶1 的对应关系，这一点和我们前面提到的模式一样，如下所示：

```
vni 30001
bridge-domain 5673
 member vni 30001
```

一旦桥接域和 VNI 之间建立了配对关系，最后一项任务就是在面向本地 LAN 网段的接口上
配置对应的封装配置文件。此时，管理员需要给每个接口创建一个虚拟服务实例（VSI），然
后调用相应的封装配置文件：

```
interface Ethernet 1/8
 no switchport
 service instance 1 vni
  encapsulation profile from10to30001 default
```

封装配置文件可以提供巨大的灵活性，而且独立于线路的封装，同时可以实现每端口 VLAN
特性。在前面的配置示例中，VLAN 标识符、VNI 和硬件桥接域的配置之间是没有关系的。
只要封装方式的编号可以匹配所需的编址，那么标识符就可以随机映射。使用 VSI 或者以太
网流点（Ethernet Flow Point, EFP）是一种服务提供商平台常用的方式，可以实现多封装网关。

总之，只要使用某种操作模式来实现二层多租户，那么服务映射的目的 VNI 就永远都是二
层 VNI。

5.4　VXLAN BGP EVPN 中的 VRF

虚拟路由转发（VRF）是一种网络交换机实体，可以在一台物理设备上创建出逻辑独立的路
由器示例。通过 VRF，一台物理设备上可以分隔出不同的路由空间，并且提供路径隔离。
另外，如果需要的话，VRF 也可以控制不同实例之间的通信。VRF 需要在交换机/路由器本
地进行定义；不过，有些技术可以跨越多台设备来扩展本地 VRF 实例。第一种方法称为 VRF
Lite，这是把 VRF 映射到 VLAN 标识符的常见做法。不过，这种方式扩展性不佳，配置的
复杂度很高。如果使用 VRF Lite，那么每个 VRF 都拥有自己的路由实例和一个专用的路由
接口。这种配置必须和对等体/邻接设备保持一致。

例 5-5 所示的是一个典型的 VRF Lite 配置（片段），这段配置通过一个第三层子接口把 VRF

示例扩展到了两台路由器上。

例 5-5   VRF Lite 配置示例

```
Router #1
vrf context VRF-B

interface eth1/10.1002
 encapsulation dot1q 1002
 vrf member VRF-B
 ip address 10.2.2.1/24
 ip router ospf 100 area 0
router ospf 100
 vrf VRF-B
```
```
Router #2
vrf context VRF-B

interface eth1/10.1002
 encapsulation dot1q 1002
 vrf member VRF-B
 ip address 10.2.2.2/24
 ip router ospf 100 area 0

router ospf 100
    vrf VRF-B
```

一般来说，这些子接口也需要启用合理的 IGP，这样两台相邻的路由器之间才能交换路由前缀信息。在例 5-5 中，1002 这个值代表的是在两台路由器之间路由属于 VRF-B 流量的标记 VLAN。

在过去很多年来，VRF Lite 得到了广泛的应用。不过，我们在前文中也曾经提到过，每个 VRF 示例都需要配置一个专用的接口，而且在两个相关实体之间也必须建立独立的对等体会话。我们需要在这种对等体会话的基础上配置合理的路由协议。通过这种方式，会话是以每个 VRF 实例为基础建立的，可以跨越多个数据中心部署点（pod）或者站点来扩展三层的切换域或 VRF 实例。而多协议标签交换（MPLS）三层 VPN 则可以提供可扩展的一种三层多租户解决方案。虽然 MPLS 可以实现三层多租户，且具有较高的灵活性和扩展性，但是 MPLS 在数据中心中还是会受到很多限制，因为数据中心交换机在传统上并不支持 MPLS。这就涉及让控制平面和数据平面为此提供支持了。

MPLS 三层 VPN 往往部署在数据中心边缘，用来作为数据中心互联（Data Center Interconnect，DCI）的实现方式。然而，人们常常会忘记考虑三层多租户的范围。VRF Lite 和 MPLS L3VPN 会从一个 IP 子网的角度来看到路由信息。也就是说，一个特定的 IP 子网对于一个特定的运营商边缘（PE）来说永远都是本地子网。于是，一对 PE 就可以给直连的 IP 子网提供第一跳冗余。当今集中式的路由多应用于传统的数据中心，但随着需求的变化和发展，人们需要通过一种更有效的方式来提供第一跳路由。这就可以在二层和三层通过 VXLAN BGP EVPN 来实现分布式子网并集成多租户。

（原本）提供第一跳路由决策的集中式网关可以转移到内置了集成路由和桥接（IRB）功能的边缘设备（ToR 交换机）上。相同的网关可以同时部署在边缘设备上，这样就在边缘设备上实现了分布式任意播网关。于是，借助这个分布式网关，第一跳路由范围就从基于 IP 子网的路由变成了基于 IP 主机的路由。不仅如此，因为第三层服务如今是由边缘设备来提供了，所以第三层多租户也可以引入进来。于是，管理员就可以在边缘设备上为不同的租户来定义或者创建 VRF 了。

和 MPLS L3VPN 相比，基于 MP-BGP EVPN 的 VXLAN 也同样可以为第三层多租户提供更强大的扩展功能。我们在前文中曾经提到，EVPN 使用的控制平面协议基于多协议 BGP。MP-BGP 功能会为每个前缀分配一个唯一的路由区分符（route distinguisher），并且通过一条 BGP 对等体会话来传输这个信息。此外，管理员可以在控制平面导入和导出分配给某个给定前缀的路由目标（route target），这样就可以执行合理的路由策略。一旦一个 BGP 对等体接收到了一个路由目标，那么它就会验证这个路由目标是不是匹配它特定 VRF 的导入策略。如果匹配，那么这个对等体设备就会安装这条路由，并且使用这条路由来转发数据包。

在 MPLS 中，L3VPN 标签负责分离数据平面中属于不同 VRF 的租户流量。在这种情况下，设备就会使用 VXLAN 头部中包含的 VNI 信息（三层 VNI）来实现相同的效果，因为这个 VNI 会关联到一个特定的 VRF。特别值得注意的是，VXLAN 头部只会携带一个 VNI 字段。这个字段和二层多租户案例中承载 L2VNI 的是同一个字段。在涉及路由操作的三层环境中，二层服务承载的信息就会变得不合时宜，因为源 IP 信息就已经足够标识出数据包的来源了。所以，对于三层路由流量来说，VXLAN 头部中的 VNI 就会标记上 VRF VNI 信息。

总之，VXLAN BGP EVPN 环境中的三层多租户会使用多协议 BGP 来交换相关的信息。除了 BGP 控制平面之外，这个场景还会使用基于 IP/UDP 的封装、VXLAN 和 VNI 命名空间。此外，由于 IRB 可以增加粒度（granularity），所以这种场景可以实现基于主机的路由，而且在同一个 VXLAN 矩阵中的不同节点之间不会出现发卡流量。

5.5 三层多租户：操作模式

前面一节的重点是比较 BGP EVPN 的 VXLAN 和 MPLS L3VPN 环境中的三层多租户方案。三层 VNI（L3VNI）是作为路由环境的 VRF 标识符引入到环境当中的。如果与 VLAN 或 BD 导向的交换机 CLI 进行对比，那么 VXLAN 中的三层租户只有一种操作模式，而且操作模式也和它们存在一些细微的区别。除此之外，其他的概念是一样的。

在基于 VXLAN 的三层多租户部署方案中，VRF 的配置包括配置 VRF 的名称和对应的 VNI（L3VNI）。在 BGP EVPN VXLAN 网络中，所有在 VRF 内路由的流量都会一直用 L3VNI 封装。正因如此，路由流量才能和同一个子网中的桥接流量区分开。毕竟，后者在 VXLAN 头部中携带的是 L2VNI。虽然 L3VNI 可以在基于 VXLAN 的网络矩阵中唯一地标识 VRF，但是分配给 VRF 本身的名称仍然只具有本地意义。不过，在给 L3VNI 命名时，最常见的做法依然是遵循某种前后一致的命名风格，因为这样可以降低网络运维和排错的难度。

我们在前面介绍过，为了保证来自于某一台给定边缘设备的前缀可以唯一地被标识出来，每个 VRF 都要拥有一个唯一的路由区分符（RD）。除了路由区分符之外，VRF 也包含了路由策略值，也就是路由目标（RT）。在外联网的环境中，所有同一个 VRF 的成员设备都要导入和导出路由目标。例 5-6 所示的为一个典型的、在 VXLAN BGP EVPN 网络的边缘设备上配置 VRF 的案例。

例 5-6 在一个 VXLAN BGP EVPN 网络中配置基本的 VRF

```
vrf context VRF-A
 vni 50001
 rd auto
 address-family ipv4 unicast
  route-target both auto
  route-target both auto evpn
 address-family ipv6 unicast
  route-target both auto
  route-target both auto evpn
```

VRF 包含了路由区分符，这个路由区分符来自于 BGP 路由器 ID 和一个十进制的内部 VRF 标识符，如例 5-7 所示，这一点和在二层 EVPN 的案例非常类似。路由目标的自动获取方式也和二层 VNI 提到的方式相同。把 BGP ASN 和 L3VNI 结合起来，可以让 RT 值在一个给定 VRF 上是唯一的。不过，这个 RT 值在相同 VRF 中的所有边缘设备上都是相同的。

例 5-7 通过自动获取的方式获得的路由区分符示例

```
LEAF1# show vrf
VRF-Name                     VRF-ID State    Reason
VRF-A                            3 Up        --
default                          1 Up        --
management                       2 Up        --

LEAF11# show bgp l2vpn evpn vni-id 50001 | include "Route Distinguisher"

Route Distinguisher: 10.10.10.1:3    (L3VNI 50001)
```

注意：RD 的自动获取会使用类型 1 格式配合 RID 的环回 IP：内部 MAC/IP VRF ID（RD：10.10.10.1:3）。
　　　至于 RT 的自动获取，格式为 ASN:VNI（RT：65501:30001）。

读者应该切记，在配置二层或者三层示例时，L2VNI 和 L3VNI 的值是不能重叠的。具体来说，用于二层实例的 VNI 配置和用于三层示例的配置永远不应该是相同的。RT 的配置亦同此理。在配置路由区分符的时候，强烈建议让层的配置相互隔离，不过这并不是必要的配置需求。

为了让叙述完整，读者也应该注意一点，那就是如果底层使用的是外部 BGP（eBGP），那么RT 可能是无法自动生成的。说得具体一点，如果底层使用的是 eBGP，那么不同边缘设备上的自治系统号有可能是不同的。结果是，eBGP 的环境需要手动配置路由目标，手动配置的路由目标在相关边缘设备上应该是相互匹配的。这是唯一需要手动配置路由目标的情况。

在 VXLAN BGP EVPN 网络中实现三层多租户的配置需求这一方面，需要首先配置好 VRF，接下来针对这个 VRF 执行 BGP EVPN 的配置。要让这个 VRF 关联的 L3VNI 完全生效，还应该：

- 把这个 L3VNI 关联到这个 VTEP（NVE）接口；
- 把一个面向核心的 VLAN 或者桥接域和这个 L3VNI 进行关联；
- 创建一个对应的三层接口（SVI 或者 BDI）；
- 把这个 VRF 与这个三层接口进行关联。

把 VRF L3VNI 和 VTEP 进行关联可以让这个 L3VNI 在这个 VXLAN 中变得可用。例 5-8 所示的为配置 VXLAN 三层多租户所需要的关键步骤。

例 5-8　为实现三层多租户而为 BGP EVPN 配置 VRF 的示例

```
router bgp 65501
 vrf VRF-A
  address-family ipv4 unicast
    advertise l2vpn evpn

interface nve1
 member vni 50001 associate-vrf
```

作为一种封装协议，VXLAN 需要在内部 MAC 头部插入 MAC 地址。这可以实现二层桥接域或 VLAN 与三层 VRF 之间的映射。这种 VLAN（或者桥接域）模型可以为通过 VXLAN封装创建三层服务提供必要的硬件资源。例 5-9 所示的为在二层封装的基础上配置三层服务的示例。

例 5-9　为实现三层多租户而在 VRF—VLAN 和桥接域之间建立映射关系的示例

```
VLAN Oriented Command Line Interface
# VLAN for VRF
vlan 2501
  vn-segment 50001

# Layer-3 Interface for VRF
interface Vlan2501
  no shutdown
  mtu 9216
  vrf member VRF-A
  ip forward

Bridge-Domain Oriented Command Line Interface
# Bridge-Domain for VRF
vni 50001
bridge-domain 2501
  member vni 50001

# Layer-3 Interface for VRF
interface bdi2501
  no shutdown
  mtu 9216
  vrf member VRF-A
  ip forward
```

在这个示例中，VLAN 或者桥接域可以在边缘设备上创建硬件资源。三层接口会充当路由转
发中的一跳，VRF 成员关系可以把它唯一地分配给 VRF。配置 MTU 可以确保所有路由流量
都能够得到转发，包括巨型帧。读者应该注意的是，这里涉及一些针对某些平台的命令，这
些命令在有些平台版本上会存在略微差异，因此读者应该参考对应的配置指南。

5.6　总结

本章描述了多租户如何在下一代数据中心中成为一种主流的特性，以及如何在 VXLAN BGP
EVPN 环境中实施多租户。除了探讨使用 VLAN 和 VXLAN 时的多租户之外，本章也介绍了
二层和三层多租户的操作模式。这一章还描述了桥接域在 VXLAN BGP EVPN 多租户中的重
要性，以及与 VRF 有关的概念。另外，对于使用 VXLAN BGP EVPN 的多租户环境，这一
章还进行了很多基本知识的介绍。

## 第 6 章

单播转发

本章会对以下几项内容进行介绍：

- 在 VXLAN BGP EVPN 网络中，具体的桥接数据包流（包含事先是否进行过 ARP 解析的两种情形）；

- 在包含分布式 IP 任意播网关和对称集成路由与桥接（IRB）的 VXLAN BGP EVPN 网络中，具体的路由数据包流；

- 处理静默端点、双宿主端点和 IPv6 端点。

这一章会对跨越 VXLAN BGP EVPN 网络的流量转发进行介绍。本章会对在 VXLAN BGP EVPN 网络的桥接和路由场景中，单播转发的工作方式进行简单的描述。本章会描述在 VXLAN 覆盖层中，二层网关（L2GW）是如何提供二层服务的，也会介绍 BGP EVPN 控制协议的使用，以及流量如何按照 VLAN 结合对应的 L2VNI（二层虚拟网络标识符）以在整个桥接域中进行转发。本章也会介绍 VXLAN 三层网关（L3GW）提供服务的各类不同路由场景，包括分布式 IP 任意播网关的使用。在这一章中，我们会介绍不同的场景，其中会涉及边缘设备上的本地路由转发，以及如何通过对称集成路由与桥接（IRB）来对流量执行转发，让流量跨越 VXLAN 覆盖层到达一个远端的端点。有些特定的案例配置是不一致的，这些案例可以显示出如何让静默端点在网络中可达。在总结这些桥接和路由案例时，本章会对双宿主端点进行具体介绍，并且说明 vPC 场景中的转发是如何实现的。这一章的最后会对 IPv6 的一些详细内容进行介绍。

6.1 子网内单播转发（桥接）

在覆盖层中，VXLAN 数据平面封装的常见需求是提供基本的二层服务（二层网关或者 L2GW 服务）。为了能够更加有效地提供这种服务，BGP EVPN 控制平面辅助的端点学习（control plane-assisted endpoint learning）可以减少因 ARP 处理和未知单播流量而引发的（不必要的）广播。

通常，桥接域的范围在一个 VLAN 之内。学习根据的是数据包中的 SMAC 地址，而转发根据的则是 DMAC 地址。在 VXLAN 环境中，工作的方式也是一样的，但 VLAN 只有本地意义，而且范围仅仅限制在 VTEP 之内。于是，所有学习和转发均受到二层 VNI（L2VNI）的限制，这个 L2VNI 会在全局标识出给定的二层网络以及它所代表的广播域。桥接流量会携带 L2VNI 来通过 VXLAN 进行传输，这个 L2VNI 是在入向 VTEP（L2GW）上从传统的以太网 VLAN 中映射过来的。VLAN 是被 IEEE 802.1Q 头部包含的 12 位的值进行标识的，VNI 由 VXLAN 头部中的 24 位 VXLAN 网络标识符字段标识。出向 VTEP（L2GW）则会执行反向映射，把 L2VNI 映射为传统的以太网 VLAN，这样流量就可以通过相应的以太网端口转发出去了。

在 VXLAN 环境中，类似于传统以太网的功能会被叠加到网络覆盖层的技术当中。VXLAN 作为一种 MAC-in-IP/UDP 的数据平面封装技术，可以根据 MAC 编址来做出转发决策。在 L2GW 模式下，VXLAN 会利用入向 VTEP 的 MAC 地址表来做出转发决策。通常来说，[VLAN, MAC]条目会指向一个以太网接口，这在传统以太网交换机上是一种很常见的情况。在网络中引入了覆盖层之后，二层表中的[VLAN, MAC]条目现在也可以指向一个远端 VTEP 的 IP 地址了。这说明表示远端端点的 MAC 条目是可以通过 VXLAN 进行访问的。读者如果希望进一步阅读关于流量转发的讨论，可以参考图 6-1。VTEP V1 和 V2 分别关联到了两个 NVE 接口，这两个接口的 IP 地址分别为 10.200.200.1 和 100.200.200.2。

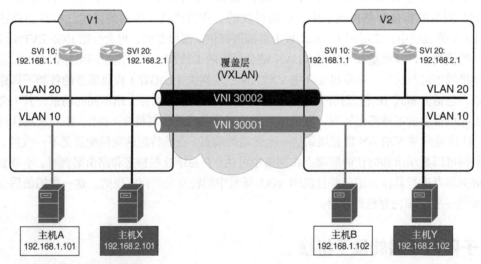

图 6-1　子网内转发（桥接）

为了让连接到入向 VTEP（V1）的端点和连接到出向 VTEP（V2）的端点之间可以执行桥接操

作，必须交换二层 MAC 地址可达性信息。在经典以太网或 VXLAN 的 F&L 环境中，MAC 地址可达性信息可以通过泛洪流量来学习，这在通信开始阶段就会发生。具体来说，泛洪可以确保二层网络中的所有端点都会接收到通信，于是设备就会在二层学习到流量的转发路径。同样，逆向流量也会触发反向路径的学习过程。通过 BGP EVPN 控制协议，入向和出向 VTEP 可以学习到本地直连端点的 MAC 地址。这种信息会在向邻居 VTEP 更新 BGP 消息的时候主动进行分发。在图 6-1 所示的场景中，BGP EVPN 控制协议应该承载表 6-1 中所包含的信息。

表 6-1   BGP EVPN 控制协议（在 ARP 发现后）创建的信息

MAC, IP	L2VNI	L3VNI	下一跳
0000.3000.1101，192.168.1.101	VNI 30001	—	10.200.200.1
0000.3000.1102，192.168.1.102	VNI 30001	—	10.200.200.2
0000.3000.2101，192.168.2.101	VNI 30002	—	10.200.200.1
0000.3000.2102，192.168.2.102	VNI 30002	—	10.200.200.2

BGP EVPN 控制平面应该承载表 6-1 中的信息，然后在 VTEP 的硬件表中安装并且使用这些信息。Cisco NX-OS 提供了各类方式来验证（BGP EVPN 控制平面提供了）这些信息。网络管理员通常会检查 BGP 表，来判断是否接收到了某个特定的前缀，如例 6-1 所示。不过，这样只能从 BGP 数据表的角度证实接收到了这部分信息，但无法证明设备已经把可达性信息作为有效的转发条目安装到了硬件表中。

例 6-1   （VTEP V1 上）命令 show bgp l2vpn evpn vni-id 30001 的输出信息

```
V1# show bgp l2vpn evpn vni-id 30001
BGP routing table information for VRF default, address family L2VPN EVPN
BGP table version is 43, local router ID is 10.10.10.1
Status: s-suppressed, x-deleted, S-stale, d-dampened, h-history, *-valid, >-best
Path type: i-internal, e-external, c-confed, l-local, a-aggregate, r-redist,
  I-injected
Origin codes: i - IGP, e - EGP, ? - incomplete, | - multipath, & - backup

  Network          Next Hop          Metric  LocPrf   Weight Path
Route Distinguisher: 10.10.10.1:32777   (L2VNI 30001)
*>i[2]:[0]:[0]:[48]:[0000.3000.1102]:[0]:[0.0.0.0]/216
                   10.200.200.2        100            0 i

*>l[2]:[0]:[0]:[48]:[0000.3000.1101]:[0]:[0.0.0.0]/216
                   10.200.200.1        100        32768 i
```

鉴于 EVPN 使用了 MP-BGP，因此如果对应的路由目标（RT）信息不匹配输出语句，那么转发就不会发生，因为此时这个条目只会保存在 BGP 中。也就是说，对于二层操作来说，最好验证设备已经接收到了 MAC 地址或 MAC/IP 前缀（路由类型 2）。不过，验证这个前缀是否已经安装到转发表中，需要通过两步来完成。第一步比较新，这一步依赖于设备已经通过 BGP 学习到了执行转发决策时要用到的二层信息。第二步中，这部分信息会安装到一个 EVPN 实例中，这个实例也称为 MAC VRF。

一旦管理员验证了二层"路由"表，确认其中包含了正确的 MAC 前缀，如例 6-2 所示，那么接下来的工作就是确认 VTEP 本身的 MAC 地址表中也包含了这些类似的条目，如例 6-3 所示。

例 6-2 （VTEP V1 上）命令 show l2route evpn mac all 的输出信息

```
V1# show l2route evpn mac all
Topology      Mac Address      Prod     Next Hop (s)
-----------   --------------   ------   ----------------
10            0000.3000.1102   BGP      10.200.200.2
10            0000.3000.1101   Local    Eth1/5
```

例 6-3 （VTEP V1 上）命令 show mac address-table vlan 10 的输出信息

```
V1# show mac address-table vlan 10
Legend:
         * - primary entry, G - Gateway MAC, (R) - Routed MAC, O - Overlay MAC age -
  seconds since last seen,+ - primary entry using vPC Peer-Link, (T) - True, (F) -
  False
    VLAN    MAC Address      Type      age      Secure NTFY Ports
--------+-----------------+--------+---------+------+----+----------
*   10      0000.3000.1102   dynamic   0          F      F    nve1(10.200.200.2)
*   10      0000.3000.1101   dynamic   0          F      F    Eth1/5
```

我们现在关注的是二层桥接操作，但还有一些其他方式也可以为控制协议填充 IP 地址信息。如果边缘设备上明确针对 L2VNI 启用了 ARP 抑制特性，而连接到这些边缘设备的端点之间在任意时刻交换了 ARP 信息，那么在 VTEP V1 和 V2 上执行的 ARP 监听（ARP snooping）也会用这些信息来填充控制协议。另外，如果管理员配置了 VRF，同时网络中包含了第一跳网关（分布式任意播网关），那么控制协议也可以获得 L3VNI。

下面，我们通过图 6-2 所示的案例来解释这个过程。在这个环境中，主机 A 这个端点（192.168.1.101）连接到 VTEP V1，这台主机希望和主机 B 这个端点进行通信，而主机 B 连接到 VTEP V2。这两个端点都属于相同的 VNI（VNI 30001），它们既可以是虚拟主机，也可以是物理主机。由于主机 B 和主机 A 属于同一个 IP 子网，所以主机 A 会尝试通过查看自己本地的 ARP 缓存来解析主机 B 的 IP-MAC 地址映射关系。如果查找不到，那么主机 A 就会发起 ARP 请求。广播 ARP 请求会被转发到 VLAN 10 当中,然而这个请求会进入入向 VTEP V1。于是，VTEP V1 就会通过常规的 MAC 学习机制学习到主机 A 的 MAC 地址，这个信息会通过 BGP EVPN 分别提供给 VTEP V2 和 V3。

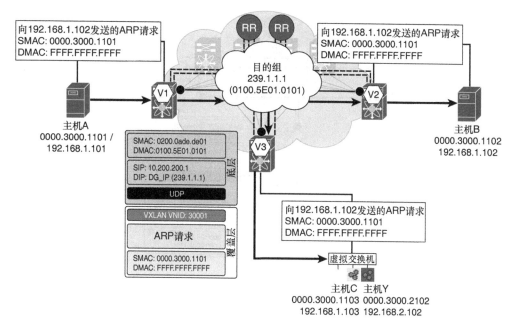

图 6-2　主机 A 向主机 B 发送 ARP 请求

由于 VTEP V1 针对 VNI 30001 禁用了 ARP 抑制，所以主机 A 发送的 ARP 请求就会按照 BUM（广播、未知单播和组播）流量的方式进行处理，这些流量会用二层 VNI 30001 封装，然后按照多目的数据包的方式转发出去。这个多目的流量可以通过组播或者入站复制的方式复制给所有加入了同一个多目的树的 VTEP。设备会使用组播组或者入站复制分发列表来完成上述操作。所有相关的出向 VTEP 都会接收到这个广播消息，并且对其执行解封装，然后向参与了 VNI 30001 的本地以太网接口转发这个 ARP 请求消息。具体来说，在 VTEP V2 上，VNI 30001 被映射到了本地的一个 VLAN（即 VLAN 10），随后，将流量从封装有 dot1q 标记 10 的相关的成员以太网端口发送出去。在主机 B 接收到这个 ARP 请求消息时，它会通过（单播的）ARP 响应消息做出应答，如图 6-3 所示。

这个响应消息会让 VTEP V2 学习到主机 B 的 MAC 地址，接下来 BGP EVPN 控制协议就会获得主机 B 的源信息。VTEP V2 会使用（之前通过 BGP-EVPN 获得的）主机 A 可达性信息，并且用 VNI 30001 封装这个 ARP 响应消息，然后把它转发给 VTEP V1。VTEP V1 在解封之后把这个 ARP 响应消息转发给主机 A。通过这种方式，主机 A 和主机 B 都可以正确地生成 ARP 缓存，之后它们就可以通过常规的桥接方式来相互发送数据了。

如果 VNI 30001 启用了 ARP 抑制，那么当 VTEP V1 接收到主机 A 最初发送给主机 B 的 ARP 请求消息时，就会执行 ARP 监听（ARP snooping）。于是，除了 MAC 地址之外，BGP EVPN 控制平面也会通过类型 2 路由消息获得主机 A 的 IP 地址，如例 6-4 所示。

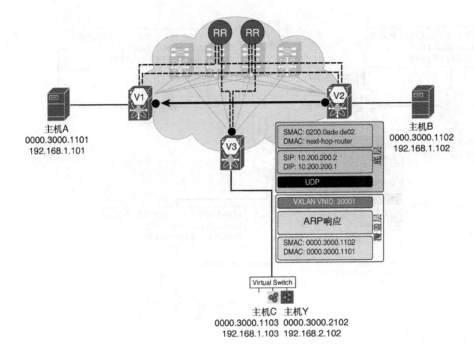

图 6-3　主机 B 向主机 A 发送 ARP 响应

例 6-4　（VTEP V1 上）命令 show bgp l2vpn evpn vni-id 30001 的输出信息

```
V1# show bgp l2vpn evpn vni-id 30001
BGP routing table information for VRF default, address family L2VPN EVPN
BGP table version is 43, local router ID is 10.10.10.1
Status: s-suppressed, x-deleted, S-stale, d-dampened, h-history, *-valid, >-best
Path type: i-internal, e-external, c-confed, l-local, a-aggregate, r-redist,
  I-injected
Origin codes: i - IGP, e - EGP, ? - incomplete, | - multipath, & - backup


  Network            Next Hop          Metric  LocPrf   Weight Path
Route Distinguisher: 10.10.10.1:32777    (L2VNI 30001)
*>i[2]:[0]:[0]:[48]:[0000.3000.1102]:[0]:[0.0.0.0]/216
                   10.200.200.2                 100         0 i

*>i[2]:[0]:[0]:[48]:[0000.3000.1102]:[32]:[192.168.1.102]/272
                   10.200.200.2                 100         0 i


*>l[2]:[0]:[0]:[48]:[0000.3000.1101]:[0]:[0.0.0.0]/216
                   10.200.200.1                 100     32768 i

*>l[2]:[0]:[0]:[48]:[0000.3000.1101]:[32]:[192.168.1.101]/272
                   10.200.200.1                 100     32768 i
```

另外，如果主机 BGP EVPN 控制平面了解主机 B 的 MAC 和 IP 地址，那么 VTEP V1 就会在本地生成一个单播的 ARP 响应消息，并且把它发回给主机 A。这样就可以提前终结 ARP 会话。ARP 响应的生成方式和主机 A 生成的方式相同，只是 VTEP V1 充当了主机 B1 的 ARP 代理。因为广播 ARP 请求永远不会到达主机 B，所以只有主机 A 的 ARP 缓存会填充上关于主机 B 的信息。在数据流量从主机 A 发送给主机 B 的时候，主机 B 会尝试通过发送 ARP 请求的方式，来解析主机 A 的 IP-MAC 映射关系。接下来，VTEP V2 就会充当 ARP 代理，这样一来主机 B 的 ARP 缓存条目也就能够填充了。

图 6-4 显示了主机 A 和主机 B 的缓存正确生成之后，它们两者之间的数据流量。主机 A 在封装数据流量时，封装的 SMAC 地址为 0000.3000.1101，源 IP 为 192.168.1.101。流量的目的信息会设置为主机 B 的信息，即把 MAC 地址设置为 0000.3000.11102，把 IP 地址设置为 192.168.1.102。一旦 VTEP V1 接收到了这个数据包就会依据 VLAN 10 映射的 VNI 30001 和 0000.3000.11102 来执行目的查找。查找的结果是把数据发送给目的 VTEP（V2）——因为主机 B 位于 VTEP V2 后面。于是，流量会被封装上 VXLAN 头部，VNI 为 30001，然后数据包就会传输给相应的出向 VTEP V2。乍看之下，这次通信和普通 LAN 环境中发生的常规桥接操作非常类似，只不过后者是通过查询 MAC 表来实现通信的。

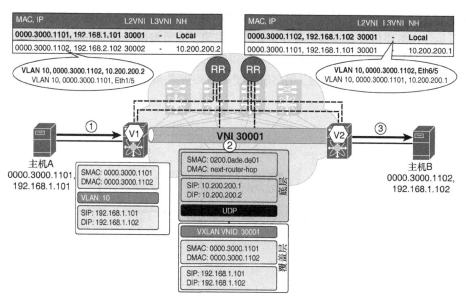

图 6-4　主机 A 向主机 B 转发流量（桥接）

在涉及端点设备主机 B 的情况下，设备会根据之前的端点发现和控制平面获得的信息查找到对应的结果。表 6-2 所示的为从 VTEP V1 发送到 VTEP V2 的"主机 A 到主机 B"（Host-A-to-Host-B）的流量头部中，外部 DIP、UDP 和 VXLAN 头部字段，以及内部 SMAC 和 DIP 头部字段的值。

表 6-2   封装的数据包，包含了所有头部

外部 DIP	外部 SIP	UDP 目的端口	VXLAN	内部 DMAC	内部 SMAC	内部 DIP	内部 SIP	负载
10.200.200.2	10.200.200.1	4789	VNI 30001	0000.3000.1102	0000.3000.1101	192.168.1.102	192.168.1.101	—

一旦出向 VTEP V2 接收到数据包，它就会对数据包执行解封装，同时根据转换表的查询结果，执行从 VNI 30001 到 VLAN 10 的本地映射。接下来，设备会根据端点主机 B 的 MAC 地址（即[10, 0000.3000.1102]）执行二层查询。于是，这个数据帧就会根据查询的匹配结果，从与主机 B 相连的以太网接口发送出去。通过这种方式，VNI 30001 就实现了端到端的单播转发桥接。数据流会从 VLAN 10 中的主机 A（位于 VTEP V1 身后）发送给 VLAN 10 中的主机 B（位于 VTEP V2 身后）。VTEP V1 上的 VLAN 10 和 VTEP V2 上的 VLAN 10 就通过 VXLAN 中的二层服务缝合了起来，因为它们标识的 VNI 都是 VNI 30001。

6.2 非 IP 转发（桥接）

前面的子网内单播转发案例假设每个端点上都有一个 IP 地址。转发行为还是通过查找 MAC 地址来实现的，这类环境就属于桥接场景。不过，有些时候端点之间的通信是非 IP 的，如图 6-5 所示，这类通信或者是通过某种协议进行协调，或者是使用某种（运行对应协议的）应用。集群复制和传统应用都属于这种类型。如果使用了非 IP，那么端点上可能完全没有运行 IP 栈。在使用非 IP 转发的时候，仍然需要使用 L2GW 功能来提供桥接功能，这一点和 IP 环境没有区别。

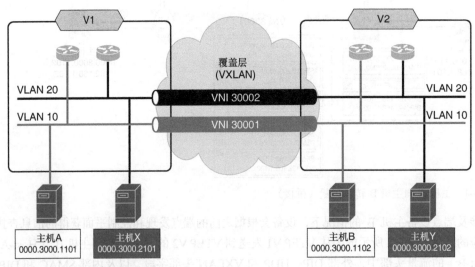

图 6-5 子网内非 IP 转发（桥接）

在非 IP 环境中，可能会使用不同的二层到三层地址解析协议，比如 AppleTalk 地址解析协议
（AARP）。因为 BGP EVPN 只支持 IPv6 和 IPv6 这两种第三层协议，所以在没有 IP 地址的情
况下，BGP EVPN 就只能在控制平面依靠 MAC 信息来做出转发决策了。在图 6-5 所示的拓
扑中，VXLAN 网络中的 MAC 层协议的创建和分发都是通过 BGP EVPN 控制协议来实现
的，如表 6-3 所示。

表 6-3　　　　　　　　　　　BGP EVPN 控制协议创建的信息（非 IP）

MAC, IP	L2VNI	L3VNI	下一跳
0000.3000.1101，0.0.0.0	VNI 30001	—	10.200.200.1
0000.3000.1102，0.0.0.0	VNI 30001	—	10.200.200.2
0000.3000.2101，0.0.0.0	VNI 30002	—	10.200.200.1
0000.3000.2102，0.0.0.0	VNI 30002	—	10.200.200.2

所有和 MAC 层有关的信息都会提供，比如，VTEP 标识的一个 MAC 地址的位置，以及这
个 MAC 地址所在的二层 VNI。因为转发完全是基于二层信息来执行的，所以 IP 地址或者
L3VNI 完全不存在。如果其中一个端点开始执行基于 IP 的通信，那么只要 ARP 交换发生，
那么 IP 信息就也会开始出现在 BGP EVPN 控制平面中，这时的情况则会和 6.1 节探讨的情
景相同。

图 6-6 所示的为主机 A 和主机 B 之间非 IP 通信的数据流示例。主机 A 这个端点会以

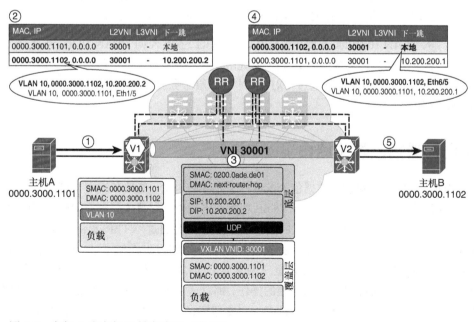

图 6-6　主机 A 向主机 B 转发流量（非 IP）

0000.3000.1101 作为 SMAC 地址生成数据流量。主机 A 位于 VLAN 10 当中。目的信息会设置为主机 B 对应的信息，即 0000.3000.1102，VXLAN BGP EVPN 网络并不知道更高层的地址信息。一旦 VTEP V1 接收到了数据包，它就会执行目的查找[30001, 0000.3000.1102]。根据 BGP EVPN 控制协议产生的信息，查找的结果会显示下一跳 VTEP（V2）和目的（主机 B）相连，同时显示要使用 VNI（30001）来执行封装。于是，VTEP 就会执行封装，然后数据包就会携带 VXLAN VNI 30001 并被发送给 VTEP V2。

表 6-4 所示的为外部 IP、UDP 和 VXLAN 头部字段，以及内部 MAC 字段。

表 6-4 封装的数据包，包含了所有头部（非 IP）

外部 DIP	外部 SIP	UDP 目的端口	VXLAN	内部 DMAC	内部 SMAC	负载
10.200.200.2	10.200.200.1	4789	VNI 30001	0000.3000.1102	0000.3000.1101	—

从控制协议的角度来看，转发的数据包会被视为非 IP 的流量（内部或原始数据帧）。在表 6-4 中，内部 MAC 头部外层中的信息都显示为了非编址信息，简称为"负载"。

一旦出向 VTEP V2 接收到了这个数据包，它就会对这个数据包执行解封装，并且查询转发表。VNI 30001 被映射为了本地 VLAN 10，同时设备也会基于值[VLAN=10, 0000.3000.1102]来执行二层查询。如果查询到了结果，那么数据帧就会被发送给连接主机 B 的那个以太网接口。如果没有查找到结果，那么设备就会对数据帧执行泛洪，把它从所有 VLAN 10 的本地成员端口发送出去。这样一来，如果主机 B 连接在了 VTEP V2 后面，它就会接收到这个数据帧。从主机 B 发送给主机 A 的逆向流量也会遵循响应的方式发送过去。

到这一步，从 VLAN 10 中的（连接在 VTEP V1 身后的）主机 A 向 VLAN 10 的（连接在 VTEP V2 身后的）主机 B 执行的单播非 IP 转发就完成了。再次强调，VTEP V1 上的 VLAN 10 和 VTEP V2 上的 VLAN 10 就这样通过 VXLAN 中的二层服务缝合了起来，因为它们标识的 VNI 都是 VNI 30001。

6.3   子网间单播转发（路由）

到目前为止，我们已经对桥接数据包流量进行了充分的讨论，这是在使用 VXLAN 作为封装协议、使用二层网关（L2GW）执行 VTEP 功能，来提供二层覆盖层服务的情形下讨论的。但如果我们考虑用 VXLAN 提供三层覆盖层服务，同时通过 VTEP 提供相应的三层网关（L3GW）功能，那就必须要了解二层或者桥接自身是如何工作的了。VXLAN 作为一个 MAC-in-IP/UDP 头部（无论是二层还是三层服务），内层负载就必须有一个 MAC 头部。要是想抬升一个 OSI 分层，让它覆盖三层的操作，那就必须要强调这个重要的细节了，即如果要通过 VXLAN 提供三层服务，那么读者一定要理解封装和转发到底是如何执行的。

对于 BGP EVPN VXLAN 网络来说，对称集成路由和桥接（IRB）的功能就是执行数据流量的转发。通过这种方式，路由的流量就会使用（和路由操作所在的）VRF 相关联的三层 VNI（L3VNI）来进行封装。每个 VRF 都有一个专用的 L3VNI。在一个给定的 BGP EVPN VXLAN 矩阵中，每台配置了这个 VRF 的边缘设备或者 VTEP 上都必须存在 VRF-L3VNI 的映射关系。如果在一个 VXLAN 网络中，多个 VTEP 共享相同的 L3VNI，这就组成了一个路由域（routing domain）。标识 VRF（或者路由域）的 24 位 VNI，其实就是在 VXLAN 头部中承载 L2VNI 以转发桥接流量的那个字段。

针对一种服务支持两种不同的值，同时又只使用一个封装字段，这样做的原因与路由操作之后的情况有关。在桥接环境中，MAC 地址必须是端到端可见的。但是在路由环境中，MAC 信息就会在路由操作完成之后发生变化。结果是，在路由操作之后，入向或者入站 MAC 和 VLAN 信息就没有意义了，因为设备会使用三层 IP 和 VRF 信息来指定转发决策。在到达出向 VTEP 的时候，这种情况也是一样的，此时设备会查询[VRF, 目的 IP]，找到最终的 DMAC 和发送数据包的出向接口。其实，通过 VXLAN 来转发路由流量的流程和在非 VXLAN 环境中的路由操作非常相似。

在后文介绍流量转发的概念时，我们会使用图 6-7 所示的环境，这个环境包含了 4 个端点（主机 A、主机 B、主机 X、主机 Y）。这 4 个端点都位于 VRF A（关联了 L3VNI 50001）中。VNI 30001 会关联 IP 子网 192.168.1.0/24，该子网是主机 A 和主机 B 所在的子网。而 VNI 30002 关联的是 IP 子网 192.168.2.0/24，这是主机 X 和主机 Y 所在的子网。

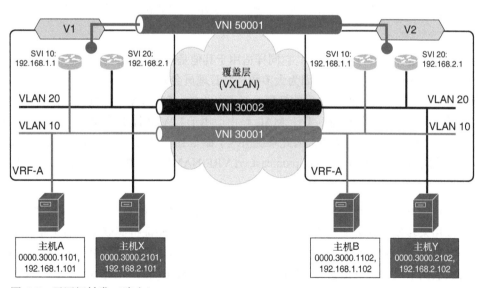

图 6-7 子网间转发（路由）

为了能够给入向 VTEP V1 所连接的端点和出向 VTEP V2 所连接的端点之间的流量执行路由

操作，必须先交换三层编址、IP 地址和对应的 IP 子网。借助 BGP EVPN 控制协议，那些入向 VTEP 学习到的本地端点信息就可以通过 BGP 更新分发给所有的邻居 VTEP。说得再具体一点，那就是端点的 IP/MAC 信息会使用 BGP 类型 2 路由消息分发出去。同样，子网前缀信息会使用 BGP 类型 5 路由消息分发出去。在图 6-7 所示的场景中，BGP EVPN 控制协议会显示表 6-5 所示的信息。

表 6-5   BGP EVPN 控制协议（在 ARP 后）创建的信息

MAC, IP	L2VNI	L3VNI	下一跳
0000.3000.1101，192.168.1.101	VNI 30001	VNI 50001	10.200.200.1
0000.3000.1102，192.168.1.102	VNI 30001	VNI 50001	10.200.200.2
0000.3000.2101，192.168.2.101	VNI 30002	VNI 50001	10.200.200.1
0000.3000.2102，192.168.2.102	VNI 30002	VNI 50001	10.200.200.2
IP: 192.168.1.0/24	—	VNI 50001	10.200.200.1
			10.200.200.2
IP: 192.168.2.0/24	—	VNI 50001	10.200.200.1
			10.200.200.2

如果路由目标匹配，那么 VTEP 就会把这些信息放入自己的硬件表中，并且使用这些信息。如果这些信息是使用 BGP 进行通告同时又是从一台 VTEP 接收到的，那么部分的 BGP 输出信息就会和设备安装的信息有所区别。于是，与 VRF 之间的映射关系就只能通过 VNI 对应起来了。

这些解释并不是针对 BGP EVPN 的。它同样适用于其他基于 MP-BGP VPN 的方法，如 MVPN 或 VPNv4/v6（MPLS L3VPN）。因为大多数网络管理员会先检查 BGP 表来验证设备是否接收到了某个给定的前缀，所以这里的解释是必不可少的。BGP EVPN 消息包括 MAC 路由、IP 主机路由和前缀路由等信息。鉴于 MAC 路由适用于 L2VNI 标识的 MAC VRF，而 IP 路由适用于 L3VNI 标识的 IP VRF，因此系统引入了命令 show bgp l2vpn evpn vni-id XXXXX 来查看这些路由，而命令 show bgp ip unicast vrf VRF-NAME 则提供了一个给定 IP VRF 的 IP 前缀信息。

虽然验证特定 IP VRF 中的 BGP 前缀无可厚非，但是验证某些前缀是否安装到了路由表中、是否可以用来转发流量更加重要。具体来说，在接收方，验证链应该是：（1）路由是否接收并且安装到了 BGP 路由信息库（BRIB）中；（2）路由是否安装到了单播 RIB 中；（3）路由是否安装到了硬件转发信息库（FIB）表中，并且拥有正确的邻接设备或者下一跳信息。例 6-5 显示了在 VTEP V1 上如何存储 VRF-A 对应 VNI（VNI 50001）的 BGP EVPN 二层和三层信息。

例 6-5　在 VTEP V1 上命令 show bgp l2vpn evpn vni-id 50001 的输出信息

```
V1# show bgp l2vpn evpn vni-id 50001
BGP routing table information for VRF default, address family L2VPN EVPN
BGP table version is 43, local router ID is 10.10.10.1
Status: s-suppressed, x-deleted, S-stale, d-dampened, h-history, *-valid, >-best
Path type: i-internal, e-external, c-confed, l-local, a-aggregate, r-redist,
  I-injected
Origin codes: i - IGP, e - EGP, ? - incomplete, | - multipath, & - backup


  Network           Next Hop          Metric   LocPrf   Weight Path
Route Distinguisher: 10.10.10.1:3    (L3VNI 50001)
*>i[2]:[0]:[0]:[48]:[0000.3000.1102]:[32]:[192.168.1.102]/272
                    10.200.200.2               100          0 i
*>i[2]:[0]:[0]:[48]:[0000.3000.2102]:[32]:[192.168.2.102]/272
                    10.200.200.2               100          0 i
* i[5]:[0]:[0]:[24]:[192.168.1.0]:[0.0.0.0]/224
                    10.200.200.2      0        100          0 ?
*>l                 10.200.200.1      0        100      32768 ?
* i[5]:[0]:[0]:[24]:[192.168.2.0]:[0.0.0.0]/224
                    10.200.200.2      0        100          0 ?
*>l                 10.200.200.1      0        100      32768 ?
```

> **注意：** 在进行验证时，设备会用生成字段中的位数来对 EVPN NLRI 进行校验。这个位数会显示为前缀旁边的/标记符。纯 MAC 的类型 2 路由会用一个/216 位的前缀表示，MAC/IP 的类型 2 路由会用一个/272 位的前缀进行表示（多出来的位数是 IPv4 地址的 32 位加上 L3VNI 的 24 位）。如果类型 2 路由承载了 IPv6 地址，那么就会用/368 位的前缀进行表示（多出来的位数是 IPv4 地址的 128 位加上 L3VNI 的 24 位）。类型 5 路由的 EVPN 路由如果承载 IPv4 前缀，会用/224 前缀表示，如果承载 IPv6 前缀则会用/416 表示。

因为 MP-BGP 会和 EVPN 一起使用，所以只有在 VRF 下的路由目标信息不匹配路由导入语句时，IP 前缀条目才会保存在 BGP RIB 中。此时，设备永远不会用这个条目来执行转发。因此，管理员应该验证设备是否接收到了会用来执行三层操作的 MAC/IP 前缀（类型 2 路由）和 IP 子网前缀（类型 5 路由）。获取到的信息会分为主机路由（IPv4 为 32 位，IPv6 为 128 为）和 IP 前缀路由。所有这些信息都是通过 BGP EVPN 学习到的，并且如果对应路由目标已经导入，那么这些信息就会安装在相应的 IP VRF 中。例 6-6 显示了 VRF-A 中所有安装在 VTEP V1 单播 RIB 中的 IP 路由。这里面包括在本地学习到的路由、实例化的路由，以及通过 BGP EVPN 从远端 VTEP 那里接收到的路由。

例 6-6　（VTEP V1 上）命令 show ip route vrf VRF-A 的输出信息

```
V1 show ip route vrf VRF-A
IP Route Table for VRF "VRF-A"
'*' denotes best ucast next-hop
```

```
'**' denotes best mcast next-hop
'[x/y]' denotes [preference/metric]
'%<string>' in via output denotes VRF <string>

192.168.1.0/24, ubest/mbest: 1/0, attached
    *via 192.168.1.1, Vlan10, [0/0], 00:16:15, direct, tag 12345
192.168.1.1/32, ubest/mbest: 1/0, attached
    *via 192.168.1.1, Vlan10, [0/0], 00:16:15, local, tag 12345
192.168.1.101/32, ubest/mbest: 1/0, attached
    *via 192.168.1.101, Vlan10, [190/0], 00:12:24, hmm
192.168.1.102/32, ubest/mbest: 1/0
    *via 10.200.200.2%default, [200/0], 00:12:57, bgp-65501, internal, tag 65501
      (evpn) segid: 50001 tunnelid: 0xa64640c encap: VXLAN


192.168.2.0/24, ubest/mbest: 1/0, attached
    *via 192.168.2.1, Vlan20, [0/0], 00:14:24, direct, tag 12345
192.168.2.1/32, ubest/mbest: 1/0, attached
    *via 192.168.2.1, Vlan20, [0/0], 00:14:24, local, tag 12345
192.168.2.101/32, ubest/mbest: 1/0, attached
    *via 192.168.2.101, Vlan20, [190/0], 00:12:24, hmm
192.168.2.102/32, ubest/mbest: 1/0
    *via 10.200.200.2%default, [200/0], 00:11:47, bgp-65501, internal, tag 65501
      (evpn) segid: 50001 tunnelid: 0xa64640d encap: VXLAN
```

一般来说，在 VTEP 上本地直连端点的 IP/MAC 绑定关系是通过 VRP 学习到的。于是，ARP 条目也会被添加到 ARP 表中，对应的主机路由（/32）也会添加到单播 RIB 中。这些主机路由接下来就会通过 BGP EVPN 并使用类型 2 路由消息通告给远端 VTEP。有鉴于此，管理员不妨从验证某个 VRF 上的 ARP 表做起。例 6-7 显示了 VTEP V1 中 VRF-A 的 ARP 表所包含的主机条目。

例 6-7　（VTEP V1 上）命令 show ip arp vrf VRF-A 的输出信息

```
V1 show ip arp vrf VRF-A

Flags: * - Adjacencies learnt on non-active FHRP router
       + - Adjacencies synced via CFSoE
       # - Adjacencies Throttled for Glean
       D - Static Adjacencies attached to down interface

IP ARP Table for context VRF-A
Total number of entries: 2
Address        Age       MAC Address      Interface
192.168.1.101  00:11:36  0000.3000.1101   Vlan10
192.168.2.101  00:11:16  0000.3000.1102   Vlan20
```

使用在本地通过 ARP 学习到的三层信息和使用路由协议远程学习到的三层信息，这两者是泾渭分明的，这一点和传统路由网络的工作方式如出一辙。不过，在传统网络中，通过合理的路由协议通告可达性的路由，只有子网路由。反之，现在这种环境的区别在于存在主机路由，而主机路由在传统环境中则会自动重分布到相关 VRF 的 BGP 表中。通过这种方式，网络就可以对 VXLAN BGP EVPN 网络中同一个 VRF 的任何端点执行有效的路由转发，即使 IP 子网是跨域多个 VTEP 或 leaf 节点进行分发的。之所以可以执行有效的路由转发，是因为网络中的其他节点（与和某个端点直连的 VTEP 一样）的位置信息是已知的。借助分布式 IP 任意播网关，不仅入向 VTEP 可以执行路由转发，而且流量也可以高效地被转发给正确的出向 VTEP。

在前面和 IP 及 ARP 相关的示例中，我们假定端点直连的 VTEP 已经学习到了关于这个端点的信息。学习是通过查看端点发送的 ARP 请求来实现的。要想实现子网间的通信，端点需要解析自己的默认网关，因此它需要向外发送 ARP 请求。虽然对于发起子网间通信的端点来说，这一点是毋庸置疑的，但是在某些场景中，端点却有可能是"静默的"。换句话说，这些端点不会发起通信，它们只会被动地接收通信。其他场景也有可能出现静默主机，比如 MAC/ARP 计时器设置不匹配，或者某个端点的 IP 栈执行了未知的操作等。在这一节中，我们会探讨静默端点和非静默端点之间通信的场景。为了叙事完整，我们也会探讨非静默主机尝试解析自己的默认网关，从而发起 ARP 解析的过程。

在图 6-8 所示的场景中，VLAN 10 中的主机 A 端点连接到 VTEP V1 之后。在主机启动 IP 栈或者尝试和不同 IP 子网中的另一台端点发起通信的时候，主机 A 就会尝试在自己的本地 ARP 缓存中解析默认网关的 IP-MAC 映射关系。如果没有查找到结果，那么主机 A 就会向自己的默认网关的 IP 地址发起 ARP 请求，这个默认网关同时也是在 VTEP V1 上配置的分布式 IP 任意播网关。广播 ARP 请求会被转发到 VLAN 10 中，并且进入 VTEP V1。VTEP V1 则会通过 ARP 监听（ARP snooping）来对 ARP 请求进行评估，然后把获取到的源信息提供给 BGP EVPN 控制协议。于是，其他设备就会了解，主机 A 的 MAC 地址 0000.3000.1101 和 IP 地址 192.168.1.101 都连接在 VTEP V1 后面。

同时，VTEP V1 会做出响应，因为被查询的 IP 地址就是由它负责。从分布式 IP 任意播网关发送的 ARP 响应消息其实来自于 VTEP V1，VTEP V1 会使用任意播网关 MAC 地址（AGM）来响应端点主机 A。一旦主机 A 接收到这些信息，它就会使用默认网关 IP（192.168.1.1）条目映射的 AGM（在本例中就是 2020.0000.00AA）来更新自己的 ARP 缓存。如今，主机 A 端点需要和其他不同子网中的端点进行通信。在使用分布式任意播网关的环境中，三层边界位于 VTEP 之上，而 VTEP 充当的是所有直连端点的第一跳网关。

VXLAN BGP EVPN 网络有两种主要的转发模式，这两种模式都有各自的 IRB 功能。第一种模式和本地路由操作有关，即源和目的端点位于相同 VRF 中，且连接在相同边缘设备或 VTEP 后的不同子网中。第二种模式则是向远端 VTEP，且后的端点转发路由流量，这种场景也会采取类似的处理方式，不过 VTEP 之间现在需要适当的 VXLAN 封装。

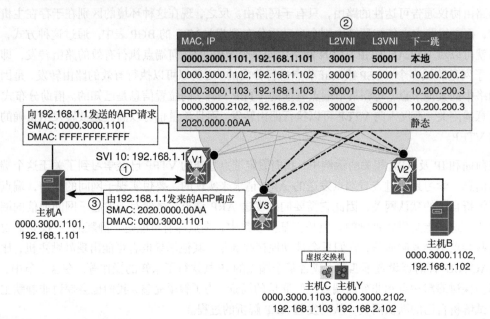

图 6-8　主机 A 向分布式 IP 任意播网关发送 ARP 请求

在图 6-9 所示的本地路径场景中，主机 A（192.168.1.101）和主机 X（192.168.2.101）进行通信，这两台主机都连接到了同一个 VTEP（V1）。主机 A 会用 SMAC 地址 0000.3000.1101 和源 IP 地址 192.168.1.101 来封装流量。因为默认网关已经解析了出来，所以 DMAC 会被设

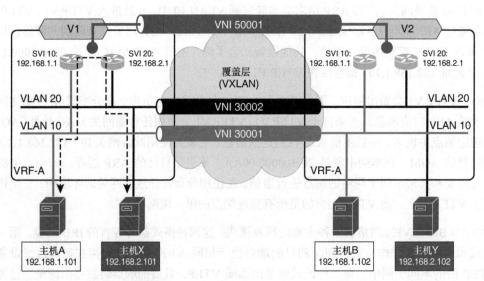

图 6-9　子网间转发（本地路由）

置为 2020.0000.00AA。主机 A 位于子网 192.168.1.0/24 中，这个子网是 VRF-A 的一部分，而这个子网位于 VLAN 10 中。目的信息会设置为端点主机 X 的信息，这个端点的目的 IP 地址是 192.168.2.101（在同一个 VRF 当中）。一旦 VTEP V1 接收到了这个数据包，它就会在 VRF-A 中对 IP 地址 192.168.2.101 执行目的查找来获取下一跳地址。

在本地路由环境中，下一跳是位于一个不同 VLAN（VLAN 20）中的三层接口。所以，这个数据包会在 VTEP V1 上被传输给相应的出向 VLAN。因为 VTEP V1 已经在之前的 ARP 处理过程中学习到了主机 X 的信息，所以可以查找到最长前缀匹配条目（即主机路由 192.168.2.101/32）。结果是，设备会对数据包的 MAC 头部信息进行重写，然后把数据包转发给主机 X。因此，为了实现本地路由，是不需要执行 VXLAN 封装的。表 6-6 显示了本地路由操作包含的一部分头部字段。

表 6-6　　　　　　　　　　　　主机 A 发起的数据包，包含所有头部

DMAC	SMAC	Dot1q	内部 DIP	内部 SIP	负载
2020.0000.00AA	0000.3000.1101	VLAN 10	192.168.2.101	192.168.1.101	—

当不同 VLAN 和 IP 子网中的主机 X 接收到了这个数据包时，主机 X 就可以通过类似的方式对主机 A 做出响应，这就在 VTEP V1 上通过本地路由完成了双向单播通信。

在向远程 VTEP 身后的目的端点路由流量的时候，ARP 解析和搜寻默认网关中的第一步和本地路由是相同的。但是，在两个不同 VTEP 之间执行的路由需要进行更加深入地讨论。在这种环境中，如图 6-10 所示，源设备（主机 A）连接的是入向 VTEP V1，而目的设备（主机 Y）连接的是不同 IP 子网中的出向 VTEP V2。

主机 A 会使用 SMAC 地址 0000.3000.1101、源 IP 地址 192.168.1.101、DMAC 地址 2020.0000.00AA、目的 IP 地址 192.168.2.102 来生成数据流量。当 VTEP V1 接收到数据包后，设备会在 VRF-A 中对 IP 地址 192.168.2.102 执行目的查找，找到下一跳目的 VTEP 和用来执行封装的 VNI。VTEP V2 会通过 BGP EVPN 学习到远端主机路由，并且安装在硬件 FIB 表中，然后就会查找到结果。查找的结果会指向 VTEP V2 和 L3VNI=50001（对应 VRF-A），同时设备会对 MAC 头部信息进行重写。

因为 VXLAN 需要内部 MAC 头部，所以覆盖层中的相关路由器必须具有源和下一跳 MAC 地址。在入向 VTEP 一端，VTEP V1 会封装数据包，它知道源路由器 MAC（RMAC），因为这是 VTEP V1 上的地址。远端 VTEP 的 RMAC 信息会以扩展团体的形式编码在 BGP EVPN NLRI 当中。因此，无论何时在入向 VTEP 上对远端目的 IP（主机或者子网）执行路由查找，目的 RMAC 都会从 BGP EVPN 信息得出。不难发现，直观地看，这里采用的是常规的二层/三层查找模式。因为这是关于路由的案例，所以执行的是三层查找，查找的结果是对数据包头部进行重写，然后通过对应的出站接口转发出去。

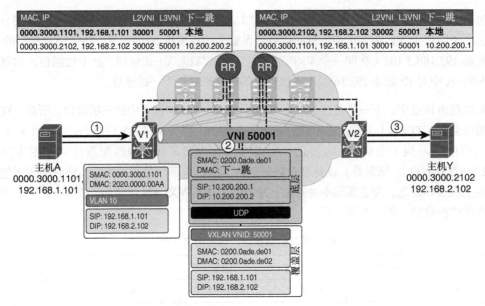

图 6-10   主机 A 向主机 B 转发流量（路由）

表 6-7 描述了从 VTEP V1 发送给 VTEP V2 的 VXLAN 数据包头部的详细信息，其中包括了内部头部字段和外部头部字段。在表 6-7 中，VTEP V1 和 VTEP V2 关联的 RMAC 分别为 0200.0ade.de01 和 0200.0ade.de02。

表 6-7   封装的数据包，包含所有头部

外部 DIP	外部 SIP	UDP 目的端口	VXLAN	内部 DMAC	内部 SMAC	内部 DIP	内部 SIP	负载
10.200.200.2	10.200.200.1	4789	VNI 50001	0200.0ade.de02	0200.0ade.de01	192.168.2.102	192.168.1.101	—

在三层查找之后，设备会对 VXLAN 封装的数据包执行转发，数据包会沿着路径穿越不同的路由器，直到到达出向 VTEP。一旦 VTEP V2 接收到这个数据包，它就会对数据包执行解封装，并且查找 VRF-A 的转发表。因为 VTEP V2 了解主机 Y 的信息，所以执行路由查找时就会找到 192.168.2.102/32 对应的条目，于是数据帧会被进行重写，并且发送到主机 Y 直连的那个以太网接口。通过这种方式，借助对称 IRB，数据就会经历桥接-路由-路由-桥接的处理顺序。在这种情况下，主机 A 发送的数据包会首先被桥接到 VTEP V1，然后在 VTEP V1 上路由到 VTEP V2。在 VTEP V2 上，数据包会再次进行路由，然后桥接给主机 Y。

到这一步，从 VLAN 10 中的主机 A（位于 VTEP V1 身后）向 VLAN 20 中的主机 B（位于 VTEP V2 身后）所执行的单播转发已经完成。这两个子网（分别为 VLAN 10 和 VLAN 20 中的一部分）就通过 VXLAN 中的三层服务（借助 VNI 50001）相互连接在一起了，VNI 50001 代表 VTEP V1 和 VTEP V2 之间的一个过渡网段。

向静默端点路由流量

到目前为止，主机或者端点已经通过 ARP 向它们直连的 VTEP "宣告了"它们的存在，因此可以确保设备能够向端点执行高效的路由。这些端点和之前介绍的静默端点不同，因为网络不知道静默端点的存在。在这种情况下，入向 VTEP 或者任何出向 VTEP 都是不知道静默端点的。

通过 BGP EVPN 实现的三层转发方式也可以高效地处理静默端点。向静默端点发送流量就会发现它们。这样一来，网络就会了解这些端点的信息，并且像处理其他端点一样处理静默端点。现在，我们要探讨在 VXLAN BGP EVPN 中处理静默主机或者静默端点的两种场景。

在图 6-11 所示的场景中，BGP EVPN 显示了表 6-8 中的信息，其中端点主机 Y 是一台静默主机。说得具体一点，主机 Y 的 IP 地址是未知的，因为网络还没有发现这台主机。

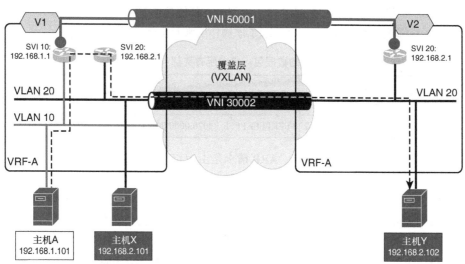

图 6-11　静默主机 Y 与 L2VNI（路由器桥接）

表 6-8 　　　　　　　　　　　BGP EVPN 控制协议，VTEP V2 静默主机

MAC, IP	L2VNI	L3VNI	下一跳
0000.3000.1101，192.168.1.101	VNI 30001	VNI 50001	10.200.200.1
0000.3000.2101，192.168.2.101	VNI 30002	VNI 50001	10.200.200.1
0000.3000.2102，0.0.0.0	VNI 30002		10.200.200.2
IP: 192.168.1.0/24	—	VNI 50001	10.200.200.1
			10.200.200.2

续表

MAC, IP	L2VNI	L3VNI	下一跳
IP: 192.168.2.0/24	—	VNI 50001	10.200.200.1
			10.200.200.2

假设主机 A 希望和主机 Y 进行通信。因此，主机 A 会像前面一样使用 SMAC 0000.3000.1101、源 IP 地址 192.168.1.101、DMAC 2020.0000.00AA、目的 IP 地址 192.168.2.102 来封装流量。这样封装是因为默认网关已经解析了出来。在 VTEP V1 接收到这个数据包时，它就会在 VRF-A 中对 IP 地址 192.168.2.102 执行目的查找。于是，封装的 VXLAN 的过程会用到目的 VTEP 和关联的 VNI（VRF-A 关联的是 VNI 50001）。鉴于主机 A 是一台静默端点，因此三层查找会找到最长前缀匹配条目。在这种情况下，设备会发现主机 Y 位于子网 192.168.2.0/24 中。

因为目的 IP 子网是本地已知的，所以设备会选择直连路由（直连路由的管理距离最低）。子网前缀条目会指向一个邻接设备，这就会触发设备在 VNI 30002 关联的桥接域中生成一个 ARP 请求。底层 BUM 转发会确保广播 ARP 请求达到所有其他参与 VNI 30002 的 VTEP。假设 VNI 30002 关联了组播组 239.1.1.1，表 6-9 显示了该操作所涉及头部字段的详细信息。

表 6-9 封装的数据包，包含所有头部

外部 DIP	外部 SIP	UDP 目的端口	VXLAN	内部 DMAC	内部 SMAC	内部 DIP	内部 SIP	负载
239.1.1.1	10.200.200.1	4789	VNI 30002	FFFF.FFFF.FFFF	2020.0000.00AA	192.168.2.102	192.168.2.1	—

于是，主机 Y 也会接收到 ARP 请求。ARP 请求是由 VTEP V1 发送出来的，而 VTEP V1 则充当分布式任意播网关。主机 Y 会把 ARP 响应定向发送站默认网关。VTEP V2 上也有分布式任意播网关，因此 VTEP V2 会捕获到 ARP 响应消息。VTEP V2 会根据 ARP 响应消息，学习到主机 Y 对应的 IP-MAC 映射关系。接下来，VTEP V2 会把这个消息通过 BGP EVPN 控制协议通告出去。于是，VTEP V1 就会学习到主机 Y 关联的地址 192.168.2.102/32。然后，流量就会被路由给 VTEP V2，并最终通过 VLAN 20（映射到 VNI 30002）转发给主机 Y。

通过对称 IRB，从 VTEP V1 路由到 VTEP V2 的流量会使用 VXLAN VNI 50001 进行封装，这里所说的 VNI 是 VRF-A 关联的 L3VNI。从主机 Y 发送到主机 A 的逆向流量也会使用相同的 VXLAN VNI 50001 进行封装以从 VTEP V2 路由到 VTEP V1，这就实现了对称性。结果是，在对称 IRB 环境中，任何方向的 VXLAN 路由流量都会使用相同的 VNI，也就是 VRF 关联的 VNI。

到了这个阶段，这个单播转发场景也就完成了，其中包含从 VLAN 10 中的端点主机 A（位于 VTEP V1 后）到 VLAN 20 中的端点主机 Y（位于 VTEP V2 后）的静默检测。一旦检测到了静默主机（即主机 Y），流量就会在 VNI 50001（L3VNI）中进行转发。对于图 6-12 所示的环境，BGP EVPN 控制协议可以在发现静默主机之后，获得表 6-10 所示的信息。

子网间转发（主机Y发现后）

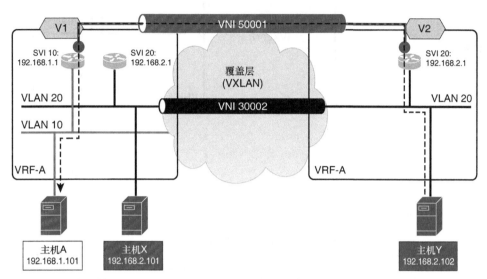

图 6-12　静默主机 Y 与 L2VNI（路由）

表 6-10　　　　　　　　　　　　　　　　BGP EVPN 控制协议

MAC, IP	L2VNI	L3VNI	下一跳
0000.3000.1101，192.168.1.101	VNI 30001	VNI 50001	10.200.200.1
0000.3000.2101，192.168.2.101	VNI 30002	VNI 50001	10.200.200.1
0000.3000.2102，192.168.2.102	VNI 30002	VNI 50001	10.200.200.2
IP: 192.168.1.0/24	—	VNI 50001	10.200.200.1
			10.200.200.2
IP: 192.168.2.0/24	—	VNI 50001	10.200.200.1
			10.200.200.2

前面的情形探讨了静默主机检测。在这个环境中，目的端点的桥接域是在入向 VTEP 本地的。然而情况未必总是如此，静默主机检测也需要工作在那些没有二层扩展的环境中。在这样一种情况下，设备会选择目的 IP 子网前缀来向目的端点转发数据流量。接下来，连接目的子网的其中一个 VTEP 会通过 ARP 发现静默端点。

在图 6-13 所示的场景中，BGP EVPN 控制协议拥有表 6-11 所示的信息。

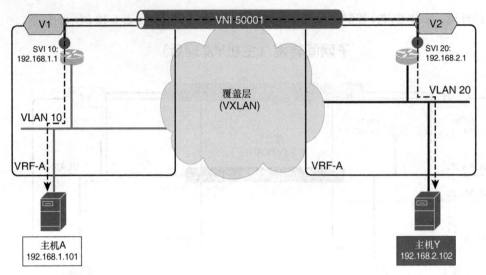

图 6-13 静默主机 Y（仅路由）

表 6-11 VTEP V1 上的 BGP EVPN 控制协议信息

MAC, IP	L2VNI	L3VNI	下一跳
0000.3000.1101，192.168.1.101	VNI 30001	VNI 50001	10.200.200.1
IP: 192.168.1.0/24	—	VNI 50001	10.200.200.1
IP: 192.168.2.0/24	—	VNI 50001	10.200.200.2

在前面的示例中，主机 A（IP 地址为 192.168.1.101）希望和主机 Y（IP 地址为 192.168.2.102）进行通信。在对默认网关进行了 ARP 解析之后，主机 A 就会用 SMAC 地址 0000.3000.1101、源 IP 地址 192.168.1.102、DMAC 地址 2020.0000.00AA 和目的 IP 地址 192.168.2.102 生成流量。一旦 VTEP V1 接收到这个数据包，它就会在 VRF-A 中对 IP 地址 192.168.2.102 执行目的查找，这样就会查找到匹配的子网前缀 192.168.2.0/24。因为这个子网前缀是由 VTEP V2 通告的，所以流量会使用 VRF-A VNI 50001 来进行封装并且在 VTEP V1 上使用对称 IRB 功能把流量发送给 VTEP V2。再次强调，设备会用 VTEP V1 的信息来重写内部 SMAC，用 VTEP V2 对应的 RMAC 来重写内部 DMAC，这是使用路由器-MAC 扩展团体属性通过 BGP EVPN 通告出来的。表 6-12 所示的为这项操作中的外部 DIP、UDP 和 VXLAN 头部字段，以及内部 MAC 和 IP 头部字段值等信息。

表 6-12 封装的数据包，包含所有头部

外部 DIP	外部 SIP	UDP 目的端口	VXLAN	内部 DMAC	内部 SMAC	内部 DIP	内部 SIP	负载
10.200.200.2	10.200.200.1	4789	VNI 50001	0200.0ade.de02	0200.0ade.de01	192.168.2.102	192.168.1.101	—

当流量达到 VTEP V2 时，它就会对流量进行解封装，然后在 VRF-A（映射于 VNI 50001）中执行目的 IP 查找，查找到 192.168.2.0/24 这个子网前缀条目。因为主机 Y 是静默的，所以 VTEP V2 不会发现其/32 路由。本地子网 192.168.2.0/24 关联的本地子网会被查找到，然后 VTEP V2 就会在 VLAN 20（这个子网对应的 VLAN）中发送一条 ARP 请求。在 VNI 30002 中（映射于 VLAN 20）泛洪的广播 ARP 请求也会到达主机 Y。主机 Y 发送的 ARP 响应就会被发送给默认网关（具体而言就是分布式任意播网关），而默认网关位于 VTEP V2 上。

和在前面的示例中一样，主机 Y 会被发现，其地址信息也会被注入 BGP EVPN 控制平面，并被分发给所有远端 VTEP（包括 VTEP V1）。在这种方式中，后续数据流量会使用对称 IRB 桥接-路由-路由-桥接操作，通过 VTEP V1 路由到 VTEP V2，从而从主机 A 转发到主机 Y。对于图 6-13 所示的场景，表 6-13 显示了发现静默主机之后 BGP EVPN 控制协议的信息。

表 6-13　　　　主机 Y 这台静默主机发现之后，BGP EVPN 控制协议

MAC, IP	L2VNI	L3VNI	下一跳
0000.3000.1101，192.168.1.101	VNI 30001	VNI 50001	10.200.200.1
0000.3000.2102，192.168.2.102	VNI 30002	VNI 50001	10.200.200.2
IP: 192.168.1.0/24	—	VNI 50001	10.200.200.1
IP: 192.168.2.0/24	—	VNI 50001	10.200.200.2

这里应该注意的是，要想通告某一个给定 L3GW 实例（SVI 或 BDI）的 IP 子网，必须手动进行合理的配置才能实现。本书第 2 章解释了这种做法，以及重分发的优势。例 6-8 显示了这种情况的简单配置实例。

例 6-8　（VTEP V1 上）命令 show run vrf VRF-A 的输出信息

```
interface Vlan10
  vrf member VRF-A
  ip address 192.168.1.1/24 tag 12345
  fabric forwarding mode anycast-gateway

route-map FABRIC-RMAP-REDIST-SUBNET permit 10
  match tag 12345

router bgp 65501
  vrf X
    address-family ipv4 unicast
      advertise l2vpn evpn
      redistribute direct route-map FABRIC-RMAP-REDIST-SUBNET
```

6.4　双宿主端点的转发

虚拟 PortChannel（vPC）是一种用于将流量转发到双宿主端点（该端点与一对交换机连接）的技术。从 VXLAN 的角度来看，vPC 域代表的是 VXLAN 网络中的一个公共 VTEP，因此称为任意播 VTEP（anycast VTEP）。这一节会对基于 vPC 的转发进行介绍，这种技术用于 VXLAN BGP EVPN 和分布式 IP 任意播网关环境中。在默认情况下，对于每个连接 vPC 的端点，其所在位置会通过对应的任意播 VTEP IP 地址来表示。

在图 6-14 描述的场景中，VTEP V1 和 VTEP V2 组成了一个 vPC 域，这个 vPC 域会用任意播 VTEP（VIP）10.200.200.12 进行表示。一旦主机 A 希望向主机 B 发送流量，端口信道（port channel）散列值会决定主机 A 应该选择 VTEP V1 还是 VTEP V2 作为入向 VTEP 来封装 VXLAN 并且执行转发。只要端点和 VTEP 之间通过散列值决定了如何通过端口信道来传输流量，它们就会使用之前描述的子网内（桥接）或子网间（路由）转发模式来传输流量。图 6-14 显示了从双上行端点（主机 A）向单上行端点（主机 B）端到端桥接流量的场景。无论流量是进入 VTEP V1 还是 VTEP V2，外层源 IP 地址往往都会被设置为任意播 VTEP 的地址，在本例中为 10.200.200.12。无论是从 vPC 域向 VXLAN 网络路由流量还是桥接流量，都是这种情况。

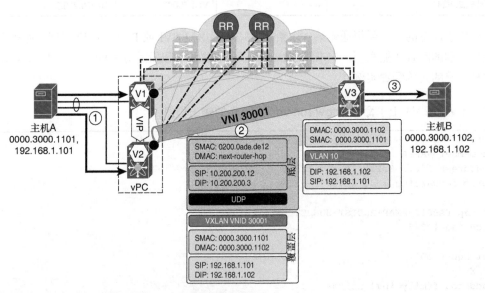

图 6-14　入向任意播 VTEP（vPC）身后的端点

在另一个方向上，流量需要发送到连接 vPC 域的端点（vPC 域是用 VXLAN 中的任意播 VTEP 来表示的），这时就需要考虑其他的因素了。在图 6-15 所示的环境中，从主机 B 发送到主机

A 的流量会使用 VXLAN 进行封装，把外层目的 IP 地址设置为任意播 VTEP IP 地址 10.200.20012。VTEP V1 和 VTEP V2 属于相同的 vPC 域，并且都会配置这个任意播 VTEP。于是，它们都会通过 IP 底层来通告 10.200.200.12 的可达性。

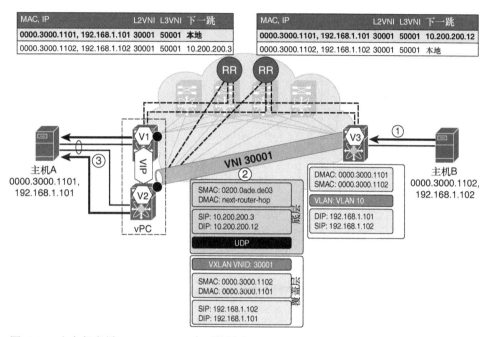

图 6-15　出向任意播 VTEP（vPC）身后的端点

发往 10.200.200.12 的流量会被底层网络根据 ECMP（等价多路径）转发给 VTEP V1 或者 VTEP V2，并且它会根据底层传输网络中使用的散列值来选择任意播VTEP后的出向VTEP。于是，流量会到达 VTEP V1 或者 VTEP V2。同样，子网内（桥接）或子网间（路由）转发也会使用这种模式，具体情形我们已经在前面进行了介绍。图 6-15 显示了从不连接 vPC 的端点（主机 B）向连接 vPC 的端点（主机 A）执行端到端桥接的场景。在 V1 和 V2 这两个 VTEP 中，只有其中之一会接收到流量并对流量进行解封装，然后把流量通过端口信道转发给主机 A。

在启用了 vPC 的边缘设备上仍然存在孤儿端点。孤儿端点的定义是，只连接到两个 vPC 成员交换机（它们属于同一个 vPC 域）其中之一的端点。对于孤儿端点来说，去往这个端点的流量可能需要通过 vPC 对等体链路进行转发，因为端点信息总是会通过 BGP EVPN 以任意播 VTEP 作为下一跳进行通告的。对于双宿主端点（因为其中一条链路/端口故障而导致的单链路连接）的情况也是如此。

图 6-16 显示了一个孤儿端点——主机 A，这台主机只连接到了 VTEP V1。同样，VTEP V1 和 VTEP V2 组成一个 vPC 域，并且从 vPC 域通告相同的任意播 VTEP VIP。当流量从远端

VTEP 发往主机 A 时,发往 VIP 的流量可能会根据底层网络的 ECMP 散列值发送给 VTEP V2。在 VTEP V2 上解封装之后,流量会跨越 vPC 对等体链路桥接到 VTEP V1。不过,VTEP V1 会把它转发到主机 A 连接的孤儿端口。

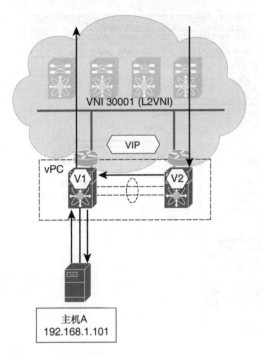

图 6-16   孤儿端点

在 VTEP V2 要把接收到的流量路由给主机 A 时,VTEP V2 会执行路由查找和流量重写。于是,重写之后的数据包就会通过 vPC 对等体链路被桥接给 VTEP V1。在反方向上,主机 A 会把流量发送给某个远端端点,VTEP V1 则会执行桥接和路由决策。这是因为主机 A 只连接到了这个 VTEP。

在包含孤儿端点的 VXLAN BGP EVPN 网络中,vPC 域中会执行桥接操作,此时转发就会按照传统的 vPC,部署方案来执行。图 6-17 显示了一个包含两台孤儿端点(主机 A 和主机 B)的场景,这两台主机分别连接到 VTEP V1 和 VTEP V2。主机 A 和主机 B 属于同一个 L2VNI30001,VTEP V1 会接收到主机 A 发送的流量并且把流量通过 vPC 对等体链路转发给 VTEP V2。在流量到达 VTEP V2 的时候,VTEP V2 就会把流量转发到主机 B 直连的端口。总而言之,这项操作不会涉及封装 VXLAN,但是有些平台还是要求流量在穿越 vPC 对等体链路的时候执行 VXLAN 封装。

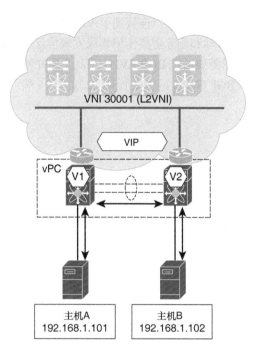

图 6-17 有两个孤儿端点的 vPC

尤其值得一提的是，vPC 域中所有桥接和路由的流量，都会把这个域关联的任意播 VTEP
通告为下一跳。在通过一个 vPC 域进行路由的时候，接收到流量的出向 VTEP 需要有路由
信息才能做出进一步结论。如果流量到达了 VTEP V1，但之后的出向流量需要由 VTEP V2
来执行，那么 VTEP V1 就必须和 VTEP V2 交换路由信息。这可以在 vPC 对等体之间建立
全互联外部路由连接，或者使用跨 vPC 对等体链路的 VRF Lite 来实现。关于跨 vPC 对等
体链路的 VRF Lite，需要使用专用的接口来建立路由连通性。这方面的限制也不绝对，可
以在通告路由协议（类型 5 路由）时携带各个 VTEP 自己的 IP 地址，而不使用任意播 VTEP
IP 地址。

6.5 IPv6

（使用 BGP EVPN 控制协议的）VXLAN 覆盖层既支持 IPv4 的二层和三层服务，也支持 IPv6
的二层和三层服务。VTEP 上的分布式 IP 任意播网关可以充当 IPv4 或者 IPv6 的第一跳网关，
也可以充当双栈模式的第一跳网关。与 IPv4 一样，所有 VTEP 可以使用给定 IPv6 子网的全
局寻址来共享相同的分布式任意播网关 IPv6 地址。IPv4 和 IPv6 会共享任意播网关 MAC
（AGM）。IPv4 编址和 IPv6 编址都可以支持覆盖层的服务，但底层的传输网络只能采用 IPv4
编址。未来，基于 IPv6 编址的底层传输网络也会获得支持。

图 6-18 所示的为一个示例拓扑，这个拓扑中有两个 IPv6 端点连接到了 VXLAN BGP EVPN 矩阵中的两个不同的 VTEP。IPv6 端点的检测、移动和删除需要使用邻居发现协议（NDP），而不能使用 ARP。VTEP 本地学习到的 IPv6 条目需要通过 BGP EVPN 控制平面并使用相同的 MP-BGP 信道来进行通告。通过这种方式，BGP EVPN 网络中所有已知的 IPv6 端点的位置也就都学习到了。

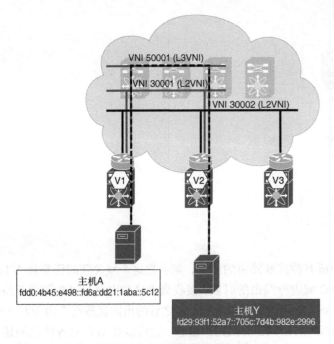

图 6-18　BGP EVPN VXLAN 网络中的 IPv6 端点

在 IPv6 环境中，网络会使用和 IPv4 相同的方式来填充 BGP EVPN NLRI（如图 6-19 所示）。不过，鉴于 IPv6 地址是 128 位而 IPv4 是 32 位，所以两者的差异还是比较明显的。show 命令会用到 IPv6 地址的十六进制表示法，但其他 BGP EVPN NLRI 和扩展团体字段也适用于 IPv6 和 IPv4。在前文中，我们曾经提到在底层中需要使用合理的路由协议来生成 VTEP 到 VTEP 的可达性。MP-BGP 作为覆盖层可达性协议会使用 VTEP IP 地址作为 BGP EVPN 路由通告关联的下一跳信息。虽然端点主机信息可以是 MAC、IPv4 和/或 IPv6，并且只会和覆盖层关联，但下一跳永远会指向底层。于是，即使是跨越覆盖层网络的 IPv6 通信，其下一跳仍然是一个带有 IPv4 地址的 VTEP，如图 6-19 所示。

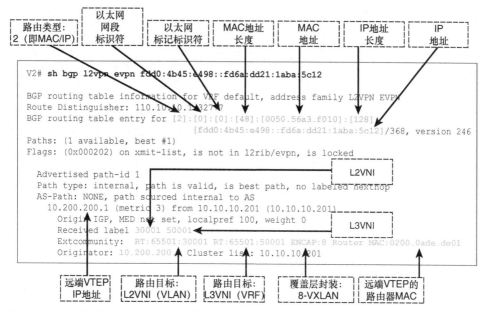

图 6-19   IPv6 端点的 BGP EVPN 通告示例

6.6 总结

本章提供了一系列的数据包示例,显示了桥接和路由操作在 VXLAN BGP EVPN 网络中是如何工作的。IRB 功能、对称 IRB 和分布式 IP 任意播网关等重要概念都在之前进行了介绍。在这一章中,我们结合实际中的流量再次进行了描述。另外,这一章格外强调了静默主机和双宿主端点的相关应用场景。

## 第 7 章

组播转发

本章会对以下几项内容进行介绍：

- 在 VXLAN BGP EVPN 网络中，子网内组播（Intra-Subnet multicast）流量是如何转发的；

- 通过 IGMP 监听（IGMP snooping）在 VXLAN 上优化组播转发；

- 向双宿主和孤儿端点转发子网内组播。

这一章会探讨在 VXLAN BGP EVPN 网络中的组播转发。在前面几章中，我们已经探讨了覆盖层和底层的多目的流量。在这一章中，我们会把重点放在覆盖层中的组播流量处理上。这一章也会介绍子网内组播转发，包括为了优化转化而对 IGMP 监听（IGMP snooping）进行的强化。本章也会介绍单宿主子网内组播转发，同时介绍 vPC 环境中的双宿主部署方案。最后，本章会简略探讨在 VXLAN BGP EVPN 覆盖层中子网间的组播转发，或者说是路由的组播。要注意，在这一章中，二层组播和子网内组播这两种说法我们会交替使用；三层组播、子网间组播或者路由组播这三种说法我们也会交替使用。

7.1 二层组播转发

VXLAN 是一种 MAC-in-IP/UDP 封装，它对组播没有任何特殊的依赖关系。不过，为了转发覆盖层多目的流量（也称为广播、未知单播和组播[BUM]流量），底层传输需要具备一些专门的机制。鉴于此，底层传输网络会使用入向/头端复制的单播模式，或者使用 IP 组播。虽然这两种方法都是有效的，但它们也各有优缺点。要注意，二层组播是指处于同一个组播域或者 VXLAN VNI 中的组播源和接收方之间的组播流量。在理性情况下，二层组播流量应该只从源发送给感兴趣的接收方。

单播模式适合于那种多目的流量（包括 ARP、ND、DHCP 等）数量不多，同时 VTEP（虚拟隧道端点）数量也不多的环境。在大多数情况下，采用单播模式的是比较小的部署环境，这是因为 VTEP 必须给多目的流量创建很多副本，然后把它们发送给所有的邻居 VTEP。不过，在网络中有组播应用，且覆盖层对于 BUM 流量的带宽需求比较高时，底层最好使用组播。对于覆盖层中的组播流量来说，在底层部署组播的优势是不言而喻的。当规模增加时，在底层中使用组播来处理多目的流量是比较理想的做法，如图 7-1 所示。

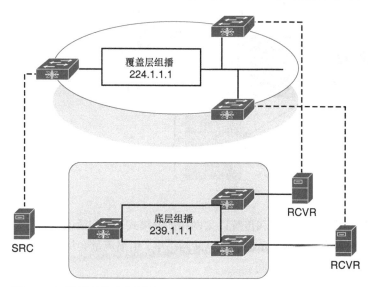

图 7-1　把组播封装在组播中

如果使用单播模式来处理多目的流量，VTEP 就需要使用一种机制来搞清楚哪些 VTEP 对接收多目的流量感兴趣。我们在前面曾经提到过，这可以通过 BGP EVPN 类型 3 路由消息来实现，该消息可以在二层 VXLAN VNI（L2VNI）中通告 VTEP 成员的兴趣。在组播模式下，底层原本的 IP 组播地址就可以创建出一棵由感兴趣的 VTEP 所组成的组播树，因为一个 L2VNI 会被映射到一个专门的组播组。这个配置需要在所有 L2VNI 相关的 VTEP 上进行同步配置。所以，如果底层支持组播，那就不需要通过交换任何 BGP EVPN 消息来通告(L2VNI, VTEP)成员身份了。从这里开始，除非我们明确提到了不同的情况，否则都会默认在底层使用了组播。

如果 VTEP 直连的端点发送了一个组播数据包，同时这个数据包又需要通过 VXLAN 进行传输，那么外部头部字段必须要能反映出单播和组播转发的区别，让字段中的这种区别来触发底层以执行正确的转发行为。对于组播，数据包的外层 DMAC 和外层目的 IP 都要被设置为一个组播地址。对于二层组播流量，组播地址会被设置为二层 VXLAN VNI 映射的 IP 组播组。组播的外层 DMAC 会使用从外层 IP 目的组播地址获取到的众所周知的组播组 MAC 地址。（端点接收到的）原负载中的组播组信息被放置到内层 MAC 和 IP 头部中，这些信息对底层是不可见的, 如图 7-2 所示。

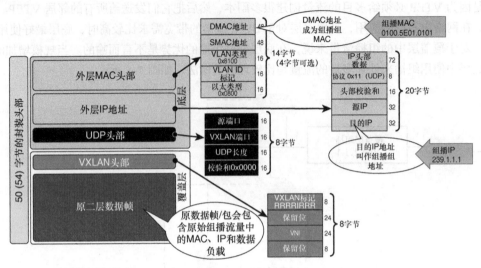

图 7-2 把组播封装到 VXLAN 中

为了提供覆盖层组播服务, 用户需要使用和传统以太网相同的模式。换句话说, 二层组播转发需要依赖桥接域的功能来转发组播流量。在 VXLAN 网络中, 组播流量会从传统的以太网 VLAN 命名空间变为 VXLAN VNI 命名空间。

随着 VXLAN 成为了一种标准的网络虚拟覆盖层, 大多数最初的实现方式支持在 VXLAN 网络中提供二层组播, 同时不使用 IGMP 监听。换句话说, 扩展到 VXLAN 的 VLAN 会禁用 IGMP 监听。不过, 这并不是针对 VXLAN VNI 的。IGMP 监听也会针对端点直连的 VLAN。因此, VXLAN 中的二层组播流量会按照与广播和位置单播流量相同的方式进行处理。换言之, 二层组播流量会在网络中泛洪给二层 VNI 扩展到的各个地方。

本地桥接域会用一个没有 IGMP 监听的 VLAN 来表示。同样, 启用了二层 VNI 的 VTEP 也会无条件地加入到这个组播组所对应的泛洪树中。这个公共的泛洪树会把流量泛洪到所有相同 L2VN 或者相同组播组的 VTEP 中。

由于二层组播流量无处不在, 所以它会消耗传统以太网网段的资源, 以及网络 VXLAN 部分的资源, 这样做显然效率不高。不过, 虽然效率不高, 但这样可以在 VXLAN VNI 中转发二层组播。通过这种转发方式, 即使是那些对某些组播流不感兴趣的端点也会接收到这些不相关的流量。这种做法不是针对 VXLAN F&L (泛洪-学习) 环境的, 它也同样存在于 VXLAN BGP EVPN 网络中。

因为 BGP EVPN 的主要目的是提供有效的单播转发并且减少泛洪, 所以用有效方式来转发二层组播流量变得越来越有必要。因此, 在 VXLAN 环境中, 对 IGMP 监听进行增强是必要的。在详细介绍这些增强方式之前，我们会简单介绍一下在没有 IGMP 监听的情况下，组播是如何在 VXLAN BGP EVPN 网络中运作的。

VXLAN BGP EVPN 网络中的 IGMP

图 7-3 显示了一个包含 3 台 VTEP 的示例网络，每台 VTEP 上都配置了 VNI 30001，该 VNI 30001 映射到组播组 239.1.1.1。

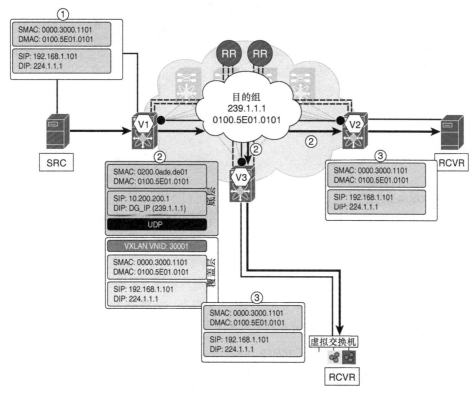

图 7-3　二层组播：覆盖层/底层映射

3 台 VTEP（V1、V2、V3）会加入底层中对应的组播树。在图 7-3 中，我们把步骤用①、②、③进行了标记，图中也标识了组播流量在从（和 VTEP V1 直连的）源转发到（和 VTEP V2、V3）直连的接收方的这个过程中相关的数据包字段。在这里，我们会主要关注在图 7-4 所示的示例拓扑中，组播流量是如何在 VTEP V1 和 V2 之间进行转发的。组播源 A 会提供去往组 224.1.1.1 的组播数据流。和源 A 在同一个桥接域（10）中的端点会无条件接收组播流，无论这是不是它们感兴趣的流量。这是因为 IGMP 监听在这个桥接域中已经被禁用了。因为桥接域 10 扩展到了 VXLAN VNI 30001 中，所以发送到组播组 224.1.1.1 的数据包也会被封装，并在 VXLAN 矩阵中进行发送。这是因为 L2VNI 30001 的所有成员 VTEP 都配置了 L2VNI

和底层组播组 239.1.1.1 之间的映射关系。在本地 VLAN 网段中去往组播组 224.1.1.1 的流量,也适用于 VXLAN VNI 30001 映射的所有远程桥接域(中的流量)。即使组播流量没有感兴趣的接收方,情况也是如此。

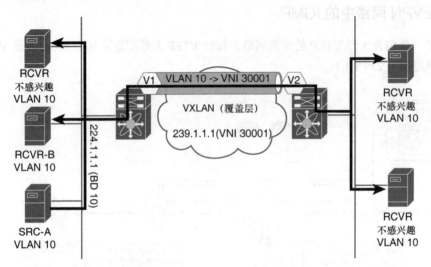

图 7-4 二层组播(无 IGMP)

在本地和远端 LAN 网段启用 IGMP 监听可以优化组播流量转发。因此,对组播流量不感兴趣的端点,或者无法向特定组播流量发送 IGMP 加入消息的端点,就不会接收到流量。Cisco Nexus 平台上的 IGMP 监听增强功能可以在每个 VNI 的基础上区分逻辑 VTEP 接口。如果启用了"标准的" IGMP 监听,VTEP 接口就会无条件加入组播流量的出站接口(OIF)。换句话说,即使一个远端 LAN 网段身后没有感兴趣的接收方,流量还是会沿着 VXLAN 网络进行发送,然后再丢弃。如果边缘设备上有负责某个 L2VNI 的 VTEP,情况也是这样的。

如果在本地和远端 LAN 网段启用了 IGMP 监听,那么只有连接端点的接口是根据 IGMP 信令进行添加的时候,组播源 A 向 224.1.1.1 组提供的数据才可见,如图 7-5 所示。只有感兴趣的接收方通过 IGMP 报告(IGMP 加入消息)表达了兴趣,和源 A 处于相同桥接域(10)中的端点才会接收到组播流量。发送到组播组 224.1.1.1 的数据包也会通过 VXLAN 矩阵进行转发,因为桥接域 10 也会通过 VNI 30001 扩展到整个 VXLAN。

重申一句,即使远端 VTEP(本例中即为 VTEP V2)身后没有感兴趣的接收方,VTEP V1 也会无条件地添加到组 224.4.4.4(对应 VNI 30001)的组播出站接口列表当中。在本地 VLAN 网段中,VTEP V1 对组播组 224.1.1.1 的流量执行的操作,VXLAN VNI 30001 中的所有远端 VTEP 都会照此办理。这是因为只有接收 IGMP 加入报告的端点直连接口,才会接收到去往 224.1.1.1 的组播流量。

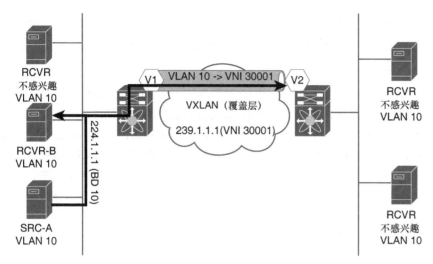

图 7-5　二层组播与 IGMP 监听（仅传统以太网）

即使传统以太网网段启用了 IGMP 监听的增强功能，但只要远端 VTEP 在给定 VNI 中有成员身份，那么流量还是会无条件地转发到 VXLAN 网络。其他增强功能参与了控制基于每个 VNI 添加 VTEP 接口的操作。这些增强功能可以防止组播流量在 VXLAN 矩阵中进行不必要的泛洪。值得一提的是，IGMP 成员报告还是会在 VXLAN 网络中以控制数据包的形式进行泛洪。这种泛洪会触发 VTEP 接口被添加到二层组播流量转发的出站接口列表中。

在启用 IGMP 监听的 LAN 网段中，如果希望有条件地把 VTEP 接口添加到一个 VNI 和覆盖层组播组的组播出站接口列表中，那就需要在桥接域下面配置 ip igmp snooping disable-nve-static-router-port。如图 7-6 所示，从源 A 到组 224.1.1.1 的组播数据流量不会通过

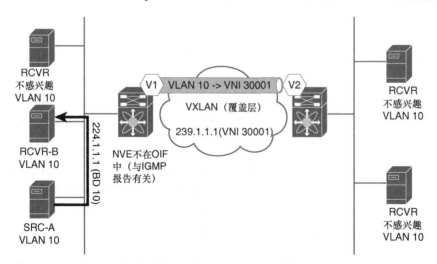

图 7-6　在远端没有感兴趣接收方的场景中，二层组播与 IGMP 监听（针对 VXLAN 的）增强功能

VXLAN 发送给 VTEP V2，因为 VTEP V2 身后没有感兴趣的接收方。和前面的示例一样，
VNI 30001 也通过 VTEP V1 和 V2 扩展了出去。组播流量只会根据 IGMP 加入报告，被转发
给 VTEP V1 身后的感兴趣接收方。

如果接收方 D 在 VTEP V2（参与了 VNI 30001，如图 7-7 所示）身后，并且在组播组 224.1.1.1
中发送了一个 IGMP 加入消息，那么 VTEP V2 会接收到这个消息并且通过覆盖层把这个消
息转发到 VTEP V1。这样一来，VTEP V1 就会被添加到 VNI 30001 和组播组 224.1.1.1 的组
播出站接口列表中。距离源最近的入向 VTEP（VTEP V1）会对组播组 224.1.1.1 中的组播流
量转发进行控制。这样一来，只要任何一个远端 VTEP 上的接收方在 VXLAN 矩阵中发送了
一条 IGMP 加入消息，那每个参与 VNI 30001 的远端 VTEP 都会接收到这个组播流量。这是
因为二层 VNI（L2VNI）和底层组播组之间存在映射关系。即使在底层对转发多目的流量执
行了入站复制，这种做法也不会改变。

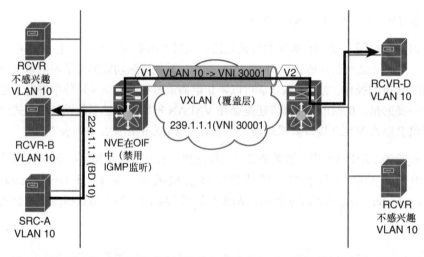

图 7-7　在至少有一个远端感兴趣接收方的场景中，二层组播与 IGMP 监听（针对 VXLAN 的）
　　　　增强特性

只有感兴趣的接收方会接收到组播数据流量——即使 VTEP 接收到了这些流量，这一点和使
用传统的以太网 IGMP 监听是一样的。只有标准 IGMP 监听行为导致 VTEP 连接了感兴趣的
接收方时，组播流量的副本才会通过连接端点的接口转发出去。

注意：　Cisco Nexus 7000/7700 交换机配备了 F3 线卡模块，如果使用的 NX-OS 版本等于或者高于 7.2，那
　　　　么系统的 IGMP 监听就对 VXLAN 进行了增强。Cisco Nexus 9000 交换机如果使用的 NX-OS 版本等
　　　　于或者高于 7.0(3)I5(1)，那么系统也支持这些增强功能。在未来，其他 Cisco Nexus 平台同样会继承
　　　　类似的功能。读者可以查询 Cisco NX-OS 软件版本来了解最新动态。

7.2　vPC 环境中的二层组播转发

如果在 VXLAN 环境中增加 vPC 和任意播 VTEP 的概念，那就需要在 vPC 域中选举角色来执行封装和解封装了。如果选举有误，那么组播流量就会重复，这会给网络带来不良的影响。

在 vPC 环境中，vPC 域中两个对等体的其中一个会被选举为指定转发器（DF）或者封装器/解封器。DF 负责执行 VXLAN 封装，并且把封装后的流量通过底层转发出去。我们在前文中针对多目的流量也提到过，此时外层目的 IP 地址会被设置为 L2VNI 对应组播组的 IP 地址。一般来说，DF 和封装节点也会在 vPC 域中提供解封装节点的功能，如图 7-8 所示，不过这两种功能倒不是必须由同一台设备来提供。比如，如果使用 Cisco Nexus 9000 交换机，那么解封装节点会被选举为两个 vPC 对等体中去往汇集点（RP）开销最小的那个。如果两个 vPC 对等体开销的相同，那么 vPC 主用节点就会被选举为解封装节点。

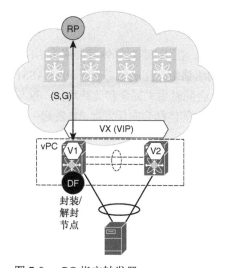

图 7-8　vPC 指定转发器

在 vPC 域的 DF 选举进程中，两个 vPC 成员都会向 RP 发送一个 PIM 加入消息，如图 7-9 所示。PIM 加入消息源自于两个 vPC 成员节点（VTEP 上的第二 IP 地址）所共享的任意播 VTEP IP 地址。RP 会用一个 PIM 消息做出响应，这个响应会被转发到任意播 VTEP IP 地址。RP 只会发送一个 PIM 加入消息，这个 PIM 加入消息会经过散列计算，然后被发送给 vPC 域中的两个 vPC 对等体的其中一个。

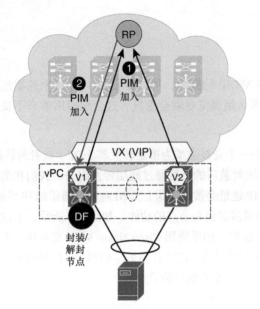

图 7-9 vPC 指定转发器选举

如果一个 vPC 对等体上拥有指向 RP 的(S,G)条目，那么这个 vPC 对等体就会成为 DF；源(S)是任意播 VTEP IP 地址，而组(G)则是分配给 VNI 的组播组。在底层部署了 PIM ASM 的实际 BGP VXLAN EVPN 矩阵部署环境中，任意播 RP 会同时用来冗余和负载均衡。这与本书之前描述的 DF 选举流程并没有区别，因为两个 vPC 对等体都会向任意播 RP 发起一个 PIM 加入消息。接下来，这个消息就会被转发给其中一个 RP。

下面的示例包含了一个场景：二层组播流量会从一个远端的源被发送到 vPC 域身后的双宿主接收方，并且被发送给组 224.1.1.1（如图 7-10 所示）。具体来说，VTEP V3 就会看到从直连组播源（SRC）发送的二层组播流量。如果启用了 IGMP 监听，同时 VTEP 也没有使用命令 ip igmp snooping disable-nvestatic-router-port 来无条件地转发组播流量，那么只有在 SRC 和边缘设备（V3）之间会看到组播流量。

一旦任意播 VTEP VX 背后的双宿主接收方对组播组 224.1.1.1 中的流量感兴趣，它就会发送一条 IGMP 加入消息。IGMP 加入消息会在 VXLAN 网络中泛洪，然后到达 VTEP V3。最终，VNI 30001 中的 VTEP V3 就会被添加到组 224.1.1.1 对应二层组播条目的出站接口列表中。

组播接收方（RCVR）位于 vPC 域中，它会用任意播 VTEP IP 地址来表示。去往组 224.1.1.1 的组播数据流量会到达 vPC 域中的 DF（如果这是解封装节点的话）。在解封装之后，二层组播流量会被转发给传统以太网接口本地直连的接收方（RCVR）。值得说明的是，从(*,G)过渡到(S,G)树的常规 PIM 操作仍然存在。关于该过渡的详细信息这里不会进行介绍，但它会遵循从(*,G)到(S,G)的一般过渡流程。图 7-10 显示了组播流量的有关数据包字段，这是（从

VTEP V3 直连的）组播 SRC 通过 VXLAN 从 VNI 30001 发送到（任意播 VTEP VX 直连的）
双宿主接收方 RCVR 的组播流量。

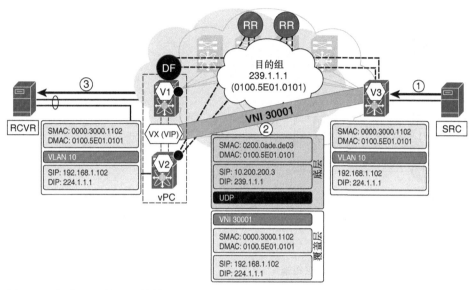

图 7-10　包含 vPC 的二层组播

不是 vPC 域中的所有端点都是双宿主（也就是同时连接到两个 vPC 对等体）。有些端点可能
只连接到两个 vPC 对等体中的一个，它们一般会称为孤儿端点（orphan endpoint）或孤儿
（orphan）。即使组播接收方连接到了孤儿端口，或者（因为一条 vPC 链路断开而）变成了单
宿主的组播接收方，组播流量还是必须正确地被转发给这些接收方。因为 vPC 域中的两个
vPC 对等体，只有一个对等体负责执行解封装，所以流量可能需要通过 vPC 对等体链路进
行转发，这样才能在解封装之后到达邻接对等体直连的孤儿端点。

图 7-11 显示了如何与 vPC 域身后的一个孤儿端点发送和接收组播流量。VTEP V1 和 V2 组
成了一个 vPC 对，其中 VTEP V1 充当 DF 来对 vPC 域的组播流量执行封装和解封装。孤儿
端点会在本地 LAN 网段中发送组播（或其他 BUM 流量）。边缘设备（vPC 成员节点 V2）
会接收到流量，并且做出转发决策。因为 V2 不是这个 vPC 域的 DF，所以组播流量会通过
vPC 对等体链路被发送到 VTEP V1。一旦 VTEP V1（DF）接收到了组播流量，就会对数据
流量进行封装，并且转发给 VXLAN 网络。即使底层传输网络转发多目的流量时会使用组播
或者入站复制，情况也是如此。

在远端 VTEP（图 7-11 中没有）希望向 VTEP V2 直连的孤儿端点发送组播流量时，反方向上
也会发生相同的事情。VTEP V1 不负责解封装这个 vPC 域中使用 VXLAN 封装的多目的流量，
解封装后的流量会通过连接 VTEP V2 的 vPC 对等体链路发送给孤儿端点。因为 VTEP V2 不
是 DF，所以流量不会发送给 VXLAN，而只会转发给孤儿端点连接的那个传统以太网接口。

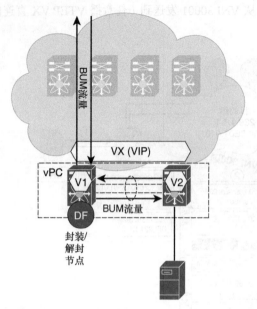

图 7-11　有一个孤儿端点的 vPC 二层组播

到现在为止的所有解释，我们都是在这样的假设中进行的：当使用组播来转发多目的流量时，VXLAN 底层使用的是 PIM ASM。虽然从概念上讲，vPC 的两个节点中应该只有一个负责封装和解封装以避免出现重复，但如果在底层中使用的是 PIM BiDir，那么机制就会发生细微的区别。这种机制和 PIM BiDir 的主要区别在于，底层会使用(*,G)条目来转发多目的流量，而不会使用(S,G)条目来进行转发。

7.3　三层组播转发

当在覆盖层中提供三层组播服务（也称为路由组播）时，通过 VXLAN 扩展一个桥接域就不够了。这里需要使用控制平面协议来通告不同 IP 子网中组播源和接收方的信息，这样就可以对要路由的 IP 组播流量执行正确的转发。在 F&L 部署中，VXLAN VNI 会提供和传统以太网 VLAN 类似的二层模式。为了能够在 VXLAN F&L 环境中转发路由的组播流量，需要建立每租户的 PIM 对等体关系，这就和在 VRF Lite 环境中使用单播路由差不多。不过，考虑到这种每租户的组播对等体关系需要维护的配置和状态，其中这种方案的效率是非常低的。

这一节会探讨 VXLAN BGP EVPN 环境中三层覆盖层组播的集成方式，如图 7-12 所示。虽然在 2017 年年中，Cisco Nexus 交换机发布了三层覆盖层组播转发特性（租户路由的组播），它的目的是为当前的解决方案提供指导，并且介绍如何把这种解决方案集成到 Cisco Nexus 交换机的这个版本中。很多 IETF 提议草案是为了解决在 VXLAN BGP EVPN 网络中处理三层组播流量的问题，其中的一个提议会最终成为实际上的标准。

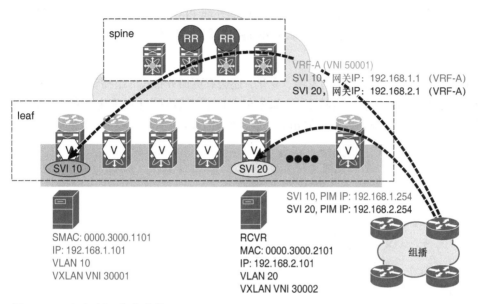

图 7-12 三层组播（集中式的）

如果需要为租户路由的组播提供支持,那么 VXLAN BGP EVPN 就会提供一种集中式的设计方案,这种方案会利用 VXLAN 网络连接的外部 PIM 路由器。在组播流量被转发到外部 PIM 路由器之前,VXLAN 头部会被摘掉。这种方法可以让给定的桥接域中的二层组播从本地传统的以太网 VLAN 网段,沿着 VXLAN VNI 网段扩展出去,并扩展到外部连接的 PIM 路由器。外部 PIM 路由器需要参与到这个组播桥接域中。

为了能够在桥接域和对应 IP 子网之间提供组播路由,那么在所有需要执行组播路由的桥接域中,都应该启用一台 PIM 路由器。外部 PIM 路由器上的 PIM 接口的 IP 地址不需要是对应 IP 子网默认网关的 IP 地址。VXLAN BGP EVPN 矩阵可以继续为分布式 IP 任意播网关提供支持。

只有组播指定的路由器端口会通过启用了 IP PIM 接口的外部路由器来提供。外部 PIM 路由器可以和其他组播路由器建立对等体关系,这和启用了组播路由的传统网络一样。值得一提的是,为了能够实现组播逆向路径转发（RPF）,外部 PIM 路由器需要了解组播源对应的源 IP 地址。在 VXLAN EVPN 矩阵和外部 PIM 路由器之间建立正确的路由对等体关系,这样可以通告所有的源信息。在 PIM 路由器上,RIB 可以找到源地址,路由器则会判断去往该地址的出站接口。如果 RIB 的出站接口和接收到这个组播数据包的接口相同,那么这个数据包就可以通过 RPF 校验。如果组播数据包没有通过 RPF 校验,那么这些数据包就会被丢弃,因为入站接口不在返回源的最短路径上。PIM 路由器上的这种行为和传统网络中的行为完全相同。

通过这种集中式的方式，网络中需要使用专用的外部 PIM 路由器在 VXLAN 覆盖层网络中支持三层 IP 组播服务。一些增强功能把外部路由器集成到了 VXLAN 网络本身的一对边缘设备（或者 VTEP）中。

在未来，随着标准和实现方式的发展、变化，还会有更加分布式的组播转发方式出现。这些标准决定了网络需要哪些功能属性，比如分布式 IP 任意播网关上的完全分布式组播路由器，以及与 BGP EVPN 控制协议进行的相关集成，如图 7-13 所示。

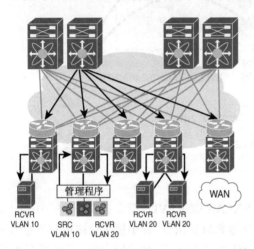

图 7-13　分布式的三层组播（租户路由的组播）

还有其他一些增强功能也会推出，它们只需要多段复制（multistage replication）中的 VXLAN核心中的组插流量的一个副本。最后，在这样的设计方案中，用户还可以考虑对采用 PIM、LISP 或 MVPN 的外部网络采用结构化的切换方法。由于存在真正的三层组播方法，即每台充当分布式任意播网关的边缘设备都成为组播路由器，所以二层组播的需求就可以大大得到减少，或者干脆完全消除二层组播的需求。

7.4　总结

这一章介绍了在 VXLAN BGP EVPN 网络中，转发组播流量的具体操作。这一章也探讨了通过 VXLAN 及其进化技术（IGMP 监听的增强功能）来实现二层组播流量转发。不过，对于vPC 域身后的双宿主和孤儿组播端点，管理员还有一些其他的因素需要考虑。在这一章最后，我们探讨了在目前和未来，VXLAN BGP EVPN 网络对覆盖层三层组播流量的支持。

第 8 章

外部连通性

本章会对以下几项内容进行介绍：

■ VXLAN BGP EVPN 网络中的边界节点连通性；

■ 使用 VRP Lite、LISP 和 MPLS L3VPN 的外部三层连通性选项；

■ 包含虚拟 PortChannel（vPC）的外部二层连通性选项；

■ 使用下游 VNI 分配的 VRF 路由泄露。

数据中心会保存用户的数据和应用，而用户往往是在数据中心外部的。这一章会主要介绍外部连通性的设计方案。我们会描述外部连通性的不同部署方式，以及各类连通性选项。这一章也会探讨三层连通性选项（包括 VRF Lite、LISP 和 MPLS 集成）以及二层连通性选项。对于不支持 IP 和二层通信的应用，本章也会介绍一些设计时应该考虑的内容，包括使用单宿主和双宿主（vPC）的传统以太网选项。

8.1 外部连通性的部署

在探讨 spine-leaf 拓扑的外部连通性时，我们会把外部互联点称为边界节点（如图 8-1 所示）。边界节点可以为二层和三层流量提供去往 VXLAN BGP EVPN spine-leaf 拓扑或者网络矩阵的外部连接。边界节点自身是 VXLAN 边缘设备，它会充当 VTEP 的角色，如果有外部 VXLAN 流量往返于边缘设备下面的端点，则它会负责执行封装和解封装。

边界节点是网络矩阵中的一个全功能的边缘设备，不过该设备关注的重点不同于其他边缘设备。充当 leaf 的通用边缘设备会提供端点和第一跳路由服务的连接。边界节点则是一个过渡节点。边界节点负责转发南北向流量，也就是往返于数据中心内部和外部的流量。

我们在前面曾经提到过，南北向流量和东西向流量不同，东西向流量是服务器到服务器的数据中心内部流量，这种流量是在 leaf 交换机之间进行转发的，它不会穿越边界节点。VXLAN BGP EVPN 网络中的东西向流量我们已经在第 6 章进行了详细介绍，本章的重点是南北向流量。

边界节点和普通 leaf 的最大不同之处在于，边界节点一般没有任何直连的端点（见图 8-1）。分离角色可以简化操作，避免把过多功能集中在一系列专用边缘设备也就是边界节点上。

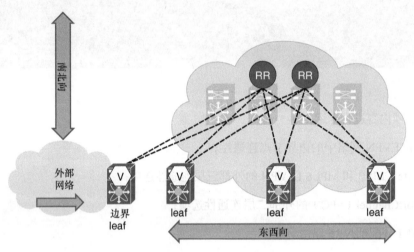

图 8-1　边界节点

为了在合理的边界节点上进行决策，一定要理解在 spine-leaf 拓扑中设置边界节点的可选项。这两种可选项是边界 spine 和边界 leaf，如图 8-2 所示。在给通过 VXLAN BGP EVPN 网络矩阵所需的服务选择正确的边界节点位置时，有很多因素都是至关重要的。

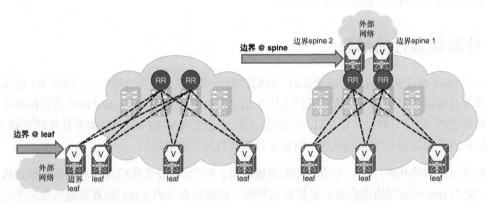

图 8-2　边界节点的部署

在 spine 的位置部署边界节点可以提升南北向流量的效率，方式如图 8-3 所示。如果把边界节点部署在 spine 上，那么所有和 leaf 直连的节点在把流量发送给矩阵之外的网络时，都需要经历一跳。值得一提的是，这和传统的东西向流量有所不同，东西向流量是从 leaf（源）发送给 spine 再发送给 leaf（目的）。把边界节点部署在 spine 上的做法，适用于数据中心矩阵中大部分流量是南北向流量的情形。

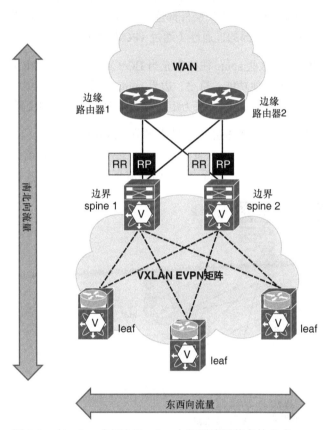

图 8-3　在 spine 或者边界 spine 上部署边界节点的方式

只要把 spine 节点和边界节点结合在一起，那么南北向流量和东西向流量的传输也会结合起来。除了流量，边界 spine 也会变成充当 VTEP 的 VXLAN 边界设备，负责加密和解密南北向的 VXLAN 数据流。我们在前文中提到过，spine 会在边缘设备之间基于外部 IP 头部来路由流量，由此继续为东西向数据流提供底层功能。

在边界 spine 上配置 VTEP 不是问题。因为必须考虑容量规划的需求，才能满足所有南北向和东西向流量，所以需要专门使用 VTEP。spine-leaf 架构和功能分离的主要优势是可以进行扩展，这种架构可以通过添加 spine 来提供更高的带宽和弹性。

扩展（充当边界节点的）spine 也需要增加外部连接接口和邻接关系，来提供去往所有可用网络路径的一致可达性信息。对于那些需要二层外部连通性的应用，边界 spine 还有一些其他需要考虑的因素，特别是在因为这些 spine 节点需要成对地部署（为了提供二层冗余），所以需要两台及以上 spine 的情况下。

成对部署这种做法可以实现 vPC 环境中的二层多宿主。除了在 spine 层创建多个 vPC 对来建立二层连接，管理员可以配置一个 spine 对来提供二层外部连接，这会给二层流量提供统一的可达性。另外，管理员也可以成对建立外部的连通性（通过 vPC 环境实现双宿主）。

在边界 spine 上也可以启用其他的服务。这些 spine 往往会充当 BGP 路由反射器（RR）和组播汇集点（RP）。边界 spine 也需要考虑其他功能。总之，边界 spine 会提供外部连接、支持 VTEP、支持 RR、支持 RP，以及一些基本的功能，来为矩阵传输东西向和南北向流量。

下一种选择如图 8-4 所示，那就是在一台专门的 leaf 上提供边界节点的功能，这台专门的 leaf 称为边界 leaf（border leaf）。边界 leaf 会把南北向流量和东西向流量分离开来。在前面的边界 spine 部署方式中，边界 spine 会充当 leaf-leaf 流量（即东西向流量）和发往外部连接流量

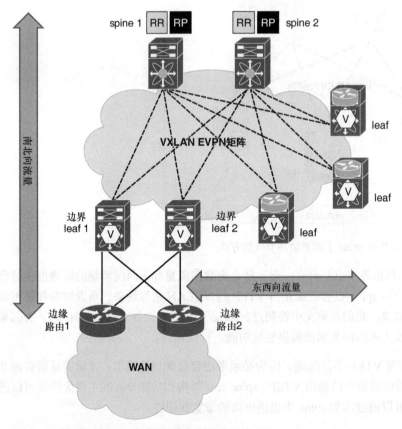

图 8-4   在 leaf 或边界 leaf 上部署边界节点的方式

的过渡节点。边界节点的功能是通过边界 leaf 来提供的，此时 spine 的角色就会发生变化，这是因为 spine 不再对 VXLAN 流量执行封装和解封装。其实，在这种场景中是不需要 VTEP 的。边界 leaf 会充当 VTEP，它会负责对流量进行封装/解封装，并且提供外部连接。换句话说，边界 leaf 负责的是所有南北向流量。从 DC 内流量的角度来看，这种方案会减少人们为边界 leaf 规划容量的需求。人们只需要给南北向流量规划容量。在边界 leaf 部署方案中，给南北向流量增加一跳有可能是不够的。不过，泾渭分明的分离是这种部署方案的一大主要优势，可以从整个矩阵出发提供统一的可达性则是另一大优势。

对于需要二层连通性和需要（通过 vPC 实现）双宿主的应用，我们在边界 spine 环境中介绍的那些需要考虑的因素也同样非常重要。（和边界 spine 相比）减少边界 leaf 上的功能可以简化设计方案，并且反映出核心的差异。更糟糕的是，使用边界 leaf 设计与扩展边界 spine 设计的效果相同。但是，边界 leaf 不适合充当 BGP RR 或者组播 RP，因为这种做法在 spine-leaf 拓扑中效率不高，spine 显然更适合充当 RR 和 RP。

总之，边界 leaf 拓扑还会提供一些特殊的功能，比如外部连通性，以及为矩阵的南北向流量在一个位置点上提供 VTEP 支持。

8.1.1 外部三层连通性

如果通过边界 spine 或者边界 leaf 可以提供外部连接，那就需要考虑 VXLAN BGP EVPN 矩阵与外部网络之间的连接。外部网络包括互联网、WAN、分支机构、其他数据中心或者园区网。所有这些外部网络都需要通过一套公共的协议来建立通信。

在下面的内容中，我们会介绍 VXLAN BGP EVPN 结构中流行的第三层切换做法。要注意，切换会让 VXLAN 封装发生在边界节点上，然后进行适当的转换来把流量传输到外部，同时仍保留发起这组流量的唯一 VRF 或者租户。切换的做法有很多，包括 VRF Lite、LISP 和 MPLS L3VPN。在开始介绍切换技术之前，我们先介绍一下边界和外部网络之间的不同物理连接。

8.1.2 U 形和全互联模式

本节内容会描述把边界节点连接到外部网络的主要物理连接方式。无论外部连接是通过边界 leaf 还是边界 spine 来提供，都可以使用两种主要的接线模型来提供冗余的边界节点。最常见的模型，同时也是最推荐的模型是全互联模型。通过这种方式，每个边界节点都会连接到各个边缘路由器，如图 8-5 所示。例如，在有两个边界节点和两个边缘路由器的环境中，那就会使用 4 条链路来建立一个具备高度弹性的外部连接部署方案。在使用全互联的连接模型时，边界节点之间不需要连接链路。全互联的模型会提供任意的连通性，以便路由信息的交换可以实现同步。

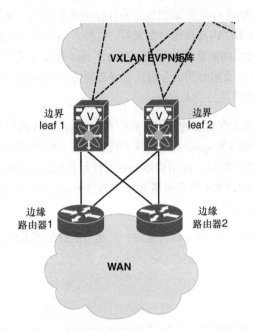

图 8-5　全互联的边界节点

从路由的角度来看，全互联的连通性有点乱，但是这种模式是最简单的，同时也是效率最高的。值得一提的是，全互联的模型不需要边界节点之间进行另外的同步。另外，全互联模型的一大优势在于，在某条链路出现故障的时候，不可能出现流量黑洞。只有在一个边界节点上的所有链路全都断开的时候，才会有 50%的流量会进入黑洞。

另一种连接边界节点和边缘路由器的全互联模型是 U 形模型。U 形边界节点如图 8-6 所示。这是直通模型的一种更有弹性的改进版。如果要用一个边界节点连接到一台边缘路由器，那么采用直通模型是更加常见的做法，它是把矩阵连接到外部网络的一种非冗余的方式。因此，这种方式一般来说并不推荐。

如果使用 U 形模型，那么两个边界节点和两个边缘设备就会使用直通模型相互连接。一旦链路发生故障或者一个节点发生了故障，那么 50%的流量就有可能会进入黑洞。为了防止流量黑洞，边界节点之间需要（并且也推荐）进行交叉互联。边界节点之间会通过交叉互联的链路建立路由对等体会话，如果边界节点和边缘路由器之间的直通上行链路出现了故障，那么交叉互联的链路也会提供重定向的路径。交叉链路可以提供另外的网络流量路径，从而不需要建立全互联的模型。交叉链路会让边界节点和边缘路由器之间的直通连接看上去就像一个"U"字，U 形模型由此得名。U 形模型也不需要进行有条件的通告。VXLAN

BGP EVPN 内的流量也可以到达两个边界节点，然后通过直连的路径或者另外的交叉链路转发到外部链路。

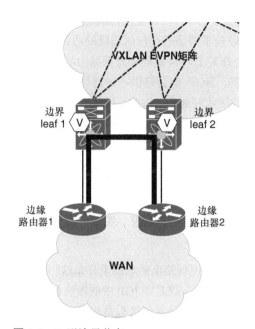

图 8-6 U 形边界节点

全互联和 U 形模型都能够提供去往外部链路的必要弹性。虽然全互联模型可以在大部分故障场景中提供更加强大的弹性，但 U 形模型提供的充分冗余性可以避免在基本情境下出现流量黑洞。两种模型都被广泛采用并在现场部署。总之，在发生故障时，全互联连接模型是最佳的，并且是最佳的流量转发模型。

8.1.3 VRF Lite/AS 间 Option A

BGP EVPN 控制平面集成了三层多宿主。MP-BGP 可以通过一条 BGP 会话来给多个 VRF 示例跨越 VXLAN 网络来传输信息。有一些不同的可选项，可以把 VRF 或 VPN 信息从基于VPN 的地址族（L2VPN EVPN）网络传输到非 EVPN 网络。最简单的可选项是使用 VRF Lite或者 AS 间 Option A。

在 VRF Lite 环境中，边界节点拥有所有 VRF 实例，并且会把相关的三层前缀信息通过 EVPN网络发送给边缘设备，以进入各个专门 VRF 的路由表中。设备会通过相关的路由协议（在控制平面）来和外部路由器交换路由信息。

除了在每个 VRF 上支持静态路由，动态路由协议也可以实现 VRF 之间的隔离。这就会在每个 VRF 上执行路由协议。路由协议都有自己的路由示例和地址组，可以用来创建与外部路由器之间的路由对等体会话。虽然这是最简单的 AS 间可选项,但这也是扩展性最差的一种可选项,因为每个 VRF 都需要提供三层接口并且建立对等体会话。

可以选择的路由协议有很多种。因为矩阵已经实施了 BGP,所以复用相同的路由协议(eBGP)可以提供各种各样的好处,比如可以内嵌通告,以及不需要进行任何明确的协议分发等。BGP 会提供明确的自治系统隔离,这可以在 VXLAN BGP EVPN 矩阵和外部路由域(包括 WAN、园区网或者其他外部网络)之间实现架构的切换。BGP 也会提供一种选择来配置大量路由策略,这些路由策略可以控制网络可达性信息的接收和通告。因此,网络管理员可以创建适用于某个特定域的客户路由策略。由于每个邻居都会关联一个特定的自治系统号(ASN),所以管理员可以给每个邻居实施不同的路由策略。

尽管 BGP 确实是提供外部连通性的一种理想的协议,但是普通的静态路由和其他动态路由协议(如 OSPF、EIGRP、IS-IS)也一样可以使用。

因为这些协议都不会和矩阵覆盖层内的控制协议(BGP)进行交互,所以管理员就必须配置重分布,才能让网络正常实现 IP 前缀信息的交换。

关于如何在外部世界和 VXLAN BGP EVPN 网络之间进行路由信息的重分布这一问题,每个动态路由协议都有各自的需求。例如,和从 iBGP 重分布到其他 IGP 中的做法相比,在 IGP(即 OSPF 到 EIGRP)之间重分布 IP 前缀信息,这两个重分布的进程是相当不同的。因为所有 iBGP 路由默认都会被标记为内部路由,所以这些路由不会通告到 IGP 中。

把所有 iBGP IP 前缀信息重分布到 IS-IS、OSPF 或者 EIGRP,需要进行额外的配置。如果使用的系统是 NX-OS,那就需要配置一个 route-map 来匹配对应的 iBGP 内部路由。例 8-1 显示了如何把 iBGP 路由重分布到 IGP(如 OSPF)中。这里应该注意的是,这样做只会重分布那些源自 BGP 的路由。从其他路由协议重分布到 BGP 的路由不会反过来进行重分布。

例 8-1 把 iBGP 路由重分布到 OSPF 中

```
route-map RM_iBGP_ALLOW permit 10
  match route-type internal

router ospf EXTERNAL
  vrf VRF-A
    redistribute bgp 65001 route-map RM_iBGP_ALLOW
```

在把 iBGP IP 前缀通过相应的路由协议通告到外部网络时,还有一些关于汇总整个 IP 前缀空间的考虑因素也不能忽略。通过汇总路由与详细路由、纯汇总路由和全涵盖的超网汇总路由这几种方式中的一个,主机路由(132 或 1 128)必须对外部网络是可用的。在 BGP 之外,IGP 路由协议也要拥有过滤功能。如果外部连接必不可少,那么可以考虑使用合理的路由过滤方式。

除了用路由协议来和外部网络交换 VRF 信息，并且有能力实现控制平面分离之外，数据平面也需要让不同的 VRF 的数据流量在离开边界节点时相互分离。如果边界节点和外部路由器之间使用一条物理链路进行连接，那么可以使用 IEEE 802.1Q 标记来给每个 VRF 分配一个专门的标记，以此实现 VRF 之间的相互隔离，如图 8-7 所示。我们在前文中曾经提到，通过 12 位的 VLAN 字段可以把最多 4000 个标记分配给各个不同的物理接口。给各个 VRF 分配不同的 VLAN 标记可以确保 VRF 之间的相互隔离不仅发生在控制平面，而且发生在数据平面。这就可以让 VRF 的流量和其他流量相互隔离并进行传输。

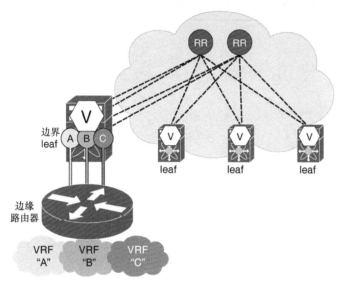

图 8-7 VRF Lite

在边界节点和外部路由器之间实施 VRF Lite 有两种不同的做法。第一种方法是配置三层接口（交换机虚拟接口 SVI），第二种方法是在物理的路由接口上配置子接口。

第一种方法需要把物理接口配置为 IEEE 802.1Q（dot1q）的 trunk 端口。SVI 会以 VRF 为单位发起路由协议对等体的建立，同时 SVI 也会充当路由的下一跳。在边界节点和外部路由器之间配置一条 dot1q trunk 链路，可以为三层路由和转发来使用二层传输。这种方法无法实现边界节点和外部路由器这两个网络域之间的任何二层控制平面信息交换。

第二种方法是在边界节点和外部路由器之间的物理接口上（使用 no switchport 进行配置）实施子接口。子接口只需要给某个 VRF 的流量打上 dot1q 标记。物理接口会自动禁用二层的功能。路由协议建立对等体关系，以及下一跳的可达性都会用到子接口。在子接口上，接口和 IP 之间有对应关系，所以接口关闭时会生成信令消息，从而路由协议的对等体会话会断开，并导致流量收敛到另一条路径中。如果使用这种基于 SVI 的方式，那么物理接口关闭检测就需要确保 SVI 也关闭了，继而关闭对应的路由协议对等体会话。

子接口信令检测是一种简单的双向转发检测（BFD）。BFD 能够提升（在对应路由接口，即本例子接口上启用的）路由协议的故障切换检测。如果需要提供外部二层的连通性（例如，需要实现数据中心互连（DCI）），提供四～七层服务，那就可以使用（提供二层连通性的）专用接口，来把连通性和 VRF Lite/子接口的方法相结合。这个新增的接口可以工作在纯二层的模式下，而且可以被配置为一个 dot1q trunk 端口。如果要实现二层冗余，那就推荐使用 vPC。例 8-2 所示的为使用子接口实现 VRF Lite 与 BGP 相结合的场景。

例 8-2　在边界节点上使用子接口实现 VRF Lite 与 BGP 相结合

```
# Subinterface Configuration
interface Ethernet1/10
  no switchport
interface Ethernet1/10.1002
  mtu 9216
  encapsulation dot1q 1002
  vrf member VRF-B
  ip address 10.2.2.1/30
  no shutdown

# eBGP Configuration
router bgp 65501
  vrf VRF-B
    address-family ipv4 unicast
      advertise l2vpn evpn
      aggregate-address 192.168.0.0/16 summary-only
    neighbor 10.2.2.2 remote-as 65599
      update-source Ethernet1/10.1002
      address-family ipv4 unicast
```

客户经常会问，如果要建立基于 VRF Lite 的外部连通性，最佳实践是什么？如果建立三层连通性和路由对等体，那就推荐使用子接口，如例 8-2 所示。

对于路由协议来说，在边界节点和外部路由器之间运行 eBGP 是推荐的做法。如果有建立二层外部连通性的需求，那么推荐实施 vPC 来建立二层连通性，从而实现多宿主和高可用性。从操作和技术上看，使用 VRF Lite 的做法是有利有弊，利弊取决于具体的环境，以及该网络是新建项目还是改造项目。

8.1.4　LISP

LISP 和 VRF Lite 类似，它也可以提供外部的连通性，可把三层多宿主从 VXLAN 矩阵扩展到企业的其他角落。虽然 VRF Lite 和 LISP 都可以提供多宿主，但是 LISP 交换可达性信息和传输多宿主流量的方式是不同的。底层网络是不知道 LISP 数据平面封装的，因此 LISP 数据平面封装会通过传统的二层需求（如 Ethernet、FabricPath）和标签交换技术（如 MPLS）

来提供简化的操作。

另外, LISP 架构会采用一种"推"的方式来交换可达性信息, 而传统的路由协议则会采用 "拉"的方式。在我们详细介绍 LISP 和 VXLAN BGP EVPN 矩阵集成之前, 本节会首先对 LISP 进行简单的介绍, 同时着重强调 LISP 那些确保其扩展性的不同特性。

LISP 是一种下一代路由架构。它基于一种独立于拓扑的地址机制和一种按需的查找方式来 做出转发决策。LISP 也会基于映射数据库来提供自己的可达性协议。另外, LISP 也有自己 的数据平面封装。LISP 数据平面封装与 VXLAN 数据平面的格式非常类似。VXLAN/LISP 的封装如图 8-8 所示。LISP 和 VXLAN 头部的主要区别在于, VXLAN 是一种 MAC-in-IP/UDP 的封装, 而 LISP 则是一种 IP-in-IP/UDP 的封装。

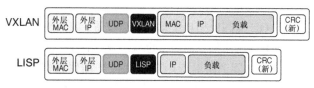

图 8-8 VXLAN/LISP 的封装

为了详细介绍 LISP 是如何实现位置(定位符)和端点(ID)相互分离的, 我们首先比较一 下传统的路由协议, 如图 8-9 所示。

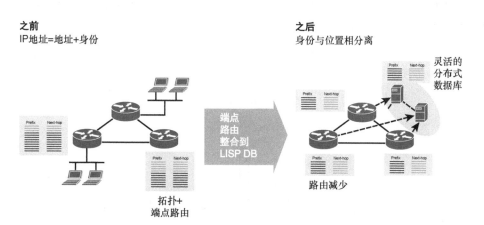

图 8-9 LISP 与传统路由的比较

如果使用传统的路由协议, 那么这种网络的操作模式就是端点会和位置进行绑定。传统路由 协议的方法利用分层的编址方式, 即端点(主机 IP 地址)会绑定到 IP 子网。这样端点自然 就会关联到路由器的位置, 该路由器用于配置或者定义 IP 子网。

传统的路由协议只需要处理 IP 子网前缀, 主机 IP 地址会进行汇总。所以, 路由器转发表中的路由表和资源消耗是可管理的。另外，端点的移动性是部署在二层的，这表示（IP 子网所在的）路由器的位置不会发生变化。

即使有可能通过新的位置从 IP 子网中提取出一个端点地址（IPv4 中的 / 32 或 IPv6 中的 / 128），传统路由协议在扩展路由条目方面还是面临着挑战。鉴于部署方案开始朝着一个完整第三层模型的方向发展，因此基于主机的路由就成为了必要的条件。通过传统路由协议来通告所有主机 IP 地址会让硬件路由表的资源耗竭。

如果使用 LISP，那么端点的身份就会和位置解耦，这两种属性之间的关联会保存在一个映射系统中。这样一来，负责在位置[路由定位符（RLOC）]之间提供可达性的基础设施就会变得更加轻量，同时也更容易扩展。只有拓扑的信息是必要的，因为端点信息会添加到 LISP 覆盖层中。

传统的路由协议经过了优化，可以在 RLOC 空间或拓扑中提供端点位置。如果把端点的地址信息移动到覆盖层中，那么 RLOC 空间了解这些信息的需求也就不复存在了。这就提供了一种层级的抽象。通过这一层抽象，入向 LISP 隧道路由器（iTR）就会查询[保存相关端点（身份）信息及其对应 RLOC（位置）的]LISP 映射服务器。根据查询的结果，iTR 会在 LISP 头部中添加对应的目的 ID 和 RLOC。

这个基础设施环境中的其余部分都不知道端点的信息，所以只有 LISP 封装的数据包被发送到目的 RLOC。接下来，这个数据包就会被解封装，然后发送给目的端点。出向隧道路由器（eTR）也会对反向流量执行相同的操作。

LISP 这种"拉"操作或者按需模型，比起传统路由协议的那种"推"操作来说，拥有很多优势，如图 8-10 所示。

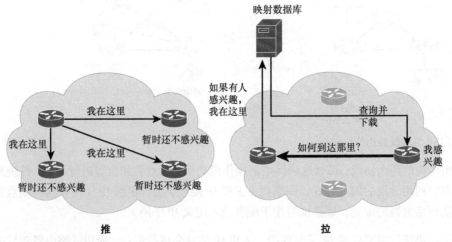

图 8-10　路由的"推"与"拉"

如果使用传统的路由协议，那么只要路由器学习到了一个给定路由域的信息，这些信息就会立刻被发送给所有参与这个路由域的其他路由器。即使这些路由器那时对某条路由还没有兴趣，它们还是会接收这些信息，然后处理这些信息。如果本地策略允许，这些路由器也还是会把这些信息安装在硬件表中。这会消耗 CPU 和内存资源，这些资源本来可以用来计算路由路径，并在路由信息库（RIB）、三元内容可寻址存储器（TCAM）和转发信息库（FIB）中保存信息。

RIB 和 FIB 中的大表（big table）状态可以直接影响扩展性和收敛时间。LISP 引入了一种不同的行为，这种行为在利用/消耗计算和资源方面更加温和。如果学习到了一个新的 IP 子网或者端点，那么直接关联的 LISP 隧道路由器就会在 LISP 映射系统中生成这种信息。只有负责产生信息和映射 LISP 的路由器才会参与。

如果两个端点之间发起了通信，那么按照我们之前所说，只有通信的源（iTR）会查询 LISP 映射设备来按需下载所需的路由信息。查询的结果会显示出向隧道路由器（eTR）的位置，其中包含 RLOC 的 IP 地址。

只有 iTR 和 eTR 会参与路由转发操作。只有在 iTR 和 eTR 之间才会发生路由需求（拉）和路径计算操作。因此，CPU 和内存消耗只会发生在通信节点上。另外，TCAM 和 FIB 中的资源消耗行为只会发生在参与的节点上，所以从整个路由域的角度来看，这种方式下的硬件资源的利用效率更高。

总之，如果使用 LISP，路由表中的 IP 地址就只有保存在映射系统中的位置信息（RLOC）和身份信息（EID）。在端点移动的情况下，身份信息只会映射为 LISP 覆盖层中的新位置。参与通信（转发）的入向和出向 LISP 隧道路由器只会把身份和位置信息保存在 LISP 映射系统中。

LISP 为网络覆盖层提供了很多功能、优势和选择，包括移动性、扩展性、安全性和支持 DCI 的选项。因此，LISP 和其他覆盖层技术相比，拥有很多巨大的优势。

如果只看移动性方面的案例，那么 LISP 可以让 IPv4 和 IPv6 网络实现 IP 前缀地址族可移动的功能。它的按需特性（或者说"拉"的做法）可以提供扩展性，因此每个端点都可以具备 IP 前缀的移动性（可携带型）。LISP 移动性和扩展性相结合，就可以提供端点的移动性，同时只会消耗相关设备（按需）的硬件资源。

LISP 的安全性包含在用来实现分隔的租户 ID（实例 ID）中，这可以实现端到端的三层多宿主。LISP 的三大元素（移动性、扩展性和安全性）可以实现数据中心互连，从而可以通过一种安全的方式来支持高扩展的 IP 移动性。当一个端点（ID）在数据中心之间移动时，租户的隔离也必须能够继续得到保障，流量应该能够通过优化的方式转发到正确的目的地（位置），也就是端点（ID）移动到的那个目的。LISP 的这种位置和端点地址空间的解耦，可以实现入向路由优化，这是 DCI 案例的一大优势。

LISP 可以和 VXLAN EVPN 矩阵进行集成，这样就可以提供从 BGP EVPN 控制协议到 LISP 映射数据库的可达性信息交换。如果和 LISP 进行了集成，边界节点就要提供多重封装网关的功能。需要在这种网络中实施一系列的边界节点，来从 VXLAN BGP EVPN 基础设施向 LISP 传输网络执行路由转发。

在集成外部连接的环境中，边界节点也会变成 LISP 隧道路由器（xTR），如图 8-11 所示。这可以让两种不同的封装与控制平面协议组合起来，并把这些功能组合到"一个盒子"的解决方案中，而不是采用 VRF Lite 那种"两个盒子"的方法。

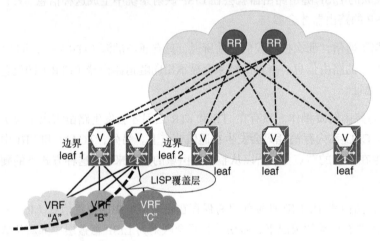

图 8-11　LISP 边界节点

除了"一个盒子"的解决方案，LISP 也可以给外部连接提供很多好处。其中一大好处是 LISP（按需，或者说采用"拉"的方式）把可达性信息安装到网络节点的方式。如果使用 LISP，隐藏端点 IP 信息（/32 或者/128）的需求就不存在了。LISP 也会提供按需或者"拉"的方式来适应端点可达性信息的规模。这可以让所有参与的网络节点消耗更少的资源。

使用 LISP 的另一大好处在于，所有端点可达性信息都会在 LISP 数据库进行注册。这可以降低网络硬件资源的消耗，同时优化入向的路径选择。例 8-3 提供了 VXLAN BGP EVPN 矩阵中，边界节点上相关 LISP 配置的摘要。

例 8-3　使用 LISP 扩展 VXLAN BGP EVPN

```
# LISP Configuration
feature lisp

ip lisp itr-etr
ip lisp itr map-resolver
```

```
ip lisp etr map-server 10.8.12.9 key MY_MS_KEY

# VRF Configuration
vrf context VRF-A
  list instance-id 10
  ip lisp locator-vrf default
  lisp dynamic-eid MY_LISP_SUBNETS
    database-mapping 192.168.0.0/16 10.8.2.46 priority 1 weight 50
    register-route-notification tag 65501

# BGP Configuration
router bgp 65501
  vrf VRF-A
    address-family ipv4 unicast
      advertise l2vpn evpn
```

8.1.5 MPLS 三层 VPN (L3VPN)

MPLS L3VPN（多协议标签交换三层虚拟专用网络）和 VRF Lite、LISP 类似，它也会提供外部连通性，同时保留 VXLAN EVPN 网络中三层多租户的完整性。在 MPLS L3VPN 环境中，可达性信息的交换和在 BGP EVPN 中的相似，也就是基于多协议 BGP 来实现。

MPLS L3VPN 会在数据平面中使用标签交换来隔离线路上的各个租户。为此，设备除了在每一跳使用标签之外，还会使用 VPN 标签。VXLAN 和 MPLS 在实现上的差异在于两者使用了不同的网络层可达性信息（NLRI），每种协议使用了不同的地址族。VXLAN EVPN 会使用 L2VPN EVPN 地址族，而 MPLS L3VPN 则会对 IPv4 使用 VPNv4 地址族，对 IPv6 使用 VPNv6 地址族。

VXLAN BGP EVPN 与 MPLS L3VPN 的互联可以用一种集成方式在 EVPN 地址族和 VPNv4/VPNv6 地址族之间交换三层可达性信息。这种方式会利用边界节点的位置来提供多重封装网关功能。MPLS L3VPN 边界节点会把流量从 VXLAN BGP EVPN 基础设施路由到基于 MPLS L3VPN 的传输网络。

通过这种集成的外部连通性方式，VXLAN BGP EVPN 边界节点也就变成了 MPLS L3VPN 运营商边界（PE），这种角色称为边界 PE（BorderPE）。这样就可以用"一个盒子"的解决方案把两种不同的封装和地址族结合起来，而不使用传统服务提供商 CE-PE 路由部署中使用的"两个盒子"的解决方案，如图 8-12 所示。

VXLAN 网络边缘的 BorderPE 会在控制平面和数据平面之间执行网络互联，来实现租户的隔离。BorderPE 模型会让 iBGP 保留在 VXLAN 矩阵中，而与 MPLS PE 之间的外部对等体关系则会通过 eBGP 来建立。这会在数据中心内部建立起不同的 BGP 自治系统，从而利用当前 WAN 或 DCI MPLS 自治系统的配置。这种 AS 间的方式可以让所有其他 MPLS L3VPN

PE 或 BGP 路由反射器使用 eBGP。

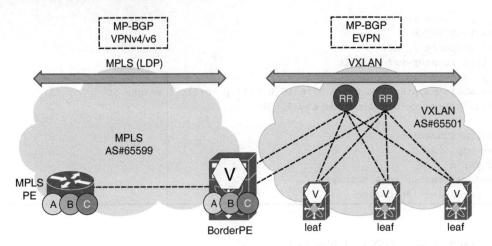

图 8-12　边界节点与 MPLS 的结合（BorderPE）

VXLAN BGP EVPN 矩阵会从对应的 VTEP 上使用类型 5 路由来宣告 IP 子网前缀，同时使用
类型 2 路由来宣告主机 IP 地址（IPv4 为 /32 地址，IPv6 为 /128 地址）。在各个 leaf 交换机上，
路由信息是专属于每个 VRF 或者三层 VNI 的。边界节点会通过 EVPN 接收到这些信息，并
且向 L3VPN 地址族（VPNv4/VPNv6）重新发起这些信息。管理员输入一条命令就可以让设
备从 EVPN 向 VPNv4/VPNv6 重新发起信息（见图 8-13），并且把与 EVPN 有关的前缀导入
L3VPN 格式，这条命令为：l2vpn evpn reoriginate。

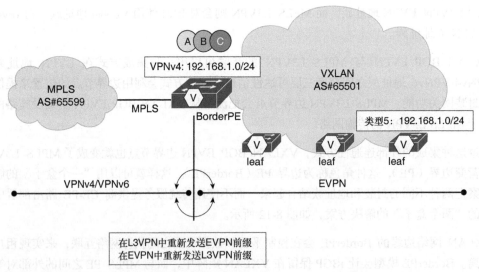

图 8-13　BorderPE 重新发起信息

另一个方向也会执行类似的操作，即 VPNvx 相关的前缀会在 EVPN 地址族中重新发送。除了重新发起信息有关的 BGP 地址族配置，还需要在扩展的 VRF 上添加其他路由目标，来匹配 MPLS L3VPN 端的配置。

匹配路由目标信息的做法是很直截了当的，需要从 MPLS L3VPN 自治系统使用适当的导入和导出语句，并使用 EVPN 自治系统来驱动标签打标。这和传统的实施方案类似，即通过 MP-BGP 控制平面来驱动 MPLS 标签打标。通过完全相同的方式，BorderPE 会通过控制平面学习和对应的数据平面操作来执行集成。例 8-4 提供了在 VXLAN BGP EVPN 网络中，一台典型 BorderPE 节点上相关的配置示例。

例 8-4 使用 MPLS 扩展 VXLAN BGP EVPN

```
# VRF Configuration
vrf context VRF-A
  vni 50001
  rd auto
  address-family ipv4 unicast
    route-target both 65599:50001
    route-target both auto
    route-target both auto evpn

# BGP Configuration
router bgp 65501
  neighbor 10.2.2.2 remote-as 65599
    update-source loopback254
    address-family vpnv4 unicast
      import l2vpn evpn reoriginate
  neighbor 10.10.10.201 remote-as 65501
    address-family l2vpn evpn
      import vpn unicast reoriginate
  vrf VRF-A
    address-family ipv4 unicast
      advertise l2vpn evpn

# Interface Configuration
interface ethernet 1/10
  ip address 10.2.2.1/30
  mpls ip
```

要想把主机和子网前缀信息从 EVPN 宣告到 L3VPN 中，最佳实践是汇总和过滤无关的路由信息。在 EVPN 环境中，这就包括宣告 IP 子网路由以及抑制主机路由（IPv4 为/32 地址，IPv6 为/128 地址）。

即使终端主机路由信息被抑制了，EVPN 网络还是可以支持静默主机检测。到达边界节点的外部流量会匹配 IP 子网路由条目，并且会通过 ECMP 转发到其中的一个（服务该 IP 子网的）

leaf 节点。这台 leaf 还是会匹配对应的子网前缀路由，但是匹配的结果是直连的邻接设备。在这个 leaf 节点上，ARP/ND 触发的静默端点检测就会发生，这样直连 leaf 节点身后的端点就会被检测到。一旦检测到静默主机，对应的主机路由就会通过 EVPN 通告给边界节点，而边界节点则会直接把流量发送给对应的出向 VTEP。

通过重新发起控制层信息和执行相关的数据平面操作，BorderPE 可以为 VXLAN BGP EVPN 网络提供与 MPLS L3VPN 集成的方法。通过标签交换传输，可以为 WAN 连接或者 DCI 实现经过简化过的多宿主传输。

8.1.6　外部二层连接

外部连接往往是通过三层来实现的，本章到目前为止主要关注的也是三层的内容。不过，如果需要进行一些桥接通信，那么就必须在二层进行结构化的通信。需要在两个数据中心之间建立二层连通性的常见情形包括非 IP 通信以及特殊的应用需求等。

需要建立外部二层连通性的情形之一和端点移动性有关。这类案例需要通过传输逆向 ARP（RARP）消息来为移动操作提供专门的信令消息。RARP 天然需要二层的连通性；RARP 是一种非 IP 数据包，其 Ethertype（以太类型）字段为 0x8035。

如果基于生成树的传统以太网网络需要集成到 VXLAN BGP EVPN 网络中，那就形成了另一个需要建立外部二层连通性的情形。在这类环境中，针对互联、集成、多宿主和避免环路等需求，都有一些因素需要考虑。有一项很重要的因素需要特别注意，那就是在 VXLAN BGP EVPN 矩阵中，四～七层的服务（如防火墙、IDS/IPS 和负载均衡等）往往需要通过传统以太网建立的二连连接来实现。这些场景会在其他章节进行进一步探讨。

对于前面探讨的所有场景，都不应该采用单链路的传统以太网链路，因为这种方式缺少冗余和容错机制。因此，需要在网络中实施二层连通性、双宿主或多宿主技术。在 VXLAN BGP EVPN 环境中，可以通过 vPC 来实现双宿主，也可以通过扩展 EVPN 控制协议来支持多宿主。后一种做法不需要两台网络交换机紧密配对，而且使用范围比双宿主的更广。虽然所有 Nexus 平台都支持通过 vPC 来支持 EVPN，但是我们推荐读者在部署之前先查看该平台的信息，以了解哪些平台支持 EVPN 多宿主。

在边界节点上部署二层连通性（见图 8-14）的做法类似于 VRF Lite 的"两个盒子"方案。边界节点会向 VXLAN BGP EVPN 网络和二层传统以太网服务提供双宿主或者多宿主。传统的以太网服务会利用外部连接服务（如二层 DCI、传统生成树网络或者四～七层服务）使用的 IEEE 802.1Q 功能。

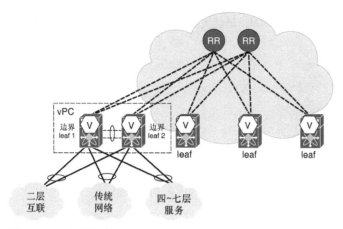

图 8-14   二层连通性

8.2   传统以太网与 vPC

传统以太网与 vPC 会和传统面向端点的接口采用相同的配置。参与 vPC 的对等体设备会共享一个公共的虚拟 VTEP IP 地址，这个地址称为任意播 VTEP IP 地址。该操作可以让两台设备都能转发和接收二层流量。

当 vPC 对等体通过传统以太网学习到端点的 MAC 地址可达性信息时，对等体就会把这条信息提供给 EVPN 控制协议，同时把这条信息与 VIP 或者任意播 VTEP IP 地址关联起来，充当对应的下一跳。要注意，vPC 只负责在 vPC 域中同步二层信息。因此，如果把 vPC 和三层结合起来使用，vPC 对等体之间就需要同步路由表信息。同样，对于一对 vPC 对等体来说，端点 MAC 地址对应的主机或者端点 IP 地址（IPv4 或 IPv6）会通过类型 2 路由进行通告，同时会以任意播 VTEP IP 地址作为对应的下一跳。

另一种方法是用各个边界节点的 IP 地址来专门宣告 IP 子网前缀信息（类型 5 路由）。在 vPC 对等体之间保证路由和桥接信息的同步是非常重要的，尤其是在二层/三层边界节点之间。vPC 和路由的内容我们已经在前面的章节中进行了探讨，这里关注的是基于 STP 的传统以太网网络，以及它与 VXLAN BGP EVPN 矩阵之间的集成。

VXLAN 并不天然与 STP 进行集成，因此启用了 VXLAN 的桥接域总是处于转发状态。BPDU 不会通过点到多点的 VXLAN 网络进行传输，因此南向的传统以太网环境也需要是无环的。

如果传统的以太网交换机在下游连接了两个不同的 VTEP，那么它们连接的 VLAN 就会处于转发状态。由于 BPDU 交换不会通过 VXLAN 封装来进行转发，因此下游的传统以太网网络是不知道冗余链路的，这就会导致出现传统的二层环路，如图 8-15 所示。

有很多方式可以把从双上联的以太网网络到 VXLAN 的端口阻塞。不过，要让基于 STP 的传统以太网网络通过多宿主的方式连接到 VXLAN，最佳实践就是实施 vPC，如图 8-16 所示。

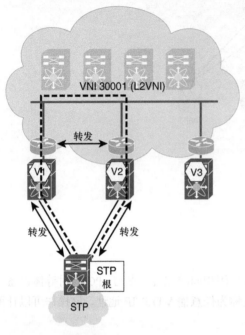

图 8-15 二层环路

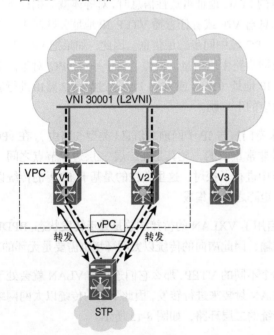

图 8-16 使用 vPC 和传统以太网的 VXLAN

如果在连接传统以太网网络和 VXLAN 网络时使用 vPC 技术,可以实现逻辑上的无环拓扑。这也可以利用 EVPN 多宿主来实现。

除了 VXLAN 的特定连接需求之外,保护网络边界也非常重要,这也是推荐的做法。传统的二层工具(如 BPDU 防护(BPDU guard)、根防护(root guard)、风暴控制(storm control))可以在任何一台传统以太网边缘端口上提供保护机制。这种工具可以让边界受到保护,防止故障被传播出去。这样一来,网络的稳定性就可以得到保护。

8.3 外联网和共享服务

在很多情况下,人们需要部署在不同租户(即 VRF)之间共享的服务,包括 DHCP 和 DNS 等服务。这些共享的服务可以部署(或者连接)在矩阵中某些 leaf 节点的"共享" VRF 上。这样一来,管理员可能就要放行租户 VRF 和共享 VRF 之间的通信。这可以通过路由泄露来实现,这部分内容我们会在这一节中进行介绍。部署外联网时也可以使用相同的机制。

8.3.1 本地/分布式 VRF 路由泄露

虚拟路由转发(VRF)可以让一台网络路由器/交换机拥有多个虚拟路由和转发实例。一般来说,每个 VRF 都会关联一个唯一的 VRF 标识符。VRF 路由泄露允许在相同网络路由器的多个 VRF 实例之间泄露前缀信息,如图 8-17 所示。

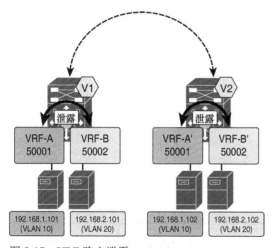

图 8-17 VRF 路由泄露

使用这种方式,就不需要使用一条环回线缆通过外部路由实例去连接泄露的 VRF 了。互联网接入 VRF、共享服务 VRF 和集中式服务 VRF 往往都是使用 VRF 路由泄露的常用案例。

总的来说，VRF 路由泄露是 MP-BGP、VRF 和对应路由目标（RT）相结合所提供的一种固有的功能，如例 8-5 所示。

例 8-5   VRF 路由泄露的概念

```
# VRF Configuration at Ingress VTEP (V1)
vrf context VRF-A
 vni 50001
 rd auto
  address-family ipv4 unicast
    route-target both auto
    route-target both auto evpn
    route-target import 65501:50002
    route-target import 65501:50002 evpn
vrf context VRF-B
 vni 50002
 rd auto
  address-family ipv4 unicast
    route-target both auto
    route-target both auto evpn
    route-target import 65501:50001
    route-target import 65501:50001 evpn

# VRF Configuration at Egress VTEP (V2)
vrf context VRF-A
 vni 50001
 rd auto
  address-family ipv4 unicast
    route-target both auto
    route-target both auto evpn
    route-target import 65501:50002
    route-target import 65501:50002 evpn

vrf context VRF-B
 vni 50002
 rd auto
  address-family ipv4 unicast
    route-target both auto
    route-target both auto evpn
    route-target import 65501:50001
    route-target import 65501:50001 evpn
```

数据平面的功能之一就是通过本地网络交换来实现正确的转发。这不仅需要交换控制协议信息，同时还需要在把流量发送到一个特定前缀时，设备能够正确地封装头部。

在 VXLAN BGP EVPN 环境中，前缀的属性也会携带对应的 VNI 信息。但是从封装的角度来看，设备也会使用管理员配置的 VRF 值。换句话说，即使目的 VRF 关联了正确的 VNI，

VXLAN 封装也会对远端流量使用源 VRF 关联的 VNI。

前面的配置示例显示了 VXLAN BGP EVPN 矩阵是如何执行 VRF 路由泄露的。通过这种方式，VRF 路由泄露的功能就可以实现，但是这需要把源和目的 VRF 配置在所有需要执行泄露的地方。上述需求仅限于这样的事实：路由泄露发生在入向 VTEP 的控制协议中，而数据平面的操作在出向 VTEP 上执行。

为了更好地解释这个概念，图 8-18 中的拓扑展示了 2 个 VTEP，即 V1 和 V2。这两台设备都本地配置了 VRF-A 和 VRF-B。这个示例显示了不同 VRF 中两个端点之间的 VRF 路由泄露。

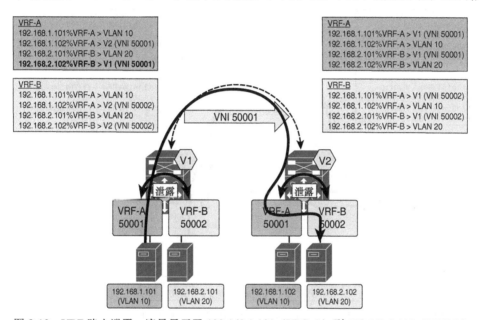

图 8-18　VRF 路由泄露：流量显示了 192.168.1.101（VRF-A）到 192.168.2.102（VRF-B）

配置了 192.168.1.101 IP 地址的端点（与 VTEP V1 相连）希望和配置了 192.168.2.102 IP 地址的端点（与 VTEP V2 相连）进行通信。在入向 VTEP V1 上，因为信息会通过对应的路由目标导入配置而在 VRF 之间泄露，所以会在 VRF-A 中看到 192.168.2.102 IP 地址。从转发的角度来看，入向 VTEP V1 会给发往 192.168.2.102 的远端流量封装 VNI 50001，然后把流量转发给出向 VTEP V2。一旦 VTEP V2 上接收到流量，VRF-A 就会对 VNI 50001 进行评估，然后查找 192.168.2.102，于是这个流量就会在本地泄露给 VRF-B。接下来，这个流量就会被转发到目的端点。

读者一定要理解，封装是与连接源端点的 VRF 的 VNI 一起发生的。因此，源 VRF 和 VNI 必须配置在目的系统中。这种机制也就被称为本地/分布式 VRF 路由泄露。

因为路由泄露是配置在本地的，所以在所有参与的入向 VTEP 上，数据平面泄露总是会发生在出向 VTEP 本地的。通过这种路由泄露的方式，相关的转发结果具有一定的不对称性，这取决于转发的方向。

在相反的方向上（见图 8-19），VRF-B 中 IP 地址为 192.168.2.102 的端点可以到达 VRF-A 中的端点 192.168.1.101。在入向 VTEP V2 上，因为信息会通过对应的路由目标导入配置而在 VRF 之间进行泄露，所以在 VRF-B 中会看到 IP 地址 192.168.1.101。这一次，发往 192.168.1.101 的流量会在 VTEP V2 上用 VNI 50002（VRF-B 关联的 VNI）封装，然后转发给 VTEP V1。流量也和之前一样，会在出向 VTEP V1 上被泄露给 VRF-A，最终被发送到目的地。

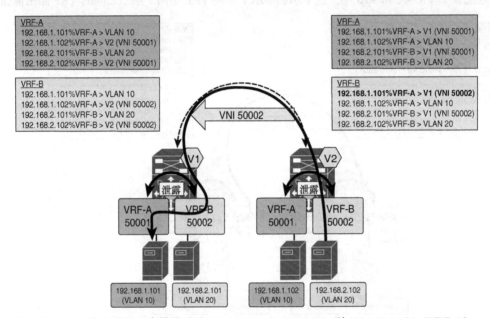

图 8-19　VRF 路由泄露：流量显示了 192.168.2.102（VRF-B）到 192.168.1.101（VRF-A）

这种路由泄露的方式需要进行额外的一些配置，这会影响方案的扩展性，因为只要 VTEP 上存在泄露 VRF，那么这些 VTEP 就需要保持一致的配置。流量总是会与源 VRF 关联的 VRF VNI 打包，然后发送到远端 VTEP，即使流量是发往目的 VRF 中的端点也是一样。这种不对称行为的缺点，和我们在第 3 章中描述的非对称 IRB 拥有的缺点类似。还有一些其他的方式（如下游 VNI）可以提供扩展性更好的跨 VRF 通信，这种通信会使用控制协议来推动在数据平面封装中使用 VNI。

8.3.2　下游 VNI 分配

对于传统的 VRF 路由泄露来说，下游 VNI 分配方式会使用一种和 MPLS L3VPN 类似的方式。在这种情况下，上游设备（出向节点）会让入向节点对 VPN 使用这个标签。VXLAN 会使用一种略微不同的方式，因为标签（即 VXLAN 中的 VNI）不会动态进行分配，而会静态进行分配。

在给一个指定 VRF 分配了下游 VNI 的情况下，除了本地分配的 VNI（配置的 L3VNI）之外，VTEP 也可以使用不同的 VNI，并可以同时实现通信。这和通用泄露做法类似。有了下游 VNI，出向 VTEP 会在 MP-BGP EVPN 路由更新中通告自己的本地 VRF VNI。这个 VNI 信息是 EVPN NLRI 的一部分，并且会出现在类型 2 路由和类型 5 路由消息中。

在入向 VTEP 接收到路由更新时，BGP 会把路由更新推入硬件表中，同时携带着出向 VTEP 通告的 VNI。所以，在控制协议分配了下游 VNI 的情况下，出向 VTEP 就会让入向 VTEP 使用这个 VNI。显然，为了支持这项功能，入向和出向 VTEP 都应该支持这种功能，因为每 VNI 每 VTEP（per-VNI per-VTEP）的关联应该保存在转发信息表（FIB）中。

这种信息的实例化和存储是必要的，因为在入向 VTEP 进行封装的过程中，出向 VTEP 必须选择正确的 VNI 才能到达通告的前缀。下游 VNI 分配提供了很多优化方式，可以减少 VNI 的范围和对应的对等体 VTEP。通过这种方式，下游 VNI 的配置工作就会小得多。

我们还是使用和在 VRF-A 和 VRF-B 之间执行 VRF 路由泄露相同的拓扑，但是现在来考虑一下下游 VNI 分配的方式，如图 8-20 所示。同样，（在 VRF-A 中）配置了 192.168.1.101 IP 地址的端点希望和（在 VRF-B 中）配置了 192.168.2.102 IP 地址的端点进行通信。在入向 VTEP V1 上，会看到 192.168.2.102 IP 地址和 VRF-B 的 VNI（50002），这是因为它们从 VTEP V2 通过 MP-BGP EVPN 通告过来的。

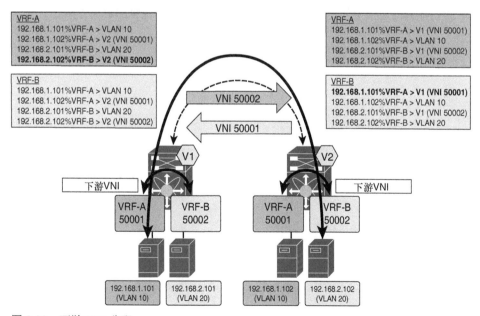

图 8-20　下游 VNI 分配

从转发的角度看，流量会在 VTEP V1 上封装 VNI 50002，并且转发给出向 VTEP V2。只要 VTEP V2 接收到了这个流量，就会在 VRF-B 中对它进行评估，然后把流量直接转发给 VRF-B 中的端点 192.168.2.102。

这里读者一定要理解的地方是，用哪个 VNI 来对流量进行封装是由目的 VTEP 决定的，也就是由目的端点决定的。也就表示，VTEP V2 向 VTEP V1 宣告 VNI 下游是为了确保这样的封装操作。上述就是这种操作得名下游 VNI 的原因。

虽然下游 VNI 分配可以部署在大规模 VXLAN BGP EVPN 矩阵中，但是如果每个 VTEP 要给每个 VRF 使用一个不同的 VNI，那么每 VTEP 每 VNI 这种信息的总量就有可能爆炸式增长。这就会给操作人员以及硬件表的容量提出更高的要求，而这一点有可能成为一个很大的问题。鉴于此，我们推荐把这个特性合理地使用在常见的互联网 VRF 和集中式共享服务的环境中，这有才能更加有效地利用这个特性提供的简化操作。

8.4 总结

本章介绍了用 VXLAN BGP EVPN 矩阵建立外部连通性的几种选择。在介绍了边界 leaf 和边界 spine 这两种做法之后，本章对使用 VRF Lite、LISP 和 MPLS L3VPN 这 3 种方式建立外部三层连接进行了详细介绍。本章也介绍了二层外部连通性的几种做法，同时特别强调了使用 vPC 的方式。最后，本章探讨了如何在矩阵中使用本地泄露的方式来实施 VRF 路由泄露。在 VRF 路由泄露的场景中使用下游 VNI 分配的方式提供了更优雅的解决方案。

## 第 9 章

多 pod、多矩阵和数据中心互联（DCI）

本章会对以下几项内容进行介绍：

■ OTV 和 VXLAN 技术；

■ VXLAN BGP EVPN 部署环境中的多 pod 和多矩阵选择；

■ 多个 VXLAN BGP EVPN 矩阵之间的互联选择。

数据中心都是需要能够全年不间断工作的。由于人们对数据中心的可用性要求如此之高，所以数据中心一定要作好灾难恢复的规划工作。数据中心的部署方案有时可能会跨越多个地理上的站点，具体的规模取决于机构的大小。在大多数情况下，同一个站点中要部署多个数据中心 pod。数据中心矩阵往往会搭建在多个不同的房间、大厅或者站点当中，因此它们之间的互联必不可少。这一章的重点是多个 pod、多个矩阵之间的互联。本章会提到前面介绍的很多概念。

本章会描述在多 pod、多站点环境中，部署 VXLAN EVPN 时需要考虑的各类因素。提到二层 DCI 功能，人们常常会想起覆盖层传输虚拟化（OTV），这项技术也常常会和 VXLAN 同时出现。因此，本章会探讨二层 DCI、OTV 和 VXLAN 之间的区别。本章也会深入介绍 DCI 的不同做法，以及在多 pod 或者多矩阵环境中，分割 VXLAN BGP EVPN 网络的不同做法。历史经验表明，一个大型矩阵往往会运作不畅、管理不便。在本章最后，我们会介绍如何分割管理和操作边界，并通过这种方式来扩展网络。这种做法运用在数据中心网络中可谓恰如其分。

9.1 OTV 和 VXLAN 的对比

如果要选择一种方式来实现 DCI，可以用 VXLAN EVPN 来替代 OTV 吗？要想回答这个问题，需要先了解数据中心互联（DCI），并据此来评估在这种架构中需要考虑的因素，以及可能的解决方案。如果只把 VXLAN 当作以 EVPN 作为控制协议的一种封装方式，并且如果把这种组合作为 DCI 解决方案，那么在这种情况下再来考虑 OTV 及其功能是很不公平的，而且也是很受限制的。为了不用大量的篇幅对以太网或标签交换 DCI 解决方案（如波分复用（WDM）或虚拟专用 LAN 服务（VPLS））进行讨论，本节会着重比较两个与传输无关的、基于 IP 的解决方案，也就是 OTV 和 VXLAN。

OTV 采用了一种控制协议来自动发现对等体，并且交换单播和组播的可达性信息。此外，OTV 会提供一个数据平面来把数据流量从一个站点传输到另一个站点或者多个站点。OTV 会使用 IS-IS 作为控制协议；它会使用对 IS-IS 所做的通用扩展来传输二层信息。此外，IS-IS 协议也针对 OTV 增加了专门的扩展。

在数据平面一端，OTV 第一次和 GRE 和 EoMPLS 相结合，从而通过当前的硬件来提供所需的功能。这就和 IETF 的 OTV 草案所描述的数据平面封装形成了对比。OTV 的第二个版本则更加严格地遵守 IETF 草案。如果比较 OTV 数据平面的封装和 VXLAN 数据帧格式，你会发现很多相似之处，同时在某些字段和它们的命名方面存在一些区别，如图 9-1 所示。所以，人们就会对这两个不同数据平面封装之间的相似性进行推测。不过，这两者之间还是存在显著的差异，我们在这一节中会解释为什么会产生需要在 OTV 和 VXLAN 之间进行比较的问题。

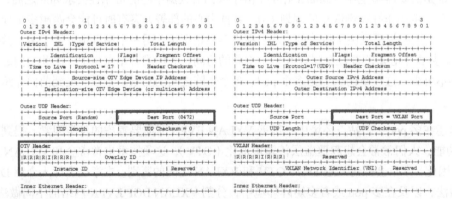

图 9-1　OTV 和 VXLAN（数据帧格式）

首先，在最初提议时，VXLAN 是一种 MAC-in-IP/UDP 数据平面封装，还包括对应的泛洪-学习（F&L）机制。这是 VXLAN 和 OTV 之间的第一大差异：OTV 则提供了一种集成的控制协议，来交换对等体和二层地址信息以规避 F&L 机制。只要配置了 5～10 条 OTV 命令，控制协议和数据平面的必要功能就会启用。VXLAN 会通过 VXLAN 控制协议（如 BGP EVPN）来实现类似的功能，不过 EVPN 本身并不是真正意义上的集成。VXLAN 和 BGP EVPN 必须独立进行配置，VXLAN 必须通过配置来使用控制协议。在介绍了 OTV 数据平面封装细节及其封装协议之后，现在可以探讨一下 OTV 解决方案和 VXLAN 解决方案之间的区别（或者，说得更具体一点，VXLAN 和 BGP EVPN 之间的区别）。

因为要提供的服务对弹性拥有依赖性，所以 DCI 的弹性也就格外重要。在三层有很多方式可以提供全活动（all-active）路径，比如通过等价多路径（ECMP）就是其中一种方式。不过，二层可供选择的方式有比较有限了。OTV 会在每个 VLAN 中选举指定转发器（授权边缘设备（AED）），并通过多宿主来提供冗余性。除了定义共享同一个站点的设备之外，启用 OTV 多宿主功能不需要进行其他专门的配置。同样，OTV 不需要任何多宿主的方式，这和 vPC 的情况是一样的。

反之，VXLAN 不提供任何集成的多宿主。不过，如果和 vPC 结合起来，那么边缘设备就可以实现 VXLAN 的二层冗余,同时会接收到传统以太网流量了。在使用 VXLAN 或者 VXLAN EVPN 时，vPC 是一种可用的多宿主解决方案。在这种解决方案中，VTEP 可以成对部署来确保二层的冗余。端点可以双上联到一对组成 vPC 域的 VTEP。

EVPN 多宿主功能很快就会实现，并且可以为了实现二层冗余来使用本身的多宿主功能。通过控制协议相关的方式，其他技术（如 vPC 或者多机框链路汇集组（MC-LAG））就不需要使用了，超过两台设备可以用集成的方式提供二层冗余。如果可以在 VXLAN 环境中使用 EVPN 多宿主，那么在这个区域中，OTV 和 VXLAN EVPN 之间的差异就很微不足道了。

在二层扩展网络中环路可能就是最严重的问题，环路的存在有可能会破坏整个网络。为了防止各种可能的情况（比如有后门链路引入了一条环路），OTV 站点 VLAN 会连续在传统以太网一端探测潜在的 OTV 边缘设备（ED）。如果检测到了 OTV ED，那设备就会对站点标识符进行比较。如果比较的结果是不一样，那么覆盖层扩展就会被禁用。这些都是为了确保 OTV 覆盖层中不会出现二层环路，也不会通过后面链路（见图 9-2）形成二层环路。

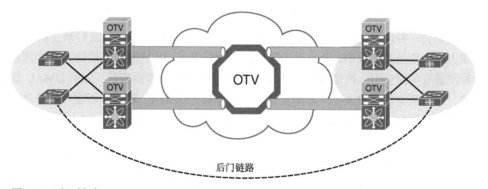

后门链路

图 9-2　后门链路

VXLAN（无论是不是建立 BGP EVPN）无法检测出后门链路引入的南向环路。这并不会让 VXLAN 更容易形成二层环路。不过，我们还是必须为防止环路采取额外的措施。有一种比较好的方式是使用 BPDU 防护（BPDU guard）和风暴控制（storm control）来保护 VXLAN 中的传统以太网接口，以确保在后门链路出现问题的情况下网络中不会出现环路。同样，只需要把一个传统以太网环境连接到 VXLAN 边缘设备或者 VTEP（可以考虑建立 vPC 域），并且通过 port channel 把传统以太网连接到这个纯 vPC 域。

只要没有传统以太网交换机连接到 VXLAN 边缘设备或者 VTEP，那么这类措施就是很有好处的。如果 STP 网络交换机需要建立南向传统以太网连接，那就不能使用 BPDU 防护，而 STP 必须把环路防护作为一种非 VXLAN 集成的技术。VTEP 会作为普通交换机来参与根桥（root bridge）选举。因为 VXLAN 自身不会转发 BPDU，因此也就不理解转发和阻塞端口之间的区别，VXLAN"隧道"就会被视为一种"永远处于转发状态的"链路。

不过，OTV 可以和生成树进行一定的集成。OTV 边缘设备会充当一个传统以太网二层网络交换机。这表示如果配置了站点去使用 STP，OTV 边缘设备就会参与到 STP 中。不过，BPDU 不能通过 OTV 覆盖层接口进行转发，这和 VXLAN 处理 BPDU 的方式类似。OTV 在处理 STP 方面的不同之处和拓扑变化通告（TCN）有关。一旦接收到 TCN，OTV 就会执行一系列传统的操作，比如清除某个 VLAN 的 MAC 地址表。同样，如果 OTV 拓扑发生了变化，那么 OTV 就会对 TCN 进行评估。这可以确保端点可达性信息的准确性。

通过 OTV，STP 根会继续停留在和 OTV 集成之前所在的那个位置。如果有好处，生成树的根也可以移动到 OTV 边缘设备上。不过，读者一定要理解，生成树域会停留在 OTV 站点本地。如果使用 VXLAN 来连接传统的以太网站点，也需要考虑到这一点。

OTV 和 VXLAN BGP EVPN 都可以处理多目的流量。在连接数据中心或者网络矩阵时，在大部分情况下，故障控制是强制性的。控制故障可以通过减少或者消除覆盖层中没有必要的网络流量来实现。进行故障控制还有一种更好的方式是执行 ARP 抑制，这可以减少不必要的 ARP 广播流量通过网络进行转发。这种功能在 VXLAN BGP EVPN 和 OTV 环境中都可以实现。

未知单播是另一种网络流量，这类流量是传统以太网时代的遗产。在二层静默主机检测或者一些端点故障切换的场景中，会出现未知单播泛洪的需求。当代网络需要防止这类流量，因为这种流量有可能会引入网络风暴。OTV 默认不会转发未知单播流量。如果 DMAC 地址是未知的，那么流量就会被丢弃。如果应该允许一个特定的 MAC 地址来创建未知单播泛洪，那就应该显式地允许这个 MAC 地址在某个 VLAN 上执行这项功能。

VXLAN BGP EVPN 会阻止未知单播流量。未知的 MAC 不应该存在，这和主动控制协议学习一样。不过，VXLAN 默认不会终止未知单播转发。有些 VXLAN EVPN 的实施方案有一个特性，这个特性可以基于每个二层 VNI 来禁用未知单播转发。不过一旦禁用，那就无法针对某个 MAC 来有选择地启用泛洪。然而，未知单播转发的需求本身也不高。

如果在同一个二层域中转发组播是必要的，那么 IGMP 消息和 IGMP 监听（IGMP snooping）

进行交互就可以用最佳的方式来转发组播。OTV 边缘设备会接收并且评估这些 IGMP 报告,并且按照更优的方式来通过覆盖层转发组播流量。为了实现组播转发,OTV 会使用基于 PIM SSM 学习和转发机制建立的数据组。通过 PIM SSM,组的源就会被其他成员了解到,而覆盖层流量也可以用最有效的方式进行转发了。

OTV 也可以把用于组播流量的数据组和用于广播流量的组分隔开来,这样就可以对流量进行进一步的微调,而只对组播流量进行限速。在 VXLAN 环境中,所有广播、位置单播和组播(BUM)流量会用相同的方式进行处理,并且通过组播组或者入站复制的方法进行转发。区分不同类型 BUM 流量的功能并不是隐式的。不过,我们可以通过 IGMP 监听(IGMP snooping)来对相同 VLAN/L2VNI 中的组播进行优化。本书的第 7 章详细介绍了(在 VXLAN 环境中使用)IGMP 的机制。总之,OTV 会给组播流量提供主动控制协议和数据平面集成,而 VXLAN 只能提供有限的控制粒度。

表 9-1 对 OTV 和 VXLAN 之间的区别进行了详细介绍。随着控制协议和相关优化机制的发展,VXLAN BGP EVPN 的适用性也在发展。同样,VXLAN 是专门为扩展 LAN 而设计的,主要关注的是不通过 WAN 来对 LAN 进行扩展。在那之前,VXLAN 只是另一种封装,这种封装在三层网络和必要组播的基础上增加了 F&L 机制。不过,如今的 VXLAN BGP EVPN 可以部署在那种跨越多个数据中心站点的大型网络环境中。

表 9-1   VXLAN 和 OTV 的功能

	数据平面	控制平面	多宿主	防止环路	故障控制	组播优化
OTV	1.0(EoMPLS0GRE)	IS-IS	自带	阻塞 BPDU 集成 STP(如 TCN 处理)	停止未知单播 有选择泛洪单播 ARP 抑制	IGMP 监听
	2.5(UDP、VXLAN)	IS-IS	自带	阻塞 BPDU 集成 STP(如 TCN 处理)	停止未知单播 有选择泛洪单播 ARP 抑制	IGMP 监听
VXLAN	VXLAN	F&L	vPC	阻塞 BPDU	—	IGMP 监听
	VXLAN	BGP EVPN	vPC	阻塞 BPDU	把未知单播降至最少 ARP 抑制 未知单播抑制	IGMP 监听

在数据中心网络中,通过 BGP EVPN 进行主动对等体发现和二三层信息的学习,可以提供远远超出 F&L 网络能力的扩展能力。在不久的未来,VXLAN BGP EVPN 就会具备多宿主、故障控制和防止环路(防环)的功能,它会证明自己有能力提供支持所有特性的 DCI 解决方案。同样,组播转发也可以提升网络的效率,一旦 VXLAN BGP EVPN 部署成熟,这也同样会为通过这种方式实现 DCI 解决方案提供支持。

在对 OTV 和 VXLAN EVPN 进行了比较之后，下一节我们会对需要在跨 pod 连接和 DCI 设计方案中考虑的因素进行探讨。

9.2 多 pod

覆盖层网络给"平坦"网络设计方案带来了灵感。如果可以横向扩展网络，同时不增加那些没有必要的分层，那么这可能也是一种不错的做法。不过，为了操作简化起见，在 spine-leaf 拓扑上部署的覆盖层网络，也需要采用分层的网络设计方案。本书第 1 章就已经介绍了 spine-leaf 拓扑，但是这种拓扑有很多变体我们并没有在第 1 章中进行介绍。除了 spine 和 leaf 层，这种拓扑其实还具备很高的灵活性，因此才有能力沿着水平方向扩展。

在这种拓扑中，端点的连通性是通过 leaf 层来提供的。除了虚拟交换机、FEX、Cisco UCS FI（统一计算系统矩阵互联）或者刀片服务器机柜中的交换机之外，网络中很可能也不存在其他南向的设备层级。但是这并不能说明网络服务功能（比如防火墙、负载均衡器、路由器和其他服务设备）就不能相互连接。不过，我们在这里的讨论中，不考虑为了端点的连通性和级联访问而连接其他的南向交换机层级。

总之，如果要在 leaf 下面再连接一个完整的二层网络，这就需要我们考虑很多与 STP 有关的因素，比如如何部署根桥、TCN 的处理和防环的设计等。这是非常常见的问题，因为覆盖层技术（比如 VXLAN）如今并不会传输 BPDU 或者 TCN。

如果让 leaf 充当 VTEP，那么传统的 spine 就成了一台普通的 IP/UDP 流量转发设备，如图 9-3 所示。这样一来，spine 就不会知道端点的地址，spine 的转发表也只需要随着 leaf 数量的增加而进行扩展，而不需要考虑端点设备的数量。在同一个层级中横向扩展 spine 不仅可以增加网络的带宽和弹性，而且网络同样可以享受到扩展性和操作简化方面的优势，这些优势我们在前文中已经提到过。

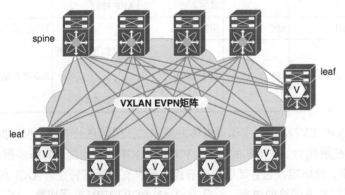

图 9-3 双层的 spine-leaf 拓扑

最佳的 spine 数量是由 leaf 可用上行接口的数量来决定的——至少在 spine-leaf 拓扑采用对称连接的方式中是这样。比如说，如果一个拓扑中，一个 leaf 有 6 个 40G 接口，那么 spine 的最佳数量就是 4 或者 6。这里考虑到了在 vPC 的部署方案中，有些 40G 的链路可能会用来充当 vPC 对等体链路。

在网络设计之处，人们未必总能在 spine 层提供理想的接口密度。一开始，人们往往会采用一个标准的双层 spine-leaf 拓扑，其中包含 2 台 spine 和 X 台 leaf。随着数据中心的扩张，网络中才需要增加新的 leaf 和 spine。在某个时间点，网络中会增加一个新的 pod，这时就会有一系列新的 spine 增加到（和之前部署的 spine）相同的层级中。新的 pod 也会包含一系列的 leaf 节点。

因为有些 leaf 连接到了一些 spine，其他 leaf 连接到了另外一些 spine，所以不同 pod 之间的互连就显得尤为重要了。增加超级 spine 层（见图 9-4）可以简化多 pod 的设计方案。所有在第 1 层级的 spine 都会连接到所有的超级 spine。这样一来，两个层级的 spine-leaf 拓扑就变成了一个由 n 个层级组成的拓扑，其中 n 代表 spine 层级的数量。这个 n 的值会随着需求的增加而增加，来满足网络设计的要求。不过在大多数实际的部署方案中，设计一个超级 spine 层也就足够了。

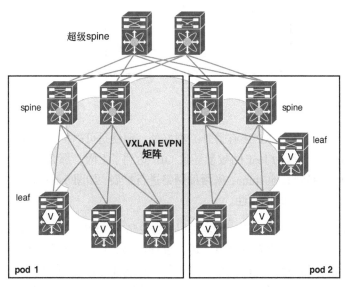

图 9-4　多 pod

在一个由 n 个层级组成的矩阵中，MP-BGP EVPN 控制协议需要在设计时进行认真考虑。网络需要跨越所有可用层级来交换可达性信息，即使需要根据这些信息来做出转发决策的只有 VTEP。所有 spine 和超级 spine 都会充当 BGP 路由反射器（RR），以便更加高效地分发这些可达性信息，如图 9-5 所示。除了部署 BGP RR 之外，如果需要使用组播来转发 BUM 流量，那么总的设计方案也需要考虑如何合理地部署汇聚点（RP）。

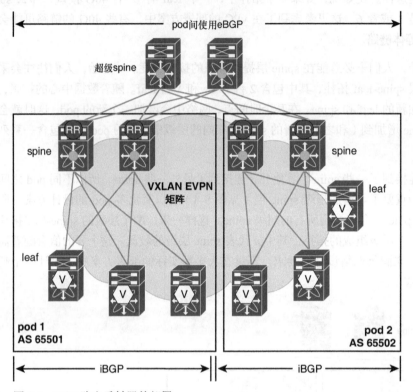

图 9-5　BGP 路由反射器的部署

在 n 层级或者多层级矩阵中使用组播和 RP 还有另外一项好处，那就是可以扩展组播的输出接口（OIF）。一旦在某个 pod 中，因为 leaf 的数量导致 OIF 达到了上限，那么上行网络中的超级 spine 也可以把组播树扩展到其他 spine，来帮助网络进行扩展，如图 9-6 所示。因此，这就改善了矩阵因为 OIF 而受到限制的扩展性。

在图 9-6 所示的简单多 pod 拓扑中，一个 spine 最多可以服务 256 个 OIF，并且可以代表最多 256 个 leaf。这就可以让 256 个 leaf 建立一个组播树，由 spine 充当 RP。如果想要进一步增加扩展性，我们可以在 spine 层的 OIF 规模达到上限之前，对 pod 进行分解。假如 leaf 的数量一达到 255 就对 pod 进行拆分，那么 spine 就可以有 255 个南向 OIF 指向 leaf，同时有 1 个北向 OIF 指向超级 spine。这样一来，如果超级 spine 也可以扩展到 256 个 OIF，那就可以用一组超级 spine 来服务 256 个 spine 了。

在这种多 pod 设计方案中，256 个 spine 乘以 255 个 leaf。在理论上，leaf 的数量从 OIF 的角度来看就可以扩展到 65 000 个。虽然这种说法可以看出如何使用 n 层级的 spine-leaf 拓扑来大幅度地扩展 OIF 的数量，但是我们也需要在进行扩展时考虑 VTEP 和（MAC 和 IP）前缀的数量。

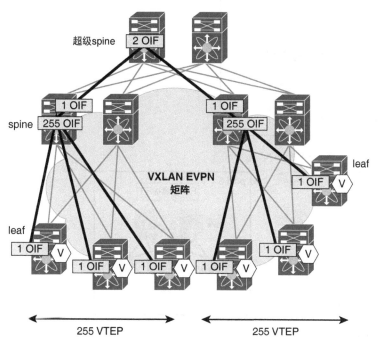

图 9-6　组播 OIF 的扩展

多 pod 设计方案需要跨越所有 VNI、所有 leaf 建立全互联的可达性，最大的规模是由最小公约数来决定的。如果使用矩阵的方式，同时把智能迁移到具有横向扩展属性的 leaf 层，那么管理员就不需要在各处设备上配置所有的 VNI 了。在这种情况下，只有在需要时，管理员才能在 leaf 层执行配置，这就让网络的扩展性远远超出了当前二层网络可以扩展的程度。这样一来，65K 这个理论最大值似乎就在向我们招手了。然而，这是不可能的，因为部署、管理和维护这种规模的网络，其复杂性根本难以想象。

在这种多层级的 spine 层中，RP 的部署同样重要。为了在不同 pod 之间实现一定程度的独立性，那么在每个 pod 中部署一个 PIM 任意播 RP 就是一种非常合理的方式。因为有多个 pod，随着二层 VNI 的扩展，BUM 流量需要在这些 pod 之间进行转发，所以连接不同 pod 时有很多因素都需要考虑。

有一种跨越各个 pod 扩展 PIM 任意播 RP 的方法，那就是使用相同的 RP 地址，并且提供全互联的邻居关系。在 spine 上配置任意播 IP 地址可以确保组播流量永远都会使用最短路径到达 RP，且流量会停留在这个 pod 中。在必须使用 pod 本地 RP 的这种 pod 中，可以使用不同 PIM 任意播 RP 集和组播源发现协议（MSDP）来确保 pod 之间相互交换组播源和接收方组信息，如图 9-7 所示。通过这种方式，从组播的角度来看，pod 的独立性增加了。

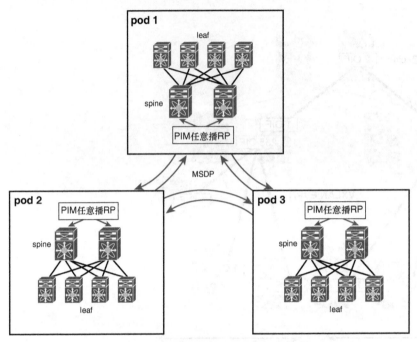

图 9-7　每个 pod 中部署 PIM 任意播 RP 加 pod 间 MSDP

对 BUM 流量使用组播转发的方式，这会比使用入站复制更有优势。如果 BUM 流量增加，这种观点（使用组播转发）就格外合理。如果使用组播来转发 BUM 流量，那针对每个给定的 BUM 数据包，仅仅在每条链路上产生一个数据包，因为流量只会沿着组播树进行转发。如果使用入站复制，这一点就明显不同，因为 BUM 流量本身在多 pod 环境中就会产生大量流量。

通过入站复制，一个 BUM 流量会复制到每个参与相同二层 VNI 的对等体 VTEP 中。因此，如果一个 VXLAN 域中有 256 个 VTEP，那么一个 VTEP 就必须对一个数据包复制 256 次。如果数据包的大小是 64 字节，那么 VTEP 的上行链路就需要为发起流量的 VTEP 传输 $255 \times 64 = 16\,320$ 字节，这大概是 16KB 的流量。

如果这个 VTEP 上有不少南向接口指向本地直连的端点（而不是只有区区一个数据包），那么读者很容易就可以想象到在最坏的情况下，使用入站复制会带来什么样的负面影响。假如一个 VTEP 有 20 个活动的端点，那么每个端点创建 1kb/s（即 1000bit/s）的 BUM 流量。这就会产生 20kb/s 的流量流向 VTEP。假如远端 VTEP 的数量也是 255 个，那（本地 VTEP 就）要产生 5100kb/s（255×20kb/s）的流量，也就是 637.5kB/s 的流量。

因为只有一个 VTEP 连接了发送 BUM 流量的活动端点的可能性不大，所以其他 VTEP 下面连接的各个端点也会生产和接收 BUM 流量。于是，如果使用入站复制，那么用于处理 BUM

数据包的网络流量可能会从每秒几兆位增加到每秒几千兆位。因此，在设计阶段，一定要考虑应用流量的类型和规模，因为这些流量会通过多 pod 拓扑进行传输。如果在这些方面考虑周全，那么在选择转发 BUM 流量的底层技术时，就会做出正确的决策。

最后，在 VXLAN BGP EVPN 矩阵中，不是所有 leaf 都需要给所有租户提供相同的二层和/或三层服务。换句话说，我们可以把一系列 leaf 节点分为几个集群，这些集群也称为移动性域。在一个移动性域中的各个 leaf 都要配置相同的二层和三层 VNI 集，如图 9-8 所示。这样一来，由几个公共 spine 组成的集群就可以转换为一个 pod，这个 pod 会部署在一个房间中或者部署在一个物理数据中心的大堂中。在另一些案例中，pod 之间会有几个近距离的数据中心，而这些数据中心则会提供有限的隔离。这种案例适用于一些城域数据中心方案。在这种方案中，防止故障扩散并不是人们最关注的内容，因为网络会有灾难恢复站点。

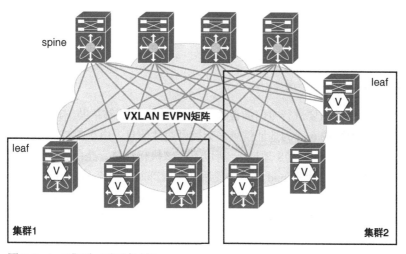

图 9-8　leaf 集群（移动性域）

我们在前文中曾经介绍过，VXLAN BGP EVPN 网络和传统网络相比，前者给覆盖层带来的一大优势就是分布式 IP 任意播网关。如果把默认网关分布到所有 leaf 或者 VTEP 上，那么第一跳网关决策的影响就只会局限在连接到某个 leaf 直连的端点上。通过这种方式，操作任务就会简单很多，因为一对集成了大多数网络功能的核心交换机已不复存在，传统三层拓扑（接入层/汇聚层/核心层）中的汇聚层或分布层交换机也是这样。

因为在每个 pod 的 leaf 层中都有分布式任意播网关，所以不需要进行专门的本地化配置。在传统部署方案中，FHRP 的情况并非如此。同样，如果部署了分布式任意播网关，那么在一个多 pod 矩阵部署方案中的任何 pod 中，任意 VTEP 上的端点之间有可能实现更优的一跳转发。

有了所有这些不同的设计方案，多 pod 的存在就带来了很多操作方面的优势。多个 pod 可以把任何一个 pod 的影响降到最低。比如，如果我们需要对某一个 pod 进行维护，这时其他的

pod 就可以继续承载生产流量，对一个 pod 进行维护可能会影响去往这个 pod 的覆盖层流量，但是所有其他 pod 此时都可以独立地操作，它们不会受到任何影响。这就和一个大型的双层 spine-leaf 拓扑存在本质的区别，如图 9-9 所示。在这种大型拓扑中，如果一个 leaf 节点的底层发生了变化，那么整个底层的路由域都会受到影响，这种影响也会进一步蔓延到覆盖层。

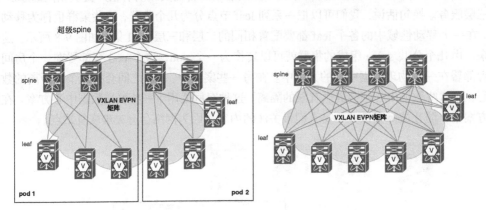

图 9-9　多 pod 与双层 spine-leaf 拓扑之间的比较

在多 pod 环境中，底层路由也需要进行专门的设计。底层路由必须能够帮助 VTEP、BGP RR、组播 RP，以及其他构建和维护 pod 的地址信息来交换可达性信息。由于 VTEP 地址必须完整可见（IPv4 为/32 地址，IPv6 为/128 地址），所以不应该执行汇总，路由域也可以从这种相互之间的独立得益。如果在一个多 pod 环境中使用某个内部网关协议（IGP），应该考虑是否要把不同 pod 划分到不同的区域中。虽然这样可以让 LSA 在 pod 之间转发时造成一定程度的隔离，但是如果链路状态数据库中出现了大量错误的信息（比如路由器 ID 重复），整个底层路由还是有可能受到影响。

在多 pod 部署方案中，还有其他方式可以实现隔离，比如使用末节区域，并且只在 pod 之间相互转发默认路由。不过，这种方法会对覆盖层控制协议的收敛带来严重的影响，因为这种网络无法单独区分各个 VTEP。如果远端区域中有一台 VTEP 发生了故障，那么指向那个区域出口的默认路由仍然存在。因此，直到失效计时器（dead timer）把这个前缀从控制协议中移除之前，流量可能都会被转发到这个黑洞中。鉴于此，我们难免需要在繁与简之间进行权衡。

从底层的角度来看，使用 BGP 来互联各个 pod 有可能在 pod 之间实现有效的隔离。但是如果采用这种方法，底层控制协议和覆盖层控制协议就会重叠（都使用 BGP），这有可能会给覆盖层控制协议带来影响。

如今，多 pod 设计方案可以在底层（包括在覆盖层控制平面中）提供分层的网络设计方案。这样一来，就只剩下一个数据平面域了。换句话说，VXLAN 隧道永远都会始于 leaf 终于 leaf，无论流量是在同一个 pod 中进行转发还是跨 pod 进行转发。这就表示在所有 pod 上都要配置相同的二层和三层服务。另外，这种方式也可以在多 pod 环境中支持虚拟机跨 pod 移动。

可以在每个 pod 中使用不同的 BGP 自治系统（AS）编号，以此来实现覆盖层控制平面的隔离。不过，这种隔离只涉及（BGP EVPN 特性集提供的）控制协议中的处理功能。这样一来，我们在考虑每个 MAC 和 IP 的前缀范围时，需要考虑的就是整个多 pod 环境。我们在前文中曾经提到过，智能网络设计方案不需要在网络的每个角落都配置一个二层和三层 VNI，这样可以在某种程度上提升网络的扩展性。

在考虑一个多 pod 设计方案时，在可用的物理连接这个方面，还有一点不能忽略。因为很多现网基础设施的布线是为了传统的三层拓扑设计的，所以在采用 spine-leaf 和 n 层 spine-leaf 矩阵时，就有很多其他的因素需要考虑在内。如果现有的布线可以建立对称连接，那么单层的 spine-leaf 架构可能就足够了。如果需要部署 n 个层级的网络，那么超级 spine 可以用来以最少的线路数量连接各个房间、大厅或者站点。除了使用另一层 spine 来连接各个 pod 之外，也可以在 leaf 层进行互联。要判断究竟要使用 spine 还是 leaf 进行互联，这涉及多方面的因素，这些因素我们会在下面的内容中讨论。

9.2.1 在 spine 层进行互联

在只有两个 pod 的网络中，添加一个超级 spine 层或者第三层可能就没有必要了。在这种网络中，把这些 spine 连接起来可能就够了，如图 9-10 所示。除了 BGP RR 和组播 RP 的部署之外，spine 只会充当 IP/UDP 转发设备或者在底层转发单播和组播的路由器。如果未来需要增加第三个 pod，那么设计方案可能就会变得比较麻烦了，因为要在 pod 之间实现全互联，可能需要连接新的链路并且进行专门的设置。在这种场景中，有一个超级 spine 层就可以带来巨大的优势，这一点我们在前文已经介绍过了。

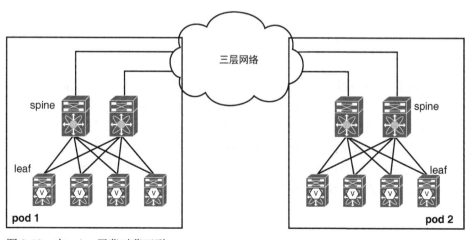

图 9-10　在 spine 层背对背互联

如果在 spine 之间直接采用背对背的互联，那么 spine 的配置有可能就会变得非常繁杂，这就背离了 spine 配置应该删繁就简的原则。如果两个 pod 确实需要在 spine 层进行互联，那就需要在繁简之间进行权衡，来决定需要实现多大程度的隔离。因为覆盖层是端到端的，同时覆盖层控制协议会跨越 pod 来保存所有信息，所以这种配置可能还算不错。一旦添加了另一个 spine 层（也就是超级 spine 层），那就可以对底层路由协议进行变更。这可以通过 eBGP 的方式来实现。超级 spine 可以用 BGP 作为唯一的路由协议，从而达到简化配置的目的。同样，spine 也可以保留在自己的 IGP 域中，通过重分布的方式把信息通告给 BGP 来进行 pod 间信息交互。

9.2.2 在 leaf 层进行互联

在 leaf 层进行互联也和在 spine 层采用背对背互联差不多，它们都是一种连接 pod 的可行办法，如图 9-11 所示。我们可以在 leaf 南向增加一层。不过，在数据中心网络中，在 leaf 层建立多 pod 互联可能稍显复杂。如果需要在地理上进行一定程度的分离，或者使用相同的节点来建立 pod 间连接和外部连接，那么在 leaf 层进行互联不失为一种更好的选择。

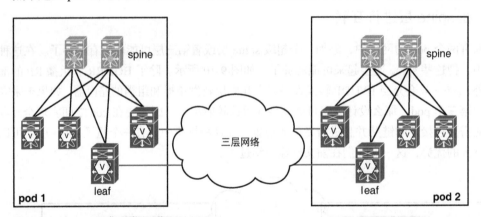

图 9-11 在 leaf 层背对背互联

在 spine 层互联多个 pod 的做法，在 leaf 层也是同样适用的。这些互联方式的主要区别在于 pod 间可用的连通性。另外，鉴于 leaf 也有可能充当 VTEP，所以它需要承担过于繁重的工作。比如，如果用来进行互联的 leaf 也是一个网络的默认网关，还参与了一个 vPC 域并且负责提供二层互联，那么从操作的角度来看，这种设计方案的复杂性就太高了。为了建立跨 pod 的通信，这些 leaf 的可用性必须得到保障，所以必须降低它们的复杂性。在处理多 pod 部署方案时，让互联点的工作越简单越好，这才是理想的设计方案。

9.3 多矩阵

虽然多 pod 部署方案无论在底层还是在覆盖层都符合多控制协议域的概念，但是有时候人们也需要让一个数据平面端到端地扩展到所有的 pod 中。因此，一个多 pod 部署方案会被视为一个矩阵。在一个多矩阵的部署方案中，在控制平面这一层往往也需要进行完整的分隔，就像数据平面需要进行分割一样。换句话说，一个 VXLAN BGP EVPN 矩阵可以由自己的底层、自己的覆盖层控制协议，以及对应的数据平面封装组成。

多矩阵设计方案的优势不仅仅是可以真正分隔流量，从管理域的角度看也是有好处的。提到管理域的问题，这里的好处是让各个矩阵的 BGP 自治系统、VNI 编号、组播组以及其他组件都彻底相互独立。也就是说，一个独立的矩阵可以使用任何编号模型，完全不需要顾及其他矩阵的编号模型。另外，在 BUM 流量转发这一方面，我们可以让一个矩阵使用组播，让另一个矩阵使用入站复制。但是，在多 pod 环境中，这种程度的独立是不可能实现的。

因为在一个矩阵之内，所有的一切都是真正只有本地意义的，所以出向流量就要在矩阵边界终结。说得具体一点，VXLAN 封装需要终结，这时需要执行一次二层或者三层切换。这就给互联多个矩阵提供了很多不同的方式，我们可以使用不同的技术（比如，把 OTV 和 VLAN 结合起来使用）让 VNI 独立地缝合在一起。这种隔离或者规范化在网络中引入了一条边界，并且可以在矩阵的边界设置封装的执行点。

总之，多 pod 和多矩阵（见图 9-12）部署方案之间的主要区别，完全在于分层网络设计原则的适用性方面。因此，我们讨论的重点就会放在搭建多个数据中心网络的相关概念，以及如何在这些数据中心网络之间进行必要隔离这两方面上。

曾几何时，二层 DCI 也是一个人们讨论的热点话题，因为虚拟机需要在数据中心之间扩展出的二层网络中移动。当这种网络扩展到了大量数据中心的时候，故障信息的传播就成为了人们关注的交点，于是 OTV 这样的解决方案走上了历史舞台。然而，随着数据中心环境中 spine-leaf 矩阵的发展变化，二层 DCI 的需求成为了最核心的需求。

人们有一种常见的误解，认为现在通过三层网络也可以实现虚拟机的移动性了。这也就是在暗示二层 DCI 其实已经可有可无了。不过，虽然虚拟移动的那条传输网络具有路由（或者说三层）功能，但是端点或者虚拟机所在的网段还是对二层进行了扩展。这是因为虚拟机往往要在移动之后仍然保留自己的 IP 和 MAC 地址。于是，在数据中心之间提供二层或者桥接服务也就必不可少了。

这里值得注意的是，使用 LISP 这类方式，也就是把路由用于子网内通信，确实有可能让网络不需要建立二层 DCI。但是，这种部署方式并不常见。

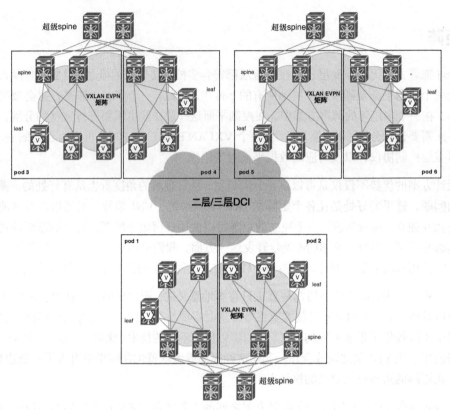

图 9-12　多 pod 和多矩阵

通过扩展二层，多个矩阵之间必须保证能够实现清晰的隔离。把源矩阵和目的矩阵的数据平面与这两个矩阵之间所采用的技术隔离开，这种方法可以在某一个矩阵爆发"风暴"的时候对整个网络提供保护。这是一项至关重要的需求。这种隔离可以避免网络发生故障时无关的流量被传播到其他矩阵中。这种故障控制是 DCI 解决方案必须提供的众多特性之一。

互联多个数据中心就需要对二层进行扩展。同时在很多部署方案中，还需要对三层进行扩展。扩展三层服务需要子网之间的路由转发是简单并且可用的，同时也需要对路由进行优化，确保流量总是可以路由到正确的矩阵中，而不会形成发卡流量。使用 LISP 这类功能的架构可以和 VXLAN BGP EVPN 矩阵进行集成，这样就可以有效地把入向流量引导到正确的数据中心中，如图 9-13 所示。把主机路由（IPv4 为/32 地址，IPv6 为/128 地址）通告到数据中心矩阵之外也可以达到相同的目的。不过，这种方法的扩展性就比在控制协议层采用间接寻址的方法要差远了。在外部连接方面，LISP 的优势会在本书的其他章节中进行探讨。

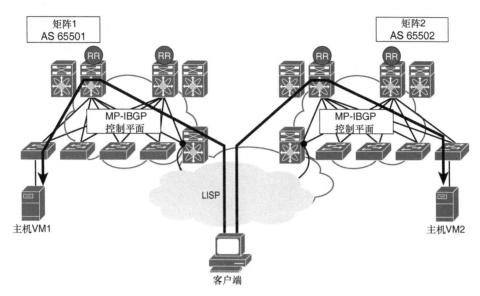

图 9-13 多矩阵和入向流量优化

总之，要构建多矩阵并把它们互联起来，这里是有很多方法可以采用的。读者一定要理解多
pod 设计方案和多个独立矩阵之间的区别。虽然多 pod 设计方案可以为各个 pod 提供一个分
层的结构，但是多矩阵的方法会在多 pod 设计方案的基础上增加一级分层，从而实现真正意
义上的数据中心隔离。

9.4 pod 间/矩阵间互联

貌似，只要在 pod 之间让底层和覆盖层控制协议相互隔离，就可以为网络提供理想的错误控
制条件。然而，这却是当今世界对覆盖层网络最大的误解之一。虽然这种结构在规模和操作
方面有很多优势，但是如果二层服务扩展到了所有的 pod，那么覆盖层中的广播风暴就有可
能在整个多 pod 网络中蔓延。解决这种错误蔓延的一种方法是在底层使用组播风暴控制。不
过，这种方法也会影响合法 BUM 流量的传输。因为一旦这类"风暴"出现在了覆盖层，那
么再想限制这种"风暴"就相当困难了，所以就必须在网络中部署执行点。在多 pod 网络环
境中，VXLAN 封装是在这些 pod 之间端到端执行的。因此，这些 pod 之间也就没有执行点。
这就是多矩阵设计方案的优势——这种设计方案可以限制错误信息的传播。

目前，过滤流量的实施点只会在矩阵边界终结 VXLAN 封装。在解封装之后，流量就会通过
传统以太网发送到 DCI 域中，然后在远端矩阵入站时进行重新封装。

当解封装和封装之间已经不需要使用传统的以太网网段时，我们就可以使用更好的隔离特性来构建一个扩展性更强的多 pod 环境了，这可以防止错误信息在网络中蔓延，这种方式也称为多站点。目前，让多个独立矩阵如此这般相互隔离的唯一方法，就是采用某种 DCI 解决方案，比如 OTV（见图 9-14）。在接下来的内容中，我们会探讨多矩阵或多 pod 部署方案中的各种不同的互联方式。

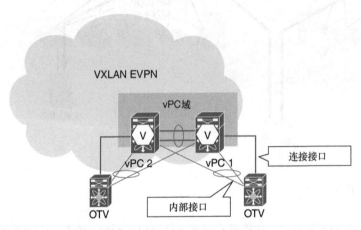

图 9-14　通过以太网执行 OTV 切换

9.4.1　矩阵互联方案 1：多 pod

矩阵互联方案 1 基本上就是沿用了多 pod 设计方案的模型，如图 9-15 所示。我们还是把这种方案罗列了出来，只是为了保证叙事完整。

这种方案也和多 pod 设计方案一样，会在每个矩阵中有独立的覆盖层控制协议域，但是同时整个网络中也有一个端到端的数据平面。所有 MAC/IP 前缀都会分发给全部参与其中的 VTEP，同时所有矩阵都要使用相同的机制来执行 BUM 复制。矩阵互联方案 1 更像是一个多 pod 设计方案，它本身其实算不上是一个真正的矩阵互联方案。不过，这种方案对于某些实施环境来说也足够了，它可以提供一种端到端的数据平面连接。不过，读者必须非常清醒地理解这种方案的问题，比如这种方案在错误传播和隔离各个 pod 方面的不足。在 DCI 环境下，我们不应该把矩阵互联方案 1 当作连接各个矩阵的主要解决方案。

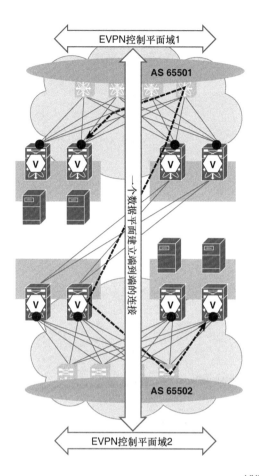

图 9-15 矩阵互联方案 1（多 pod）

9.4.2 矩阵互联方案 2：多矩阵

矩阵互联方案 2 沿用了传统 DCI 的模型，这种方案在矩阵边界使用了传统以太网进行连接。矩阵之间的 DCI 网络和这些矩阵本身泾渭分明。这种方案基本就是前面介绍的多矩阵方案。

在这种互联模型中，不同矩阵拥有独立的覆盖层控制协议域和各自的覆盖层数据平面（见图 9-16）。让这样两个覆盖层控制协议域彼此互联，所有可达性信息的交换并不是统一进行的。也就是说，所有前缀（MAC 和 IP）信息不会发送给所有参与的 VTEP。因此，这种方案的扩展性明显要比矩阵互联方案 1 的好。

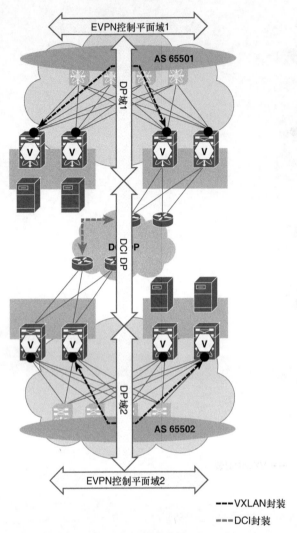

图 9-16　矩阵互联方案 2（多矩阵）

因为可达性信息和数据平面都不再端到端地扩展到整个网络中，所以我们选择增加了一个执行点，让不同矩阵可以实现比较彻底的隔离。这种从覆盖层视角的隔离让底层实现了完全的隔离。因此，这种环境中也就不会存在一个矩阵中的 VTEP 要连接另一个矩阵中的 VTEP 的需求。两个矩阵中的端点，需要通过矩阵之间的 DCI 域才能建立起端到端的连通性。

这也表示底层相关的信息（比如 VTEP 信息和组播树）不需要存在端到端的连接关系，这种关系仅限于一个矩阵内部。这样一来，我们就可以让一个矩阵使用组播来处理 BUM 流量，同时让另一个矩阵使用入站复制。同样，中间的 DCI 域可以完整且独立地复制 BUM 流量，具体做法取决于 DCI 自身。

要从一个矩阵切换到 DCI 域,那就需要在矩阵边界终结 VXLAN 封装,同时使用传统以太网来把必要信息传输到 DCI 域中。使用 VRF Lite 和 IEEE 802.1Q 中继可以让 VXLAN 相关的信息标准化,然后把数据隔离在相关(二层或者三层)环境中,并通过 DCI 域进行传输。从控制平面来看,如果使用 VRF Lite,那么各个 VRF 之间往往会建立 eBGP 会话,并且会通过这种会话把 IP 前缀信息从矩阵传输到 DCI 域。同样,每个二层 VNI 或者二层网络也需要跨越矩阵进行扩展,这时我们就需要在矩阵和 DCI 之间使用 VLAN 来扩展二层。只要流量到达了远端矩阵,设备就会根据数据平面的内容来做出转发决策。接下来,设备就会给流量封装上 VXLAN 头部,然后转发给这个矩阵中(目的端点所连接)的远端 leaf。

在数据从 VXLAN 切换到传统以太网时,可以应用执行点(如 QoS、限速器和其他风暴控制功能)。这些特性有可能帮我们隔离出那些无关的流量,防止错误信息被传播到远端的矩阵。同样,在 DCI 域中使用 OTV 可以在这些矩阵之间有效地传输数据流量。这可以帮助我们利用 OTV(作为一种 DCI 解决方案)所提供的其他便利因素。

矩阵互联方案 2 比方案 1 更能实现矩阵之间的相互隔离,但是这种方法需要在矩阵边界终止 VXLAN 封装,然后再用传统的以太网结构进行标准化。这可能会成为扩展性的瓶颈,因为在这个过程中,我们需要在线路上使用 VLAN ID 在 VRF 级或者网络级执行分段隔离。因为 VLAN ID 仅在通向 DCI 域的以太网接口上使用,所以 VLAN 的数量可能会因为每端口 VLAN 特性而大大增加。这需要管理员在矩阵边界和 DCI 节点上进行大量的配置和协调工作。这样有可能会让网络变得非常复杂。不过,VRF Lite 和 IEEE 802.1Q trunk 传统以太网规范的操作自动化(automation)可以大大减少管理员的工作负担。

9.4.3 矩阵互联方案 3(三层多站点)

矩阵互联方案 3 包含了对三层服务执行集成的 DCI 切换,如图 9-17 所示。这样一种处理矩阵间路由流量的可扩展互联方式需要执行分段功能,它没有 VRF Lite(矩阵互联方案 2)那样的缺陷。方案 3 所采用的方法,基本上还是前面那种多矩阵的概念,但这种方案会重新发起三层路由信息。在矩阵互联方案 3 中,我们只考虑集成的三层互联;二层组件会在矩阵互联方案 4 中进行讨论。

在方案 2 中,我们探讨过的一切关于覆盖层和底层的考虑因素都适用于方案 3。要从一个矩阵向 DCI 域执行切换,那就需要在一个矩阵的边界终结 VXLAN 封装,同时需要一种集成的方式来重新发起三层路由,从而把必要的信息通过 DCI 域进行传输。在这个方案中,这种集成的切换方法需要使用 LISP 或者 MPLS 三层 VPN(L3VPN)。除了本章前面提到的方法之外,未来还会出现一种 VXLAN BGP EVPN 集成的多站点解决方案。

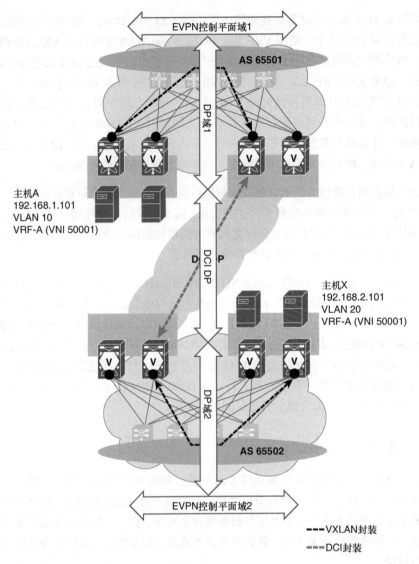

图 9-17 矩阵互联方案 3（三层多站点）

我们可以使用 MPLS L3VPN 来给 VRF 标识一个 VPN 标签。前面曾经提到过，三层 VNI 会在 VXLAN 头部中标识出一个 VRF。把 MP-BGP 和 L3VPN 地址族结合使用，我们就可以把 EVPN 前缀路由以 VPNv4/v6 路由的形式重新生成，然后通过边界节点通告到 DCI 域中。从数据平面看来，VXLAN 头部已经没有了，边界节点会给矩阵间的三层流量打上 VPNv4 标签和 MPLS 标签。这样就可以通过 MPLS 核心网络向远端矩阵转发数据包了。

使用 LISP 的效果也大同小异。边界设备会移除 VXLAN 头部并且添加一个 LISP 头部来标识

VRF。这种集成的切换方法可以把 VXLAN 信息标准化，然后把数据隔离在相关（二层或者三层）环境中，并通过 DCI 域进行传输。当 MPLS 或者 LISP 封装的流量到达远端矩阵的时候，边界节点就会执行相反的操作。换句话说，边界节点会移除 LISP/MPLS 头部，并且在执行三层查找之后重新使用 VXLAN 来封装流量，最后再把流量发送给矩阵中的目的 VTEP。如果想与远端矩阵建立二层连通性，那么这个方案可以把方案 2 也包含进来。

路由的流量是不需要二层执行点的。不过，这些流量可能还是需要防止路由环路的机制。在使用路由泄露来实现 VRF 间通信的环境中（无论是在边界节点直接实现通信还是通过融合（fusion）路由器实现 VRF 间通信），就有可能需要防环路的技术。

矩阵互联方案 3 保留了方案 2 的所有优点，同时方案 3 还提供了一种简化的、可扩展的多宿主三层 DCI 解决方案。使用独立的数据平面来封装三层流量，同时使用一种控制协议来执行信息交换，这可以避免使用以太网来对流量执行标准化，并且实现真正的隔离。

9.4.4 矩阵互联方案 4（二层多站点）

矩阵互联方案 4 和方案 3 的模型十分类似，它们都采用了集成的 DCI 切换。不过方案 3 覆盖了三层服务，而方案 4 则为二层服务提供了类似的机制，如图 9-18 所示。这种旨在扩展二层的集成互联方案可以为桥接服务提供一种可扩展的方式，使得与分段有关的信息不会发生变化。

在方案 2 中，我们探讨过的一切关于覆盖层和底层的考虑因素都同样适用于这个方案。要从一个矩阵向 DCI 域执行切换，那就需要在一个矩阵的边界终结 VXLAN 封装。同样，这种方案也会通过集成的方式来执行二层桥接，从而把必要的信息通过 DCI 域进行传输。不过，方案 2 采用的是 IEEE 802.1Q 中继，而方案 4 则规定采用向 OTV（将来也可以向 EVPN）执行集成切换的方法。

在一个矩阵中，一个二层网络会通过专门的二层 VNI 进行表示。通过 VNI 到 VNI 缝合的特性，VXLAN 封装的桥接流量就会从一个 VNI 映射到另一个 VNI，然后发送到 DCI 域。同样，二层 VXLAN 流量可以在边界节点上终止，然后直接封装上 OTV 头部。这种集成的切换方式可以让 VXLAN 相关的信息标准化，然后把数据隔离在相关（二层或者三层）环境中，通过 DCI 域进行传输。当流量到达远端矩阵时，边界节点就会执行反向操作，它会移除二层 DCI 头部，然后把桥接流量封装到 VXLAN 中，然后发送给目的 VTEP。在边界节点上的二层 DCI 切换点可以实施一系列操作，包括阻塞未知单播、应用对应 QoS 策略、实施限速或者其他风暴控制功能，把故障限制在一个给定的矩阵，防止这些错误信息扩散到远端矩阵。

矩阵互联方案 4 可以比方案 1 更好地提供隔离，但是比起方案 2 又能大大简化多宿主二层部署方案。使用独立的数据平面来封装二层流量，同时使用一种控制协议来执行信息交换，这

可以避免使用以太网来对流量执行标准化，并且实现真正的隔离。如果把这种方案和方案 3
结合起来使用，那么比起结合使用方案 1 和方案 2，这种方法可以用一种集成的、可扩展的、
安全的方式来对三层和二层进行扩展。如果把方案 3 和方案 4 结合起来使用，那就可以在
VXLAN 中提供集成 BGP EVPN 的多站点解决方案（这种解决方案自 2017 年开始使用）。

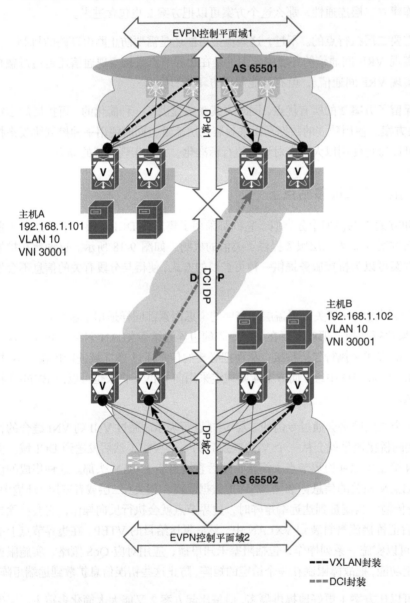

图 9-18 矩阵互联方案 4（二层多站点）

9.5 总结

这一章介绍了在 VXLAN BGP EVPN 部署方案中，与多 pod/多矩阵方案有关的各类概念。我们在这一章中，为 OTV 和 VXLAN 之间的重要差异，提供了简短的入门级信息。在大多数实际的部署方案中，pod 之间或者矩阵之间需要通过某种互联方式进行互联。本章探讨了在决定要使用多 pod 方案还是多矩阵方案时，应该考虑哪些因素。这些考虑因素包括底层协议、覆盖层协议、路由反射器的部署，汇集点的部署、vPC 的考虑因素等。本章也总结了建立多个 VXLAN BGP EVPN 矩阵之间互联的所有方案。

第 10 章

四～七层服务的集成

本章会对以下几项内容进行介绍：

■ 在 VXLAN BGP EVPN 网络中部署四～七层服务；

■ 在透明和路由模式中部署租户内和租户间防火墙；

■ 在单臂路由模式中部署负载均衡器；

■ 通过防火墙和负载均衡器部署服务链示例。

这一章会探讨把四～七层服务集成到基于 VXLAN BGP EVPN 的网络中，并且着重介绍这种环境和分布式 IP 任意播网关的结合。这一章也会涵盖保护租户边界的流程，以及流量如何离开 EVPN 服务的指定 VPN 或者 IP VRF，并且穿越租户边界服务节点。在这一章中，我们会重新审视租户边界服务的设计方案，这种方案经常会用来实现租户间的通信。本章也会介绍一些租户内流量的场景。在这种场景中，一个给定 VRF 中不同 IP 子网中的端点需要相互提供保护。这一章也会介绍如何在这种环境中，把策略路由（Policy-based Routing，PBR）和四～七层服务结合起来使用。

在这一章中，我们也会介绍其他常用的四～七层服务，譬如应用传输控制器（Application Delivery Controller，ADC）和负载均衡器。这也包括，在服务链示例中把负载均衡器和防火墙结合起来部署。除了防火墙和 ADC 之外，在四～七层空间内还有一些其他的服务。本章也会介绍派生出其他很多部署案例所需要的基础工作。总之，本章会介绍如何在 VXLAN BGP EVPN 网络中成功地集成四～七层服务。

10.1 在 VXLAN BGP EVPN 网络中的防火墙

如今，网络中使用的最常见的服务设备就是防火墙。如果组织机构要求网络具备某些安全性，或者在不同网络之间需要进行隔离，那么部署一台或者几台防火墙就可以满足这样的需求。大多数网络交换机或者路由器可以通过常规的 ACL（访问控制列表）来基于三～四层头部实施防火墙的规则；不过，如果要求查看应用的负载部分，以及如果要根据这些负载来设置安全规则，那么很可能就需要使用专门的安全设备（虚拟设备或者物理设备）了。

当今防火墙在执行策略和监控流量方面已经可以实现一定的复杂性。虽然防火墙有很多不同的类型可以部署（这取决于它们可以提供的特殊功能），但是它们也都具备一些基本的功能，这就是把（连接到外部网络的）内部网络保护起来，如图 10-1 所示。

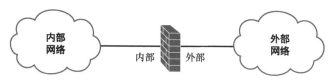

图 10-1　防火墙

一台防火墙上往往至少会配备 2 个接口：一个"IN"接口（指内部接口），防火墙会为这个网络提供保护；和一个"OUT"接口（外部接口，不可靠网络或者不受保护的网络）。这些接口本身可以是逻辑接口，也可以是物理接口。在网络中，防火墙既可以运行三层或者路由模式，也可以运行二层或者桥接模式（也称为透明模式）。在下面的内容中，我们会详细探讨这些部署模式，同时着重介绍这些模式在 VXLAN BGP EVPN 网络中的细微差别。

10.1.1　路由模式

在路由模式中，防火墙会为路由流量或者子网间流量提供保护。目前，我们可以把防火墙部署为一台路由器，并且基于 IP 路由来执行转发决策。当防火墙工作在路由模式下时，最简单的做法是让这台防火墙充当各个端点的默认网关。防火墙会执行所有子网间的操作，同时接口身后的网络只会提供二层（或者桥接）功能，如图 10-2 所示。

图 10-2 包含了 3 个网络，它们分别被标识为二层的 VNI 30001、30002 和 30003。这 3 个网络分别映射到 192.168.1.0/24、192.168.2.0/24 和 192.168.3.0/24 这 3 个子网。防火墙上配置了这些网络默认网关的 IP 地址（分别为 192.168.1.1、192.168.2.1 和 192.168.3.1）。在很多企业网络中，PCIE 的规范要求所有子网间通信都必须通过防火墙，以严格控制哪个端点可以与另一个端点通信。

往返于端点的流量会流经防火墙，因为防火墙会充当默认网关。不过，防火墙也可以基于静态或者动态路由来执行转发决策，就像一台普通的路由器一样。在静态路由环境中，防火墙所保护的 IP 子网（其位于防火墙 IN 接口身后）是通过在上游路由器上进行配置的方式来静态定义的。防火墙上往往会配置默认路由，这条路由指向通过 OUT 接口可达的下一跳路由器。

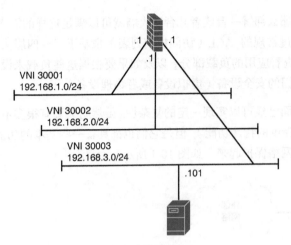

图 10-2 让防火墙充当默认网关

如果使用动态路由,那就需要采用路由协议,并在防火墙和网络中其他路由器/交换机之间建立路由邻接关系。新的网络可以添加进来并且受到防火墙的保护,同时不需要增加任何网络配置。不同防火墙厂商和软件版本可能不支持不同的路由协议,其中包括各类 IGP 甚至 BGP。这往往需要使用双向转发检测(BFD)进行补充,确保设备能够实现快速故障检测和快速收敛。

如果使用动态路由,那么网络和防火墙之间需要建立路由邻接关系,因此防火墙可以把所有被保护的子网通告到网络中。同样,从网络这一端,可能就需要把默认路由或者更加具体的外部路由通告给这台防火墙。对于学习响应网络的位置(即 IP 子网位置),这种方式可以大大提升网络的灵活性。

所有防火墙的高层功能都应该如常进行配置,比如 NAT(网络地址转换)、数据包监控和应用监控。即使防火墙上的转发规则进行了正确的配置来传输数据包,防火墙的其他功能仍然有可能防止流量转发。通过这种方式,虽然转发决策是根据动态学习到的信息来执行了,但是对安全的完整性丝毫不会产生影响。这可以让网络和安全的职责相互分离。

路由模式的另一个方面也需要考虑,那就是如何让防火墙对动态和静态路由都可以实现高可用性。对于防火墙来说,主用和备用设备之间有可能不会进行路由表的同步,具体是否会进行同步取决于防火墙的厂商和软件的版本。在这样的前提下,特别是在使用动态路由的情况下,备用设备既不会通过动态路由学习到任何路由条目,也不会建立路由邻接关系。

在需要执行故障切换的时候,备用防火墙会成为主用设备,此时它就需要和网络建立路由邻接关系。这时,它就需要学习到路由信息。只有在这种情况下,备用防火墙才能做好处理流量转发的准备工作。这样一来,虽然学习新网络非常简单,但是在防火墙上采用动态路由的方法的可行性就不高了,因为在出现故障的情况下,网络可能要花费数秒的时间才能重新实现收敛。

10.1.2 桥接模式

防火墙也可以工作在桥接模式下，这种模式也称为透明模式。在这种模式下，防火墙不会学习 IP 路由，也不会处理任何静态或者动态路由信息。此时，防火墙只会在转发的角度上充当一个安全的执行点，简直就像是"这条线路上的碰撞点"一样。把防火墙部署在透明模式的最大优势在于，管理员不需要为了 IP 编址的问题而对网络配置进行修改。

有很多不同的方法可以强制流量穿越防火墙或者执行设备，具体的方法取决于这台防火墙部署在了哪里。一种方法是把透明模式的防火墙部署在端点和默认网关之间。这样一来，从端点的角度来看，默认网关就位于不同的桥接域（或者说 VLAN）当中，而防火墙则可以透明地把这两个桥接域缝合在一起。

图 10-3 所示的为一个典型的透明防火墙部署方案，即防火墙的两只"手"分别被划分到了 VLAN 10 和 VLAN 100 当中。在这种环境中，每个端点要想建立外部通信都必须穿越防火墙的监控才能到达默认网关。同样，所有发送给受保护端点的流量也必须受到防火墙的监控。在这种部署方案中，防火墙的 MAC 地址表会用来做出转发决策，这就像是普通交换机的工作方式一样。端点和默认网关也就被防火墙隔离开了。每个 IP 子网都必须使用多个桥接域或者 VLAN 来强迫流量穿越这台防火墙。因此，这种方法也被人们称为"VLAN 缝合"（VLAN stitching）。

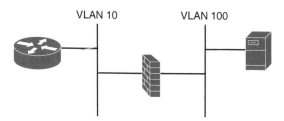

VLAN 10　　　VLAN 100

图 10-3　使用 VLAN/L2 VNI 缝合的透明防火墙

如果需要采用一种扩展性更强的解决方案，那么人们就需要一种服务边缘设计方案，这就需要创建一个路由"三明治"。传输防火墙会位于两台路由器（无论是逻辑的还是物理的）之间，这两台路由器会通过透明防火墙建立路由邻接关系，并且为受保护网络和不受保护网络交换所有必要的路由协议。

为了创建出这个路由或者路由器"三明治"，每个路由器都必须向对等体接口通告一个专门的 MAC 地址。否则，防火墙就不能正确地转发流量，因为源和 DMAC 是相同的。这自然会导致一些网络问题。我们之所以在这里提到这一点，是因为很多小的交换平台往往会让所有路由接口（包括物理接口和逻辑接口）共用一个 MAC 地址。这就有可能让使用路由器"三明治"的方式来部署透明防火墙变得很不合实际。

10.1.3   通过静态路由实现防火墙冗余

如果防火墙运行在路由模式，并且用高可用性对（HA 对）的形式来部署，那么关于 HA 对和 VXLAN BGP EVPN 之间如何连接是值得认真考虑的。如果两个防火墙实例都连接到同一个 leaf 或者通过 vPC 连接到同一个 leaf 对，那就不需要针对故障切换进行什么专门的考虑。从路由和转发的角度来看，在出现 HA 事件的情况下，为防火墙提供服务的 VTEP IP 地址不会发生变化。

如果防火墙连接到不同的 leaf 或者 leaf 对（无论是否通过 vPC 进行连接），那么在出现 HA 事件的情况下，用来和防火墙通信的 VTEP IP 地址就会发生变化。在这种情况下，只有充当活动防火墙实例的 VTEP 应该考虑转发的问题，同时选择去往这个 VTEP 的最有效路径。

为了进一步说明包含防火墙的冗余性设计方案，防火墙的 IP 地址会一直用于活动防火墙节点。一般来说，备用防火墙节点会处于沉睡状态，同时会不断监测活动防火墙节点的健康状态。如果出现故障，备用节点就会接管，确保网络中断造成的影响最小。因此，在这样一个网络中，连接到互动防火墙节点的 VTEP 应该把防火墙的可达性通告到 BGP EVPN 网络中。

如果在与活动防火墙直连的 VTEP 上使用静态路由，静态路由就会成为主用路由。这是因为静态路由的下一跳 IP 地址是防火墙，防火墙的 IP 地址会在本地通过 ARP 进行解析。在 Nexus 交换机上的 Cisco BGP EVPN 实施方案中，这类信息就会通过一个叫作主机移动性管理器（HMM）的组件安装到本地路由表中。

到目前为止，在连接活动防火墙的位置所配置的静态路由都可以正常工作，我们没有什么其他的因素需要考虑。但是一旦防火墙需要建立高可用性，这一点就会发生变化。在这种场景中，防火墙 HA 对需要分开，备用防火墙需要和当前活动防火墙位于不同 leaf 或者 leaf 对的身后，如图 10-4 所示。这样假设是为了能够在网络中的给定位置为配置路由条目提供全面的背景信息。

如果防火墙需要分开，那就需要考虑很多因素了。但是在如今这样的虚拟服务设备和横向扩展环境中，我们最好能考虑到所有可能的设计以及故障方案，来满足这样的需求。

如果在 HA 事件中，备用防火墙位于另一个 VTEP 身后，那么主用防火墙对应的物理位置就会发生变化。即使位置发生了变化，在此前活动防火墙的位置上配置的静态路由仍然是有效的。于是，流量还是会被转发给防火墙，并且发送给老的 VTEP 所在的那个位置。这是因为静态路由的下一跳（也就是防火墙的 IP 地址）还是会保留在路由表或者 RIB 中。

在发生 HA 事件的情况下，新的 VTEP 会通过 ARP 学习到防火墙的 IP 地址，它会在本地路由表中创建出一个 IP 地址条目，然后再通过 BGP EVPN 把这个条目作为一个 IP 前缀分发出去。所有远端 VTEP（包括连接之前活动防火墙的 VTEP）都会接收到这个信息，并且把这个条目安装/更新到 RIB 中。让这个条目出现在路由表中，之前的 VTEP 就会让静态路由继续保持生效。

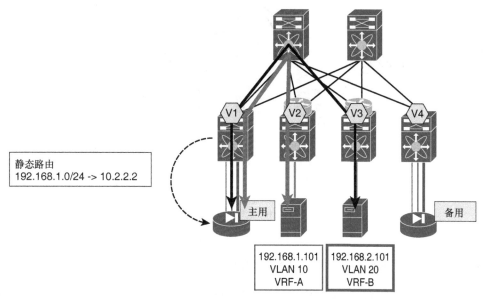

图 10-4　通过静态路由实现防火墙故障切换（稳定状态）

在最理想的场景中，大致 50%发往防火墙的流量会得到次优转发。在最不理想的场景中，这种流量就会被转发到黑洞中，这就会因为冗余事件而导致交通中断。

在图 10-4 中，拥有集群 IP 地址 10.2.2.2 的防火墙连接到了 VTEP V1（图中简写为 V1，余同）。在防火墙身后，受保护子网的前缀为 192.168.1.0/24。防火墙的 IP 地址是在 VTEP V1 本地通过 ARP 解析学习到的，这个地址也会通过 HMM 安装到路由表中。在 VTEP V1 上配置静态 IP 路由的时候，要让 192.168.1.0/24 通过 10.2.2.2 到达。为了让整个 VXLAN BGP EVPN 网络都可以获得这条路由，这条静态路由会被重分布到网络中的所有 VTEP 上。

在这种稳定的状态下，当一个不同网络（VLAN 20）中的一个端点希望访问受保护 IP 子网 192.168.1.0/24（VLAN 10）中的一个端点时，第一个端点就会沿着重分布的路由把流量转发给 VTEP V1。接下来，这个数据包就会到达主用防火墙，然后最终到达受保护的 IP 子网。

如果发生了一个事件，导致主用防火墙故障切换到 VTEP V4 身后的备用防火墙，如图 10-5 所示。当这种情况发生的时候，防火墙的集群 IP 地址 10.2.2.2 就从 VTEP V1 转移到了 VTEP V4。于是，防火墙的 IP 地址就会在 VTEP V4 本地通过 ARP 解析学习过来，同时这个地址也会通过 HMM 安装到路由表中。

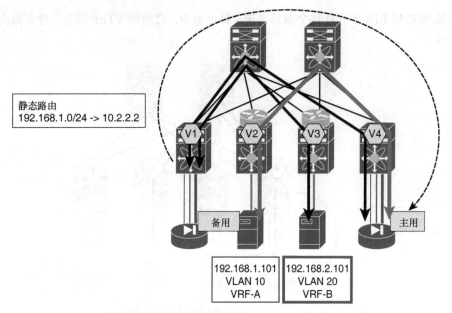

静态路由
192.168.1.0/24 -> 10.2.2.2

备用

主用

192.168.1.101
VLAN 10
VRF-A

192.168.2.101
VLAN 20
VRF-B

图 10-5 通过静态路由实现防火墙故障切换（故障切换状态）

随着这个集群 IP 地址通过 BGP EVPN 从 VTEP V4 分布出去之后，VTEP V1 上的这个静态路由还是会拥有一个有效的下一跳。在这种故障切换状态下，当不同网络中的一个端点希望访问受保护 IP 子网 192.168.1.0/24 中的一个端点时，流量就会沿着重分布的路由被发往 VTEP V1。接下来，流量就会被发送到 VTEP V4，最终通过防火墙到达受保护的 IP 子网。

根据前面的解释我们可以看出，对于所有连接防火墙的 VTEP 来说，拥有这条静态路由可能是一种可行的做法。在这种情况下，流量有一部分是最优转发的，另一部分则是次优转发的。这种情况不仅适用于故障切换状态，也适用于稳定状态。在下面的内容中，我们会针对防止次优转发的目的，探讨两种推荐的解决方案。

1. 在服务 leaf 上执行静态路由追踪

在 VXLAN BGP EVPN 网络中，只要一个端点、一台防火墙或者其他任何设备连接到了充当分布式 IP 任意播网关的 leaf 节点，那么它就会通过 ARP 学习到 IP 地址，并且通过 HMM 把地址安装到路由表中，然后把它分发进 BGP EVPN 中。如果使用这种方式，那么在为防火墙身后的受保护 IP 子网添加静态路由时，系统会把路由追踪条件添加到这条路由中。

只有在静态路由是通过 HMM 学习到的时候，服务 leaf（也就是连接防火墙的 leaf）上配置的静态路由才可以成为活动状态。如果静态路由的下一跳通过 HMM 之外的方式学习到，那么它会防止这条配置的静态路由继续保持活动状态。或者，如果通过 BGP 学习到路由的下一跳，静态路由就会变为非活动的（inactive）。因此，只有主用防火墙所在的 VTEP 上，静态路由才是活动的。

在防火墙所连接的 leaf 上需要完成下面的特别配置，让防火墙的集群 IP 地址（在本例中为 10.2.2.2）可以被追踪，并且只能通过 HMM 进行学习。

```
track 5 ip route 10.2.2.2/32 reachability hmm
ip route 192.168.1.0/24 10.2.2.2 track 5
```

2. 在远端 leaf 上执行静态路由

另一种 HMM 配置路由追踪的方法，是在远端 leaf 上使用静态路由解析。换句话说，我们可以在所有远端 leaf 上配置静态路由，只要这个远端 leaf 上连接的端点需要访问防火墙身后的受保护子网。具体的做法是：

```
ip route 192.168.1.0/24 10.2.2.2
```

这只是配置一条去往远端网络的常规静态路由。这里值得一提的是，当下一跳位于远端 VTEP 身后时，这需要远端 leaf 支持递归路由解析。活动防火墙的 IP 地址会在服务 leaf 上学习到，并且通过 BGP EVPN 无条件地通告给所有远端 leaf。在发生 HA 事件时，备用防火墙就会接管（主用防火墙的工作），这时它一般会发送一个 GARP（免费 ARP）或者 ARP 请求来宣告自己"接管了"这个网络。连接到备用防火墙的 leaf 节点会学习到防火墙的 IP 地址，并且充当一条本地的条目。在快速 EVPN 序列号辅助的移动性收敛事件中，流量会被发送给连接主用防火墙的 VTEP。通过这种方式，从 BGP EVPN 网络的角度来看，防火墙 HA 事件的处理方式就和其他端点移动事件类似。

10.1.4 物理连通性

有很多方式可以把一台防火墙连接到一个 leaf 或者一对 leaf。连接的方法包括用一个接口进行连接，用一个逻辑端口信道，以及使用一个虚拟 PortChannel（vPC）等。用一个接口来连接一个 VTEP，或者用一个端口信道来连接一个 VTEP，这两种方法其实大差不差。在这里我们可以采用建立二层和三层连通性的做法，这对路由协议没有什么特殊的影响。

在使用静态路由的条件下，如果 VTEP 端使用交换机虚拟接口（SVI），那么使用二层接口或者端口信道（port channel）是最常用的做法，同时防火墙会提供各类逻辑接口作为选择。在 VTEP 和防火墙之间，要使用 VLAN ID 来分隔不同的逻辑防火墙接口，只要这种做法符合部署的方案即可。另外，如果需要使用比 VLAN 更强的隔离手段，那就可以使用单独的物理或者端口信道（port channel）接口。不过，这可能需要在独立的接口中使用 VLAN，来对 VTEP 或者防火墙中的逻辑接口进行编址。

在一个防火墙只连接到一个 leaf 的情况下，可以通过防火墙的高可用性功能来实现冗余。在这里，我们假设用一个 VTEP 来服务 HA 对中的一个防火墙，另一个独立的 VTEP 则服务 HA 对中的另一台设备。在这些实例中，防火墙负责提供设备冗余性，而网络则会提供路径冗余性。

从操作的角度来看，这就是在网络中部署防火墙最简单的方式，因为负责的交换机不需要结成"命运共同体"。防火墙的冗余是通过两台防火墙来实现的，网络冗余则是通过两台网络交换机来提供的，链路冗余则是通过本地端口信道中的两个接口来做到的。

如果还需要在部署方案中实现更高水平的冗余，那么 vPC 也可以提供一些其他的网络方案。vPC 可以使用动态路由协议，但是具体选择哪种协议需要格外谨慎。有些硬件平台或者软件版本可以支持基于 vPC 的动态路由协议，但即使拥有这种特性，它在使用方面仍然面临着一些限制。只要我们必须使用 vPC，那就一定要查询对应软件版本的说明信息以及配置指导，了解这个软件是否支持这种环境。

如果需要通过 vPC 来实现冗余，那就可以考虑把各防火墙分别连接到一个独立的 vPC 域和对应的交换机对。这种实施方式会在一个 vPC 域中建立起命运共同体。我们在此建议其他和网络冗余性相关的需求也一定要得到满足。HA 对中的两台防火墙也可以连接到同一个 vPC 域，但是在这种方案中，vPC 域的操作任务就必须放到整体的冗余性设计方案中进行考虑。

在探讨部署模型、模式和连通性的时候，一定要考虑到防火墙或者防火墙 HA 对的位置。在物理网络中定义了它们的位置之后，我们也同样必须考虑如何在防火墙上配置各个逻辑组件，包括 VRF、分布式任意播网关和 VNI。我们在一开始就曾经说过，防火墙可以部署在 VXLAN BGP EVPN 网络中的任何位置。问题是，防火墙所连接的网络交换机必须能够封装和解封装 VXLAN 流量，并且在网络中充当 VTEP。在大多数常见的 spine-leaf 部署方案中，leaf 会负责提供 VTEP 服务。如果网络中存在边界，那么防火墙可能需要连接到边界节点。

10.2　租户间/租户边缘防火墙

租户间（或者说租户边缘）防火墙是指部署在一个租户出口点（或者一个租户边缘）的安全执行点。所谓租户有很多不同的定义，但是在这里，我们经常会把租户这个词和 VRF 以及 VPN 交替使用。租户边缘防火墙可以放行往返于一个 VRF 的流量。这种环境中所采用的方法往往称为 VRF 缝合（VRF stitching），因为服务设备（在本例中就是防火墙）会把内部 VRF（或者说受保护的 VRF）和外部 VRF 缝合在一起。外部 VRF 甚至有可能直接连接到互联网。在一个 VXLAN BGP EVPN 数据中心网络中，内部 VRF 就是一个 VPN，它可能包含了多个 IP 子网。同样，在整个网络中，各个位置都有可能部署 VPN 或者 VRF。

图 10-6 描述了租户边缘防火墙环境中的一组逻辑的数据流。在这个环境中，租户 1 有一个 VRF-A，其中包含 3 个网络（即 192.168.1.0/24、192.168.2.0/24 和 192.168.3.0/24）。这些网络中的主机（主机 A、主机 X 和主机 R）只要向 VRF 之外的目的发送流量，那么这些流量

就需要穿越租户边缘防火墙。同样,去往这些主机的外部流量也需要首先穿越租户边缘防火墙。只有在防火墙配置了对应的放行规则时,这组流量才可以进入 VRF-A。通过这种方式,只要这个 VRF 中的一个端点希望向这个租户之外发送流量,那么这组流量就会沿着对应的网络路径去往出口,而这个出口由防火墙来进行控制。

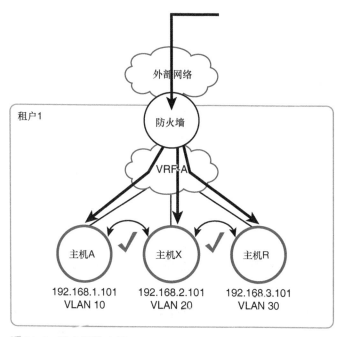

图 10-6　租户间防火墙

正如端点可以位于 VXLAN BGP EVPN 矩阵中的任何位置,防火墙也同样可以位于任何 leaf 节点身后。部署的最佳实践是把租户边界防火墙部署在服务 leaf 或者边界 leaf。在边界 leaf 环境中,一台租户边缘防火墙往往会负责控制外部访问。一旦流量进入了租户、VRF 或者 VPN,租户边缘防火墙就不会再进行进一步的控制。这表示在这个租户中,各个 IP 子网之间的流量不会被强制要求穿过租户边缘防火墙。

一旦根据管理员配置的策略,流量获准进入 VRF,那么流量就可以自由地在 VRF 边界内部进行通信。总之,租户边缘防火墙是流量出入这个租户、VRF 或者 VPN 环境的“守门员”。

如图 10-7 所示,在一个 VXLAN BGP EVPN 矩阵中,一个租户边缘防火墙 HA 对连接到了边界。防火墙与边界之间可以独立建立连通性,也可以通过 vPC 域建立连通性。连接到端点 192.168.1.101 的 leaf 节点在 VRF-A 中本地配置了子网 192.168.1.0/24。同样,连接到端点 192.168.2.102 的 leaf 节点在 VRF-B 中本地配置了子网 192.168.2.0/24。VRF-A 和 VRF-B 中的网络需要受到保护。VRF-C 是一个不受保护的网络,这个网络和互联网或者 WAN 相连。VRF-A、VRF-B 和 VRF-C 都创建在了租户边缘防火墙所连接到的边界上。

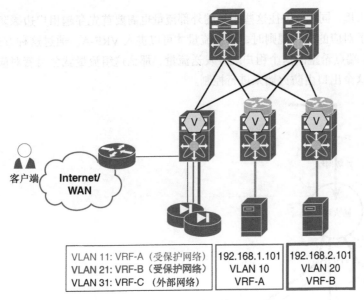

VLAN 11: VRF-A（受保护网络）
VLAN 21: VRF-B（受保护网络）
VLAN 31: VRF-C（外部网络）

192.168.1.101
VLAN 10
VRF-A

192.168.2.101
VLAN 20
VRF-B

图 10-7　在边界 leaf 上部署租户边缘防火墙

如果一个外部客户端希望连接到端点 192.168.1.101，那么从客户端发起的流量需要通过外部路由器进入 VXLAN BGP EVPN 网络，并且到达（不受保护的）VRF-C 中的边界 leaf。流量会根据 VRF-C 中的路由信息被转发到防火墙 HA 对（尤其是主用防火墙节点）并且受到监控。

主用防火墙会对流量应用相应的安全策略。如果流量得到放行，那么防火墙就会根据路由表来做出转发决策，判断流量应该通过哪个接口进行发送，以到达 VRF-A 保护的边界 leaf。一旦流量进入了边界 leaf 上的 VRF-A，设备就会使用 VXLAN 来对流量进行封装，并且更加高效地发送给端点 192.168.1.101 连接的 leaf 节点。我们在前文曾经提到，因为这是路由转发过来的流量，所以头部包含的 VXLAN VNI 对应的是 VRF-A 所对应的三层 VNI。

如果端点 192.168.1.101 希望访问 WAN/互联网，那么端点发送的数据流会被转发到默认网关，也就是直连 leaf 上的分布式 IP 任意播网关。一旦流量到达 leaf，leaf 节点就会执行路由查找，找到默认路由以及 VRF-A 的出口点（租户边缘）。边界 leaf 会通告 VRF-A 中的默认路由。根据查看路由表的结果，流量会被封装上 VXLAN 协议（头部携带 VRF-A 对应的 VNI），并被转发给边界 leaf。

在边界 leaf 上，离开 VXLAN BGP EVPN 网络的默认路由会指向防火墙 HA 对。在到达防火墙之后，防火墙会查看本地路由表，并且把流量转发给正确的下一跳。在这种情况下，查看的结果会匹配默认路由，而默认路由指向 VRF-C 中的边界 leaf。一旦流量进入了 VRF-C，外部路由会通过学习到的默认路由来为流量提供出口，流量会沿着这条路径到达外部世界，也就是 WAN 或者互联网。

在租户边缘防火墙和外部路由器连接的不受保护网络 VRF-C 之间，连接的方式可谓不一而足。一种做法是提供一个二层网络，让防火墙可以直接和外部路由器建立三层邻接关系，如图 10-8 所示。这种方法乍一听比较简单，但是如果网络中有多个路由器和多个防火墙，那么复杂性就有可能会增加。

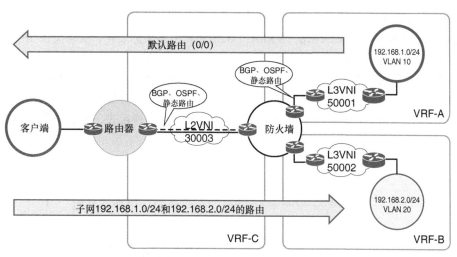

图 10-8　租户边界防火墙连接的逻辑拓扑（桥接不受保护的流量）

另外，VXLAN BGP EVPN 网络可以成为外部路由器和防火墙的路由邻居。在这种情况下，路由器和防火墙会与它们直连的 leaf 建立本地路由邻接关系，如图 10-9 所示。于是，所有这些信息都会被重分布到 BGP EVPN 控制协议当中。此时，读者一定要理解路由邻接关系可以通过物理或者逻辑接口来建立。

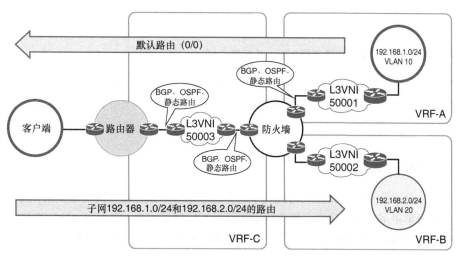

图 10-9　租户边界防火墙连接的逻辑拓扑（路由不受保护的流量）

如果使用逻辑接口或者 SVI，那么这个接口不应该作为分布式 IP 任意播网关。这是有很多原因的。首先，这样一个接口会导致多个路由器 ID 出现重叠，因为每个 leaf 可能会用相同的 IP 地址来建立对等体关系。不仅如此，这里不需要逻辑接口，因为物理接口在收敛方面可以提供更多的优势。同样，逻辑接口可能需要使用其他的协议，比如 BFD。

如果把防火墙部署在桥接模式（或者说透明模式）下，那么在受保护网络（VRF-A/VRF-B）的逻辑路由器实例和不受保护网络（VRF-C）的逻辑路由器实例之间，必须交换 IP 信息，如图 10-10 所示。这样一来，必须为每个网络在防火墙受保护网络一端提供逻辑接口或者物理接口，以建立路由的邻接关系。另外，在防火墙的不受保护一端也需要使用其他逻辑接口或者物理接口。我们在前面描述在桥接模式下部署防火墙的时候曾经提到，各个接口必须拥有独立的 MAC 地址。防火墙需要根据这些地址来创建自己的桥接表，因为如果 MAC 地址都是相同的，那么防火墙就不需要转发任何流量。

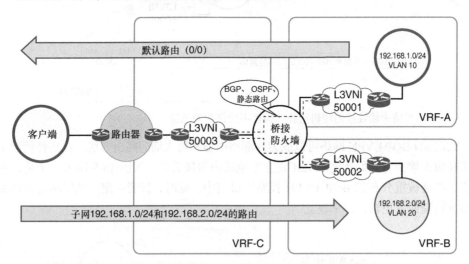

图 10-10　租户边界防火墙连接的逻辑拓扑（桥接防火墙）

在这种模型中，防火墙只会充当安全执行点和潜在的地址转换点。防火墙的所有转发都是在纯桥接模式下执行的，而逻辑路由器或者 VRF 会确保从受保护网络发送的流量可以到达不受保护的一端，反之亦然。

10.2.1　服务边缘设计

各类白皮书、设计指导方针和图书都提到了服务边缘设计方案。通过网络虚拟化，这样的部署方案就会简单很多，这是因为多租户的结构已经被反映了出来。在 VXLAN BGP EVPN 环境中，VRF 或者 VPN 的结构是现成的，这可以简化通过网络进行分段传输的做法。

如果需要对防火墙或其他服务层进行标准化，那么可以考虑传统方法。比如我们之前描述的那种和外部连通性相结合的方式。使用 VXLAN BGP EVPN 的数据中心网络可以实现多租户，并且可以和各类服务边缘部署方案进行集成。

10.2.2　租户内防火墙

租户内或者东西向防火墙会部署在租户或者 VRF 中的网络中，以充当一个安全执行点。网络、VLAN 和 IP 子网这些词在这部分内容中会交替使用。租户内防火墙可以在网络之间执行访问控制。对于 VXLAN BGP EVPN 数据中心矩阵，网络是一个二层 VNI，它是指矩阵中任意位置（即 leaf）中的一个 IP 子网。

只要网络中任意指定 leaf 节点上所连接的一个端点希望访问不同网络中的一个端点，那么流量就会沿着网络路径被发送到出口点，而出口点是由防火墙进行控制的。正如端点可以位于 VXLAN 矩阵中的任何位置，防火墙也可以部署在每个 leaf 节点身后。不过，防火墙往往都会连接在几个服务 leaf 或者边界 leaf 身后。

我们在探讨租户边缘防火墙的时候曾经提到，一旦流量进入了租户、VRF、VPN，防火墙就不会执行任何进一步的控制。这种控制是租户内（或者说东西向）防火墙的责任。换句话说，控制一个租户中各个 IP 子网之间的数据流量的工作是由租户内防火墙来执行的。

当一个网络中的端点希望和另一个网络中的端点进行通信的时候，东西向防火墙会监控通信，并且执行针对东西向通信配置的策略集。图 10-11 所示的为一个租户内防火墙部署的示例。在这个环境中，租户 1 中的 3 个 VLAN 受到了东西向防火墙的保护。具体来说，这 3 个 VLAN（即 VLAN 10、VLAN 20 和 VLAN 30）会映射到 3 个不同的二层 VNI（L2VNI 30001、L2VNI 30002 和 L2VNI 30003），每个 VNI 都对应一个不同的子网（192.168.1.0/24、192.168.2.0/24 和 192.168.3.0/24）。在防火墙上配置的策略可以确保不同子网之间的流量会被拒绝。

在 VLXAN BGP EVPN 网络中，租户内防火墙有很多不同的部署方式。一种方法是集成路由模式的防火墙，并且为防火墙连接的网络提供默认网关。这种实施方式要求 VXLAN 网络仅工作在二层模式下，不需要配置分布式 IP 任意播网关和 VRF。在这种条件下，端点会通过 VXLAN 二层 VNI 来和防火墙上配置的默认网关进行通信，而防火墙则会执行所有第一跳路由，如图 10-12 所示。在图 10-12 中可以看到，VLAN 10 映射为 L2VNI 30001，这个 VNI 会在防火墙受保护的那段终结，这也是那个子网默认网关所在的位置。同样，VLAN 20 映射为了 L2VNI 30002。防火墙不受保护的一段映射为 L2VNI 30003，相关的路由前缀会通过这个网络进行交换，让受保护子网中的端点可以和其他子网中的端点相互通信。在这个场景中，租户内防火墙会被部署为路由模式。

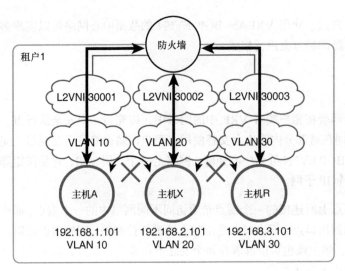

图 10-11 租户内/东西向防火墙

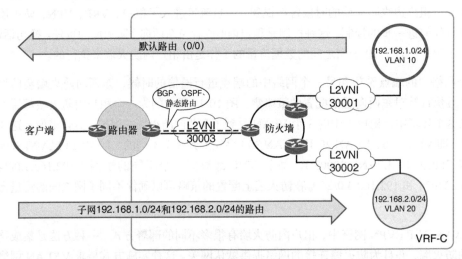

图 10-12 由租户内/东西向防火墙充当默认网关

Cisco 的 VXLAN BGP EVPN 实施方案可以让网络工作在纯二层模式下。控制协议只会单纯地用来分发 MAC 前缀和执行 ARP 抑制。在这种情况下，东西向防火墙会提供一个类似于集中式默认网关的功能，很多传统非矩阵环境采取的都是这种方式。

如果把防火墙部署为透明模式，我们的方法就会发生一些细微的区别，如图 10-13 所示。VLAN 10、20 和 30 都属于子网 192.168.1.0/24。VLAN 10 和 20 中的端点需要受到防火墙的保护。在这种情况下，我们还是可以利用 VXLAN BGP EVPN 网络中的分布式 IP 任意播网关，把它和二层的方式结合起来。防火墙会连接到给某个网络充当分布式 IP 任意播网关的 VTEP。在图 10-13 中，我们把这个网络标识为了 VLAN 30。整个 VXLAN BGP EVPN 矩阵都可以访问这个网络，这个网络代表的是网络不受保护的一端。端点可以连接到 VLAN 30 中的网络，但是从其他网络发往这些端点的流量会直接进行路由，透明防火墙不会对流量实施任何策略。

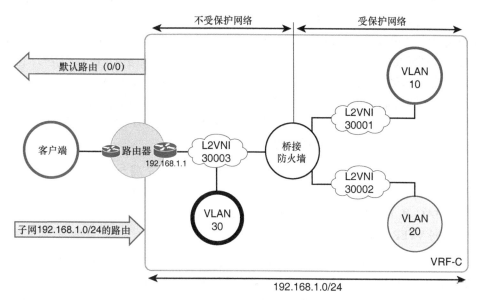

图 10-13   租户内/东西向防火墙-透明模式

充当分布式 IP 任意播网关的 VTEP 和防火墙之间，是通过传统以太网中继连接起来的，这个以太网链路会把不受保护的网络和默认网关连接到防火墙。防火墙工作在透明模式下，并且对所有（穿越防火墙的）流量实施相应的安全策略。

因为透明防火墙就像线路上的碰撞点，所以受保护一端和不受保护一端是用不同 VLAN ID 进行标识的。具体来说，如图 10-13 所示，VLAN 10 和 VLAN 20 表示受保护的一端。受保护的 VLAN 会把流量发送给 VTEP，同时这两个 VLAN 也会映射为不同的二层 VNI，让整个 VXLAN BGP EVPN 网络可以访问到这些受保护的网络。这种方式可以更好地利用分布式 IP 任意播网关。要注意，VLAN 10、20 和 30 中的所有端点共享相同的默认网关 IP，因为它们都属于同一个子网，也就是 192.168.1.0/24。不过，默认网关 IP 只在 VLAN 30（映射为 VNI 30003）中配置。

透明防火墙部署方案的好处在于，整个 VXLAN BGP EVPN 网络都可以使用受保护和不受保护的桥接域。这不仅可以提升灵活性，而且可以让防火墙、分布式 IP 任意播网关和二层与三层 VNI 能够共存。如果防火墙部署在路由模式并且充当默认网关，这是不可能实现的。同样，这种实施方式可以更加轻松地和 vPC 进行集成，因为不需要专门向防火墙执行三层操作。

在使用 VXLAN BGP EVPN 网络通过分布式 IP 任意播网关来提供二层和三层功能的时候，我们还有一些其他的因素需要考虑——尤其是在防火墙处于路由路径当中时。

比如，当一个端点（192.168.1.101）希望连接到不同网络中的一个端点（192.168.2.101）时，防火墙必须能够监控这组东西向流量。在这个使用了分布式 IP 任意播网关的 VXLAN BGP EVPN 网络中，防火墙会参与路由，同时防火墙自己也处于网络之中。也就是说，防火墙会宣告自己需要保护的 IP 子网。因为这些 IP 子网前缀并不像主机路由（IPv4 中是/32 位）那么精确，所以防火墙宣告的路由有可能会被忽略。在端点 192.168.1.101 发送的子网间流量到达分布式 IP 任意播网关的时候，它会对目的端点 192.168.2.101 执行查找。由于两个 IP 子网同属一个 VRF，所以 LPM 查找匹配到了主机路由 192.168.2.101/32。这条路由对应的下一跳是出向 VTEP，也就是目的端点所在的 VTEP。

于是，防火墙所通告的 IP 子网路由就被互联了。因此，在两个端点之间监控流量的需求没有满足。我们在前文提到过，分布式 IP 任意播网关不仅会为端点提供第一跳路由功能，它也负责从 MAC 和 IP 的角度通告端点的位置。通过这种方式，在覆盖层就可以实现从入向 VTEP 到出向 VTEP 的最短路径路由。

在需要对穿越防火墙的流量执行监控时，前面介绍的方法绝对应该否决。我们已经解释过了，防火墙通告 IP 子网的做法起不到作用。如果防火墙通告主机路由，那么最可能的结果是在目的查找之后，设备采用 ECMP 路径转发流量，两条路径的下一跳分别是防火墙和出向 VTEP。不过，这样还是没法满足所有子网间流量必须通过租户内防火墙进行监控的需求。

如果要使用东西向防火墙对相同 VRF 的网络执行监控，那么传统的这种基于目的的路由无法满足需要，我们必须选择其他不同的方式。一种方式是把一个网络设置为纯二层模式，并且用防火墙充当那个网络的默认网关。这样一来，这个网络就不需要使用分布式 IP 任意播网关了。但是其他网络可能依然需要使用分布式 IP 任意播网关。不过，如果网络的数量超过两个且同时需要防火墙执行监控，那么这种做法的限制就很明显了。在这种情况下，只有一个网络可以使用分布式 IP 任意播网关，所有其他网络则把防火墙当作默认网关。因为在 VXLAN BGP EVPN 网络中使用分布式 IP 任意播网关可以提供巨大的优势，所以在受保护网络和不受保护网络位于同一个 VRF 中时，把分布式 IP 任意播网关和东西向防火墙结合起来使用是有必要的。

如果使用策略路由（PBR），那么路由设备可以根据各个分类匹配标准做出不同的路由决策。具体来说，由 PBR 分类的流量可以被递归转发到某一台防火墙，如图 10-14 所示。这表示，如果从 IP 子网 192.168.1.0/24 发送出来的流量想要到达 IP 子网 192.168.2.0/24，那么这组流量就会经过分类之后被发送给防火墙。这台防火墙既可以位于配置了 PBR 规则的 VTEP，也可以位于 VXLAN BGP EVPN 网络中的其他地方。

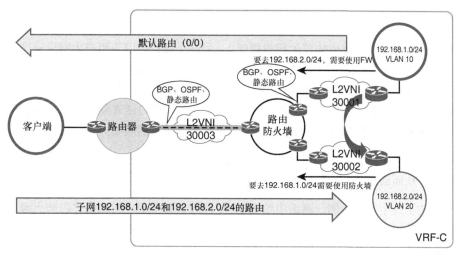

图 10-14 租户内/东西向防火墙——策略路由

PBR 匹配的结果会指向一个下一跳，这需要执行递归查找并且下一跳通过 VXLAN 可达。只要下一跳是已知并且可达的，这就有可能做到。因为我们假设从端点 192.168.1.101 去往 192.168.2.101 的流量必须发送到防火墙，同时返程流量也必须穿过防火墙，所以我们必须把 PBR 规则配置在为端点 192.168.2.101 提供服务的 VTEP 上。如果子网 192.168.1.0/24 中的每个端点在和子网 192.168.2.0/24 中的端点进行通信时都需要受到保护，那么 PBR 规则必须安装到所有为这些子网提供服务的 VTEP 上。存在分布式 IP 任播网关，同时端点分布在整个矩阵当中，这可能意味着 PBR 规则要配置在这些子网对应的 IRB 接口下的所有 leaf 上。如果 VRF 中需要保护的子网数量增加，那么 PBR 规则集可能很快会变得非常冗长。如果 VRF 中的网络数量大幅度增加，那么管理这些规则和维护网络的复杂程度，就会让使用 PBR 的方式难以为继。另外，ACL 表项也需要安装大量的 PBR 规则，这一点也值得格外关注。

如果使用 PBR 的方式，我们就可以对端点与端点之间的 IP 子网流量提供保护，而这组流量可以在通信过程中因为性能原因而绕过防火墙。虽然网络服务头部（Network Services Header，NSH）、分段路由（Segment Routing，SR）和 LISP 都是当前和服务重定向有关的有效标准，但通过 PBR 也可以在 VXLAN BGP EVPN 网络中逐跳地影响和控制流量转发。在接下来的内容中，我们会介绍 VXLAN 和上述这些技术相结合的方法，这样就可以简化 VXLAN BGP EVPN 网络中的流量定向规则。

10.2.3 混合租户内和租户间防火墙

数据中心网络不是统一规格的，因此东西向和南北向安全策略的需求必须同时实施。在前面的内容中，我们曾经详细解释了在 VXLAN BGP EVPN 网络中部署防火墙的方式。只要操作模式是相同的（同为路由模式或者透明模式），这些方法就不会互斥。

防火墙可以工作在配置了路由协议的租户边缘上，另一个接口可以为租户内网段充当默认网关。不过，这就产生了一个问题，我们能不能在网络中的一台防火墙上把略有不同的模式和位置混合起来使用。一般来说，组织机构都需要逐层把网络分隔为不同的阶段。为了支持这种分隔的需求，当今的防火墙可以支持虚拟化，并且用专用接口或者共享接口来创建很多虚拟防火墙。这种方式可以比 VLAN 或者 VRF 提供更加逻辑化的隔离。

无论用一个还是多个防火墙来搭建一个基础设施，这些防火墙的部署、功能和集成方式都应该足够灵活，从而满足所需的部署方式。

图 10-15 描述了一个部署示例，网络中给 VRF-A 同时部署了租户间和租户内防火墙。逻辑拓扑也描述了防火墙连接的一个服务 leaf，以及各类端点可以连接的普通 leaf。租户间网络 192.168.1.0/24 和 192.168.2.0/24 都属于连接到同一个 VTEP（leaf1）的 VRF（即 VRF-A）。

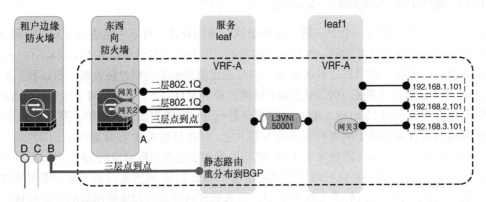

图 10-15　租户间和租户内防火墙

因为东西向防火墙成为了这些网络的默认网关，所以这些网络会作为纯二层网络，沿着整个 VXLAN BGP EVPN 矩阵扩展到服务 leaf。在服务 leaf 上，IEEE 802.1Q 中继会通过 VLAN 把二层 VNI 扩展到防火墙。在防火墙上，逻辑接口（类似于 SVI）会为租户内网络中的端点（也就是 192.168.1.101 和 192.168.2.101）提供三层第一跳功能（默认网关）。

东西向防火墙和服务 leaf 之间会建立三层点到点对等体关系，子网前缀 192.168.1.0/24 和 192.168.2.0/24 会从防火墙通过这个对等体关系被通告给服务 leaf。这可以让这些子网前缀被重分布到 BGP EVPN 网络中。第三个网络（192.168.3.0/24）会使用矩阵的分布式 IP 任意播网关，因此会被立刻路由到 leaf 以便向不同 IP 子网进行转发。这需要用这个 VRF（VRF-A）对应的三层 VNI 来实现。

如果 192.168.1.101 中的端点希望访问 192.168.2.101 中的端点，那么这个流量就会通过二层来跨越 VXLAN BGP EVPN 网络进行转发。在服务 leaf 上，流量会被解封装，并且从二层

VNI 映射为一个 VLAN，然后再转发给东西向防火墙。防火墙会执行安全策略，并且向目的端点所在的网络（192.168.2.101）执行第一跳路由。

流量在离开防火墙的时候，会在出站时打上 IEEE 802.1Q 标签，具体的标签由防火墙根据目的来决定。服务 leaf 会对流量进行映射，并且根据配置的 VLAN 与二层 VNI 映射关系来封装一个 VXLAN 头部。接下来，封装之后的流量会被转发给目的端点（192.168.2.101）所在的 leaf 节点。

因此，VXLAN BGP EVPN 矩阵会工作在纯二层模式下。换句话说，我们不需要给矩阵中的这两个网络（192.168.1.0/24 和 192.168.2.0/24）配置分布式 IP 任意播网关。因为默认网关在东西向防火墙上。

当网络 192.168.1.101 或者 192.168.2.101 中的端点和网络 192.168.3.101 中的端点进行通信时，流量一开始也会按照相同的方式进行处理。这个流量就会通过二层来跨越 VXLAN BGP EVPN 网络并进行转发。在服务 leaf 上，流量会被解封装，并且从二层 VNI 映射为一个 VLAN，然后再转发给防火墙。防火墙会执行安全策略，并且向目的端点所在的网络（192.168.3.101）执行第一跳路由。

流量在离开防火墙的时候，会根据防火墙的路由表来执行路由。防火墙会根据自己标识的目的地址判断出流量的出向接口。服务 leaf 会接收到路由的流量并执行路由查找，然后根据本地配置的 VRF 与三层 VNI 映射关系来封装流量。VRF（VRF-A）中的三层查找提供了端点 192.168.3.101 所在的下一跳。

VXLAN BGP EVPN 矩阵工作在三层模式下，这就意味着在 leaf 上给网络 192.168.3.0/24 配置了分布式 IP 任意播网关。在 leaf 上的默认网关会服务网络 192.168.3.0/24 中的所有端点。当端点 192.168.3.101 要和同一个 VRF 中的其他网络进行通信时，leaf 就会使用分布式 IP 任意播网关。

如图 10-15 所示，端点所在的同一个 VRF 连接了一个独立的租户边缘防火墙，来为端点提供外部连通性。在服务 leaf 上，我们可以在租户 VRF 中配置一条静态默认路由 0/0 以指向租户边缘防火墙。接下来，这条默认路由会被分布到 BGP EVPN 矩阵中，让所有需要离开 VRF 的流量会被转发到服务 leaf，然后再转发到租户边缘防火墙，防火墙上可能会应用很多相应的策略。

还有一种方法，那就是用东西向防火墙连接到租户边缘防火墙，并通过一个两阶段的方式来建立外部连接。这里也可以使用很多有效的替代方法，我们要在下面的几节中介绍一些常用的案例来概述这方面的内容。

10.3 VXLAN BGP EVPN 网络中的应用传输控制器（ADC）和负载均衡器

到这里为止，本章介绍了大量关于用防火墙来充当四～七层服务节点的信息。除了防火墙之外，部署最多的服务设施就是负载均衡器。负载均衡往往被人们视为由多台真实服务器提供的一项服务，但负载均衡器也可以基于特定的标准来分发负载。

本节不会详细介绍负载均衡器的机制，但读者一定要了解负载均衡器属于一种状态化的设备，这一点和防火墙别无二致。所谓状态化，是指数据流量（这些流量会在负载均衡器上创建出会话）必须在收发两个方向上经过相同的四～七层设备。这样就可以确保负载均衡器身后的服务器应用可以从请求方的角度提供编址，同时也可以保证反向流量在通信中也是有效的。这和防火墙的行为非常类似，也就是说流量不仅需要进行验证，而且需要放行。

关于防火墙部署和连接方面，我们介绍过的考虑因素也同样适用于负载均衡器服务设备。具体来说，负载均衡器在与 VLAN 或者 VRF 缝合的传统集成方式上，和防火墙完全相同。和我们前面介绍的方法相比，我们在下面几节会重点介绍负载均衡器所支持的一些不同的连接模型（比如，单臂源 NAT 的方式）。

> **注意：** 在一种称为定向服务返回（Direct Server Return，DSR）负载均衡的方式中，位于负载均衡器身后的服务器，它所发送的反向流量会被直接发回给客户端，这种流量不会经过负载均衡器。这种方法不是负载均衡器的推荐部署方式，因此我们不会在这里加以讨论。

10.3.1 单臂源 NAT

在单播源 NAT 模式下，负载均衡器会通过一条链路或者一个端口信道连接到 leaf。如果采用端口信道的方式，那就可以使用 vPC 来连接一对 leaf 节点，从而实现连通性的冗余。在部署负载均衡器的环境中，往往存在客户端一侧和服务器一侧。客户端一侧代表请求服务的一方，这个服务对应配置在负载均衡器上的一个虚拟 IP（VIP）地址。这个 VIP 可能是和负载均衡器直连接口对应的子网处于同一个子网中。不过，这个 VIP 也可以处于一个完全不同的子网。

服务器一侧由一系列服务器 IP 地址组成，这些地址负责提供 VIP 通告的服务。在这一节中，我们会对客户端一侧和服务器一侧进行介绍。

1. 直接 VIP 子网的方式

图 10-16 所示的为一个 VXLAN BGP EVPN 部署方案的示例，这个示例中的一个服务 leaf 与一个负载均衡器相连。负载均衡器上配置了 VIP（192.168.200.200），这个地址属于子网

192.168.200.0/24，并且关联了负载均衡器的物理接口（地址为 192.168.200.254），这称为直接 VIP 子网方式。子网的默认网关会配置在直连 leaf（192.168.200.1）上。为这个 VIP 提供服务的服务器位于子网 192.168.1.0/24 中；192.168.1.101 是（充当 VTEP V3 的）leaf 节点直连的服务器的 IP 地址。客户端端点连接在 VXLAN BGP EVPN 矩阵之外，并连接在（充当 VTEP V1 的）边界节点身后。

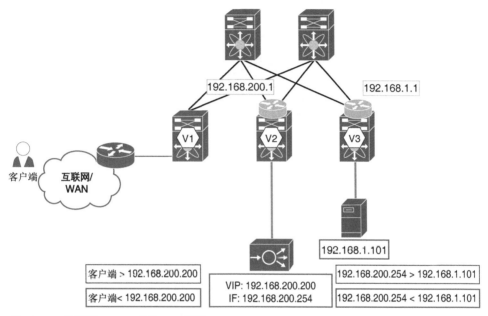

图 10-16　单臂源 NAT：直接 VIP 子网

如果采用这种连接方式，负载均衡器和它的 VIP 就像是一个（接口上有多个 IP 地址的）端点。在 VXLAN BGP EVPN 网络看来，它也就是这样一个端点。直连 leaf 会通过 ARP 解析学习到这个 VIP，并且把对应的 IP 和 MAC 映射关系放到类型 2 路由 BGP EVPN 消息中通告给所有的远端 leaf。这表示客户端立刻就可以向这个 VIP 建立连接。因此，节点通告的 192.168.200.200/32 和 192.168.200.254/42 就可以从服务 leaf 对应的 VTEP V2 进行访问了。同样，VTEP V3 也会通告 192.168.1.101/32。从客户端那里转发过来的流量会通过 VTEP V1 所在的边界 leaf 进入矩阵。边界 leaf 会根据 VIP 对应的目的 IP 地址执行转发查找，然后对流量执行封装，再转发给 VTEP V2。VTEP V2 则会继续把流量发送给负载均衡器。

如果负载均衡器发生了故障，或者切换到了备用设备，那么备用的负载均衡器就会接管处理任务，宣告 VIP 也"正当其时"。这种故障切换事件的处理方法，和虚拟机移动事件的处理方法差不多，也就是通过移动端点发送的 GARP 或者逆向 ARP（ARP）来实现。直接和 leaf 交换机建立连接的模型可以使用 VLAN 标记，VIP 也可以对应多个 IP 子网。

2. 间接 VIP 子网的方式

另一种方式是让 VIP 子网和负载均衡器所在的子网不同，这种方法可以给 VIP 空间定义一个专门的 IP 子网，如图 10-17 所示。这种方法就称为间接 VIP 子网方式。在这种方式中，VIP 位于负载均衡器的物理接口身后，需要进行路由转发才可以到达对应的 IP 子网（即 10.10.10.0/24）。

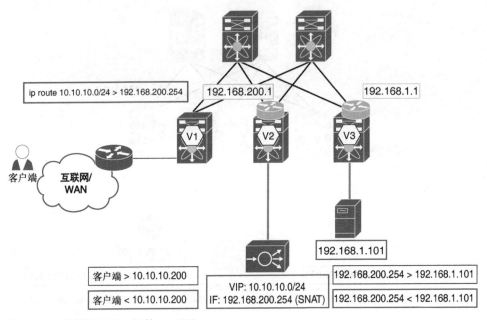

图 10-17　单臂源 NAT：间接 IP 子网

这种方式和直接 VIP 子网的方式不同，VIP 的专用 IP 地址不会通过 ARP 解析学习到。VIP 关联的 IP 子网（10.10.10.0/24）需要通过静态配置或者通过 leaf 上的动态路由协议进行通告。接下来，这个子网会作为类型 5 路由前缀被重分布到 BGP EVPN 中，让整个网络学习到它。在发生故障切换的情况下，VIP 子网还是可以通过主用的负载均衡器来进行访问的。

我们在前面介绍防火墙的时候曾经提到过静态路由，这里也可以采用相同的静态路由方式，来确保去往 VIP 的流量永远都可以转发到主用负载均衡器所直连的 leaf 节点。这种方法包括在端点所连接的 leaf 节点（但不包括负载均衡器连接的服务 leaf 节点）上配置静态路由，并且在启用了 HMM 追踪的服务 leaf 上配置静态路由。

在直接和间接 VIP 子网的方式中，VIP 只有在负责均衡器可用的情况下才会通告出去。如果网络中有多个负载均衡器集群或者 HA 对，这种做法就很合理了。这里使用的 VIP 取决于路由度量；这种方式可以处理故障或者负载分发的情形。

3. 返程流量

到目前为止，我们已经对客户端一侧的详细内容进行了描述，介绍了流量沿着常规的转发路径从客户端来到负载均衡器所通告的 VIP。服务器一端就没有这么有意思了，因为这一端主要的需求在于客户端需要通过负载均衡器来发送请求，而负载均衡器则需要把这个请求消息转发给选定的目的服务器。负载均衡器必须拥有去往服务器端点的合法转发路径，这个服务器端点应该是服务器集群中负责提供均衡器服务的服务器之一。

一般来说，负载均衡器会监测这些服务器的健康状态，以及这些服务器负责响应的服务状态，这样负载均衡器才能把请求转发给健康的服务器。同样，因为负载均衡器是一种状态化的设备，所以服务器发送的返程流量也必须穿越负载均衡器之后才能到达客户端。这一点格外重要是因为负载均衡器一般不会修改客户端的 IP 地址。这样一来，参与服务器集群的服务器就会尽量使用通往客户端 IP（请求方设备）的最佳路径。

因为负载均衡器并不在客户端和服务器之间的物理路径中，所以我们才需要使用源 NAT。对于客户端发送到负载均衡器的所有请求消息，它们的源 IP 地址都会被修改为某个负载均衡器的 IP 地址。接下来，它们的目的 IP 地址就会把流量引导到选定的那一台服务器端点。这样一来，各个客户端 IP 地址通过源 NAT 特性也就隐藏在了负载均衡器所拥有的 IP 地址身后。于是，（服务器集群中的）服务器所发送的返程流量就一定会被发送给负载均衡器，而负载均衡器则会根据状态化 NAT 表再把流量发回给客户端。

这种部署方式的一大缺点在于客户端的原始 IP 地址会隐藏在负载均衡器源 NAT 池的地址身后。这样一来，服务器集群中的服务只会看到负载均衡器的信息。在需要满足某些规范的部署环境中，这种情况可能就无法满足需求。不过，客户端的证书往往会在应用层负载中进行传输，这样或许就不需要在网络层中重复提供这些证书了。

图 10-18 显示了一个负载均衡器的部署示例。这个环境采用了直接子网 VIP 方式和源 NAT 特性。同样，这个网络中的客户端也希望访问服务器端点（192.168.1.101）上的应用或者服务。这个服务器端点由负载均衡器上配置的 VIP（192.168.200.200）来提供服务，负载均衡器对应的接口 IP 地址为 192.168.200.254。客户端发送的请求会通过 VXLAN BGP EVPN 网络到达这个 VIP（客户端 > 192.168.200.200）。这个 VIP 会通过静态或者动态路由的方式被通告到网络当中。我们在前文中提到过，VIP 会使用类型 2 路由通告消息通告给远端 VTEP，而服务 leaf 则是通过常规 ARP 学习到它。因为客户端和负载均衡器位于同一个 VRF 中，所以这个请求会封装上 VXLAN 进行传输，其头部的 VNI 会被设置为相应 VRF 对应的三层 VNI。

一旦请求到达了负载均衡器，它就会创建一组会话，同时负载均衡器也会根据配置的负载均衡算法以及其他标准，从服务器集群中选择出目的服务器端点。客户端一侧的请求会在这时终结，负载均衡器会用负载均衡器的源 IP 地址（192.168.200.254）向选择的服务器端点

（192.168.1.101）发起一个新的服务器端请求。因为负载均衡器和服务器端点处于不同的子网中，所以负载均衡器发送的服务器段请求会到达服务 leaf，服务 leaf 则会通过 VXLAN 把请求消息路由给 VTEP V3。VXLAN 头部的 VNI 会设置为负载均衡器和服务器所在 VRF 对应的三层 VNI。在 VTEP V3 解封装之后，它会对请求执行路由查找，并且最终发送给192.168.1.101。在处理完之后，服务器发送的响应消息会被发送给负载均衡器的源 NAT IP地址（192.168.1.101-192.168.200.254）。再次强调，由于这是子网间通信，所以这个响应消息会通过服务 leaf 进行路由，并且发送给负载均衡器。

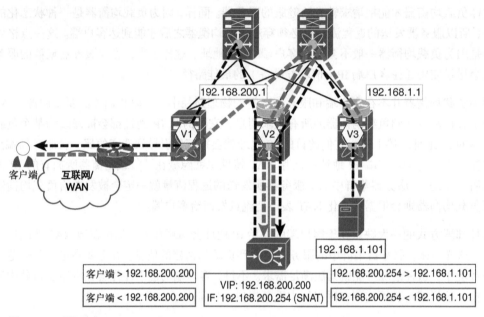

图 10-18　源 NAT

服务器端的响应会在负载均衡器上终结，而负载均衡器则会向客户端发起一个新的响应。在这个响应消息中，VIP 地址会充当源 IP 地址，客户端的 IP 地址则会充当目的地址（客户端<192.168.200.200）。这个响应消息会通过 VXLAN 网络被路由到 VTEP V1，这是客户端连接的设备。在这个示例中，VIP 和源 NAT 池中的 IP 地址是不同的。VIP 和源 NAT 池中的 IP地址有可能相同，也有可能不同，这取决于负载均衡器的厂商和软件版本。

10.3.2　服务链：防火墙和负载均衡器

服务链是一个很宽泛的话题，其中涉及多个四～七层服务的链条，让数据流可以因为安全的需要而得到监控，同时也让负载均衡机制可以作用于流量的分发。我们之前谈到的一直都是单独把 VXLAN BGP EVPN 矩阵、防火墙及负载均衡器进行集成。在这种集成的基础上，我们还会介绍另外一些部署环境，在这里我们会增加一条服务链，以便涵盖防火墙和负载均衡器。

从部署的角度来看，我们有一些其他的因素必须进行考虑，因为有两类服务需要按照顺序来作用于流量。其中一项需要考虑的因素涉及交换机执行不必要的传输以及相应的封装/解封装操作，另一项因素则涉及如何通过"过渡"网段来向 VXLAN BGP EVPN 网络进行泛洪。

来设想这样一个部署场景，在这个场景中防火墙连接到一个边界 leaf 节点，而负载均衡器则连接到矩阵中的一个服务 leaf 节点。根据矩阵中创建流量的源，流量会首先到达边界节点，在这里进行解封装，然后通过防火墙进行转发，接下来再进行封装。于是，这个流量就会被发送到服务 leaf 节点，然后再次进行解封装，再然后发送给负载均衡器，接下来再次进行封装，最后到达另一个 leaf 连接的端点。

虽然 VXLAN BGP EVPN 矩阵可以轻松支持这样的场景，但是流量应该尽可能地在本地穿越服务链，这是为了避免因为经过交换机而增加转发的跳数。另外，VXLAN BGP EVPN 网络也不需要知道防火墙和负载均衡器之间的过渡网段。只有参与服务链的 leaf 节点才需要掌握这个过渡网段的信息来执行和转发与故障切换有关的操作。

在一个优化的部署方案中，一个客户端首先从外部发送请求消息，这个消息通过边界 leaf 进入了 VXLAN BGP EVPN 矩阵。在放行流量进入受保护的 IP 子网之前，租户边缘防火墙会首先对流量进行监控，这个防火墙往往会和边界 leaf 直连。流量会从防火墙被发送给边界 leaf 直连的负载均衡器。流量也可以在进入 VXLAN BGP EVPN 矩阵之前已经完成了监控，然后就到达了东西向防火墙和负载均衡器所连接的服务 leaf 节点。无论是上述哪种情况，总之流量只进行一次封装就穿越了服务链（防火墙和负载均衡器），然后就到达了 VXLAN BGP EVPN 矩阵中任何 leaf 节点所连接的端点。

如果有必要，服务链可以轻易集成一些其他的步骤。比如说，如果需要在负载均衡器和 IDS/IPS（入侵监测系统/入侵防御系统）之间插入防火墙三明治，那我们就可以向这个服务链进行集成。所以说，服务链可以始于一种十分简单的形式，然后集成很多复杂的服务步骤，最后才让流量到达最终的端点。

集成防火墙和负载均衡器的方法很多，我们这里介绍两种主要的使用方式。一种方法是在物理层面把防火墙和负载均衡器部署在流量的路径中。也就是说，客户端的请求必须首先通过防火墙，然后才能访问负载均衡器。另一种方法是不把防火墙和负载均衡器部署在流量的（物理）路径当中，而只用单臂模式来部署负载均衡器。

如果是第二种情形，那么防火墙和负载均衡器可以部署在路由或者透明模式下。这两种方案的主要区别在于使用二层还是三层网段作为过渡网段。图 10-19 显示了一个逻辑拓扑的示例，这个拓扑采用了在路径中部署防火墙和负载均衡器的方案。

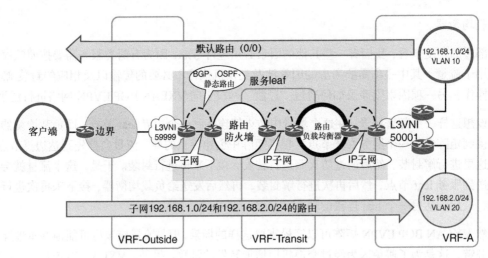

图 10-19　路由的服务链

如果在路由模式中部署服务链，那么不受保护的路由器、防火墙、负载均衡器和受保护的路由器之间的过渡网段就是同一个交换机或者 vPC 域中的 IP 子网。为了确保受保护的 VRF 和不受保护的 VRF 之间的过渡网段不会泄露，以及流量被强制从防火墙发送到负载均衡器，我们需要在两者之间创建一个专用的 VRF。

防火墙之前的网段是不受保护的网络（VRF-Outside），这个网络防火墙工作在三层模式。在不受保护的 VRF 段连接防火墙的地方，协议使用三层接口来交换路由信息。这里的路由配置可以是静态的、也可以是动态的。这可以简化在受保护 VRF（VRF-A）中宣告 IP 子网的操作。因此，在服务链中受保护的那一部分，也需要有类似的互联点。防火墙和负载均衡器之间转发的路由信息会单独通过。为了实现隔离，网络中使用了服务 leaf 本地 VRF（VRF-Transit）。

客户端发起的流量会通过边界 leaf 进入 VXLAN BGP EVPN 网络。接下来，流量就会发往在负载均衡器上配置的 VIP 地址，这个地址是通过防火墙通告到 VRF-Outside 中的。在边界 leaf 上执行路由查找之后就会对流量进行转发，封装了 VRF-Outside 的三层 VNI 会发往防火墙连接的服务 leaf。服务 leaf 会根据本地路由查找的结果来判断出站接口，然后把流量通过 OUT 或者不受保护接口发送给防火墙。

在这一步，防火墙会执行自己的监控职责，如果可以放行，那么流量就会通过去往 VIP 的那个接口被转发出去。负载均衡器的 VIP 是通过负载均衡器和防火墙之间的（静态或者动态）路由学习到的。一旦流量到达负载均衡器，负载均衡器就会执行应用层功能，并且从配置的服务器集群判断出目的服务器端点。

负载均衡器会根据路由查找的结果来判断出向接口，然后把流量转发给受保护的 VRF

（VRF-A）。通过这种方式，流量就会通过 VRF-A 对应的入向接口进入服务 leaf。在 VRF-A 中对网络 192.168.1.0/24 或者 192.168.2.0/24 中的端点执行目的查找，会找到前者连接的 leaf 节点。于是，流量就会使用 VRF-A 对应的三层 VNI 封装上的 VXLAN 头部，并被发送给目的 leaf 节点。接下来，流量就会被解封装，然后发送给目的。从目的到客户端的流量会沿着类似的路径，反向进行转发。

在我们目前为止介绍的服务链中，我们介绍的都是把负载均衡器部署在单臂源 NAT 模式下的做法，而不是部署在双臂模式下的做法。在这种情况下，我们没有必要在负载均衡器和防火墙之间创建一个过渡 VRF，因为通过源 NAT，负载均衡器其实就是部署在了流量的路径中。在下文中，我们会探讨使用租户边缘防火墙和单臂负载均衡器部署服务链的场景。

图 10-20 显示了一个逻辑拓扑。在这个拓扑中，有一个防火墙和一个负载均衡器服务链被部署在路由模式下。负载均衡器启用了源 NAT 特性，负载均衡器的一只手拉着受保护的 VRF（VRF-A）。另外，防火墙受保护的一侧，也就是 IN 所在的子网，属于 VRF-A 的一部分。防火墙的 OUT 所在的子网，属于不受保护的 VRF，也就是 VRF-Outside，相应的网段工作在三层模式下。

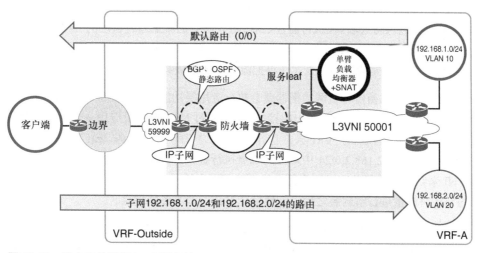

图 10-20　路由和单臂源 NAT 服务链

在不受保护的 VRF 段连接防火墙的地方，协议使用三层接口来交换路由信息。这里的路由配置可以是静态的、也可以是动态的。受保护网络（VRF-A）也有一个专用的接口连接到防火墙，这是为了简化受保护网络和不受保护网络之间的路由交换。这可以简化所有受保护 VRF（VRF-A）向客户端宣告 IP 子网的操作。负载均衡器的 VIP 网络参与 VXLAN BGP EVPN 矩阵的方式，和受保护的 VRF-A 中端点网络参与 VXLAN BGP EVPN 矩阵的方式类似。

因为负载均衡器采用了单臂源 NAT 的部署模式，所以网络 VLAN A 或 B 中的端点所发起的流量永远都可以返回到流量的发起方，无论是客户端直接发回给发起方还是通过负载均衡器转发。通过这种部署模式，只有经过了负载均衡的流量需要双向都通过负载均衡器。而其他流量则可以绕过负载均衡器。这是一个优点，可以将负载均衡器扩展更多的服务，因为此时只有一部分流量需要通过它进行传输。如果把负载均衡器物理地部署在流量路径上，那么事情大不相同了。在这种情况下，负载均衡器必须转发所有的流量，这就会影响网络总的扩展能力。我们在前文介绍过，使用源 NAT 有一大天然弊病，因为在客户端请求发送给服务器集群中的服务时，原始客户端的 IP 会隐藏在负载均衡器源 NAT 池的地址身后。不过，我们同时也提到了，客户端证书往往会在应用层中进行传输，这样可以大大缓解这个问题。

接下来，我们来介绍一下图 10-20 所示的拓扑中，客户端发送给服务器端点的流量是如何转发的。同样，客户端发起的流量会通过边界 leaf 进入 VXLAN BGP EVPN 网络。流量的目的 IP 地址是 VIP，这个地址是配置在负载均衡器上的，同时也是由负载均衡器和防火墙（通过服务 leaf）通告到（不受保护的）VRF-Outside 的。接下来，流量就会使用 VRF-Outside 对应的三层 VNI 封装上 VXLAN 头部，然后发送给防火墙连接的服务 leaf。

在服务 leaf 解封装之后，它会对流量执行路由查找，然后把流量发送给防火墙，并且通过防火墙 OUT 接口进入防火墙。在执行监控之后，防火墙会把流量通过自己的 IN 接口发送出去，这是去往 VIP 的接口。这样一来，流量就会进入受保护 VRF-A 中的服务 leaf。然后，服务 leaf 会根据 VIP 执行常规的路由查找，再把流量发送给负载均衡器。

一旦流量到达负载均衡器，负载均衡器就会执行应用层功能，并且判断出目的服务器端点。同时，负载均衡器会判断出流量的出向接口，然后通过 NAT 给流量应用一个新的源 IP 地址，再把流量转发给受保护的 VRF-A。这个受保护 VRF 中的服务 leaf 会进一步在网络 192.168.1.0/24 或 192.168.2.0/24 中对目的端点执行查找。接下来，它会使用 VRF-A 对应的三层 VNI 来给流量封装 VXLAN 头部，然后将其发送给目的端点所连接的 leaf 节点。最后，在目的 leaf 对流量进行解封装之后，流量就会被转发到服务器端点。

端点发送的返程流量会被发送给负载均衡器源 NAT 池选择的 IP 地址。通过这种方式，只有执行了负载均衡的返程流量才会在穿越租户边缘防火墙返回客户端之前，先被转发给负载均衡器，这就确保了有状态行为。

在这一节中，我们介绍了如何把这两种服务链部署方法集成到 VXLAN BGP EVPN 网络中。这里存在很多种排列和组合方式，本节介绍了如何通过扩展的方式来得到一种理想的部署方式。

总而言之，把租户边缘服务插入 VXLAN BGP EVPN 网络的方式，和传统网络的实施方式非常类似。对于租户内防火墙的部署方案，因为矩阵中部署了分布式 IP 任意播网关，所以部署方式就会发生一些变化。关于负载均衡器的部署方案，把 VIP 作为主机路由插入网络并自动处理通告，那么即使出现设备迁移或者故障，这种做法也同样提供了一种简单、轻松且优化的部署方案。

10.4 总结

本章介绍了如何把四～七层服务集成到 VXLAN BGP EVPN 网络中。租户内和租户间防火墙的部署方案也在本章进行了介绍，这些服务可以使用透明模式和路由模式进行部署。本章也介绍了一种常见的负载均衡器部署场景。最后，本章介绍了两种包含防火墙和负载均衡器的服务链部署场景，这两种部署方案都得到了广泛的应用。本章固然无法穷举 VXLAN BGP EVPN 矩阵中所有可能的服务部署方案，但是本章仍然提供了大量详细信息，可以实现所有需要的部署方案。

## 第 11 章

矩阵管理简介

本章会对以下几项内容进行介绍:

■ 使用 POAP 实现无接触设备部署 VXLAN BGP EVPN 矩阵的 0 日操作;

■ 基于主用端点在矩阵中部署二层和三层覆盖层服务的 1 日操作;

■ 在矩阵中实现连续监测和可见性的 2 日操作;

■ 对基于覆盖层的矩阵执行 VXLAN OAM 和排错。

在基于 VXLAN BGP EVPN 的网络中操作矩阵,这不仅仅需要控制平面和数据平面转发。在这个自动化、编排和控制器当道的世界,仅仅让矩阵可以操作已经不够了。交换机、路由器和端点的组件需要按照业务和安全的需求来进行管理和设置。为了在这一章中把其他各章中介绍的内容补充完整,我们会对数据中心矩阵的管理、编排和安全进行概述。图 11-1 描述了矩阵管理框架中的典型元素。

第一步是设置好各个网络组件并搭建矩阵。搭建矩阵的过程就称为 0 日操作(day-0 operation)。这包括对网络配置模型进行初始设置以及规划矩阵的布线。各类零接触部署技术(如加电自动部署(Power On Auto Provisioning, POAP))可以自动实现这些任务。

一旦 spine 和 leaf 之间的矩阵最初布线的一层连接已经完成,那就需要对每个网络和每个租户进行额外的配置。这一步称为矩阵的 1 日操作(day-1 operation)。覆盖层服务会在矩阵上对必要的配置进行实例化,这样可以确保在把设备部署到对应的网络/租户中时,矩阵就可以承载往返于端点的流量。在极端条件下,1 日操作可以通过 CLI 来实现。另一个极端是,1 日操作也可以通过与计算编排器之间进行紧密集成来实现完全的自动配置。

有些用户案例会在 0 日的初始设置和 1 日操作之间插入一些额外的步骤。在这类情况下,人们需要在第一次时增加且连接各个端点(包括服务器、防火墙等)。特定的自动化任务操作是有顺序的。比如，读者应该理解，端点接口（中继端口或者接入端口）应该在网络（VLAN、VRF、SVI 等）之前进行配置。因此，在管理特定的接口配置时，操作的顺序是有意义的。这可以称为 0.5 日操作（day-0.5 operation）。

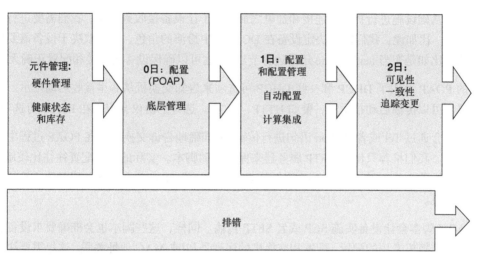

图 11-1　矩阵管理框架

在设置好网络并且连接好端点之后，覆盖层就可以提供必要的多租户通信功能了。到了生命周期的这一步，我们关注的重点变成了这些操作：监测、可见性和排错。在（使用 VXLAN BGP EVPN 的）数据中心网络的生命周期中，2 日操作可以让人们深入了解数据中心矩阵的当前功能。

虽然拥有覆盖层的可见性是很重要的，但是拥有底层可见性（包括性能管理和组件管理）也同样重要。把底层的事件和覆盖层的服务进行关联可以让我们对数据中心矩阵拥有更加全面的视角。这让我们能够掌握网络中各个硬件设备的健康状况，并且管理它们的目录。

排错的工作会贯穿整个数据中心矩阵的生命周期。这个过程始自 0 日部署操作，然后扩展到整个生命周期，直到最后一个网络组件退役为止。除了初步的故障排除之外，有一系列完整的专用指南可以用来帮助管理员为 VXLAN BGP EVPN 网络进行排错。

本章会简要描述矩阵管理框架中各个组件的详细信息，包括：0 日操作、0.5 日操作、1 日操作和 2 日操作。

11.1　0 日操作：自动矩阵启动

零接触部署可以让矩阵自动"启动"，实现 0 日操作。这是一个简单的自动化方式，让我们可以对交换基础设施进行拆箱、连线和加电，从而让整个数据中心网络的配置完全一致。

NX-OS 有一种特性, 叫作加电自动部署 (POAP), 这种特性就可以实现 0 日操作模型。POAP 可以实现无人值守的交换配置, 同时也可以让整个数据中心矩阵的配置和软件部署做到相互 一致。

在对交换基础设施进行拆箱、连接和加电之前, 为了让设备接收到配置, 我们需要进行一些 准备工作。比如说, 我们需要决定设备在 DC 矩阵中扮演的角色, 角色取决于设备需要提供 的功能 (比如是充当 leaf、spine 还是边界节点)。这可以确保设备的连接和配置正确无误。

思科的 POAP 利用了 DHCP 和一些 DHCP 可选项来告知交换机从哪里接收启动指示。有很 多协议都可以传输启动指示集, 譬如 HTTP、TFTP。选择的协议会定义在 DHCP 可选项中。

启动指南会通过 Tcl 或者 Python 语句进行传输, 来准确地告诉交换机要在 POAP 过程中执行 哪些步骤。我们推荐只使用 TFTP 服务器来保存启动脚本。实际的网络配置往往比较敏感, 因此我们推荐在 POAP 进程中利用安全协议 (如 SCP 或 SFTP) 来把整个配置传输给相应的 网络交换机。

Python/Tcl 脚本会让设备实施 SCP 或者 SFTP 传输。同样, 这些脚本也会准确要求设备获取 某台引导交换机专用的配置, 配置和交换机的序列号和/或 MAC 地址关联。这里需要注意的 是, 其他交换机的标识参数也可以包含在 Python/Tcl 文件中, 以在 POAP 过程中使用。

POAP 进程需要的基础设施包括一台 DHCP 服务器、一台 TFTP/HTTP 服务器用来下载 Python/Tcl 脚本, 以及 (如果需要的话) 一台 SCP/SFTP 服务器用来保存设备配置文件和软 件镜像文件。对于提供 POAP 服务器功能的产品来说, 有很多做法可供选择。一些推荐的做 法包括:

- 使用思科的数据中心网络管理器 (Cisco DCNM), 它可以执行思科 NS-OS 硬件交换机所 需要的所有任务;
- 使用该 Nexus 交换平台的思科 Nexus 矩阵管理器 (Cisco NFM);
- 使用开源 GitHub 存储库中的思科项目 Ignite。

11.1.1 带内 POAP 与带外 POAP

POAP 是一个简单的进程, 它可以使用两种不同的方法来实现:

- 带外 POAP;
- 带内 POAP。

带外的方法是最常用的使用方法, 这种方法会使用网络交换机的 "Management0" (mgmt0) 接口来执行 POAP 进程。如果使用带外方法 (见图 11-2), 那么网络交换机无须任何配置启动。前面提到的 mgmt0 接口会通过 DHCP 来请求一个 IP 地址。DHCP 服务器既有可能是独立内嵌的，也有可能位于 POAP 服务引擎之内。总之，DHCP 这时会响应一个 IP 地址，并通过 TFTP 或 HTTP 来获取 Python 或者 Tcl 脚本所需的 DHCP 范围可选项。

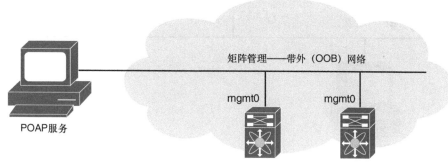

图 11-2 带外 POAP

网络交换机会获得专用 NX-OS 镜像，以及其身份（比如序列号或 MAC 地址）对应的配置。这些步骤会定义在脚本中，并且还支持在配置回放期间检测重新启动请求的功能。

思科会通过 NX-OS 镜像下载来为这些任务（比如 DCNM）提供预定义的 Python 脚本。一旦脚本中定义的所有任务都成功完成之后，网络交换机就会使用相应的配置来启动到操作状态。如果启用某些专门的配置或特性集需要用到 NX-OS 许可，那就可以使用 POAP 过程，通过对脚本进行适当修改来安装软件许可证。

另外，POAP 的带内方式（见图 11-3）会使用交换机的接口，亦称为"前面板端口"，而不会使用 mgmt0 接口。DHCP 请求会通过所有前面板端口发送出去。一旦接收到 DHCP 响应消息，IRB（集成路由和桥接）接口或 VLAN 1 的交换机虚拟接口（SVI）会从 DHCP 那里获得 IP 地址。要注意的是，所有 Nexus 交换机上永远都有 SVI 1。因此，SVI 1 就是路由接口，这些接口会执行所有 POAP 步骤，包括执行下载，以及执行对应的 Python/Tcl POAP 脚本，这会触发设备下载系统镜像，启动配置文件，同时有可能下载并安装许可证等。从某种意义上说，SVI 1 类似于带外 POAP 方式中的 mgmt0 接口。

带内还是带外，这是一个值得考虑的问题。如果使用带外的做法，各类 POAP 服务（如 DHCP、TFTP 和 SCP）需要从各个交换机的 mgmt0 接口可达。这些服务可以是二层或者三层邻接。如果管理网络是一个平面的二层域，那么这些服务都是同一个广播域或者 VLAN 中的一部分。如果交换的数量大幅增加，那么网络就会遇到扩展性问题。结果是，管理网络必须能够提供充足的带宽，才能满足这些场景。一种扩展性更强的方法是让这些服务可以通过路由的方式来进行访问。如果 DHCP 服务器是三层邻居，那么管理员就需要配置 DHCP 中继，让 DHCP 数据包可以从交换机到达 DHCP 服务器，反之亦然。

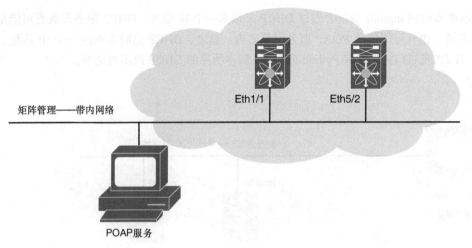

图 11-3　带内 POAP

和带外的做法一样，如果采用带内的做法，那么 POAP 服务应该可以通过前面板接口进行访问。对于一个 VXLAN BGP EVPN 矩阵来说，种子交换机（或者一对种子交换机）会提供这种可达性。一旦这台种子交换机（往往是一个 leaf 节点）通过 POAP 启动，下一台启动的交换机就会是其中一台 spine 交换机。我们在前文中曾经提到过，因为底层是一个路由网络，所以 leaf 和 spine 之间的所有接口都会配置为路由端口。从新 spine 节点发来的 DHCP 请求消息会在这台种子交换机（即 leaf 节点）的相邻上行链路接口被阻塞。为了克服这样的限制条件，我们需要在连接这台新 spine 节点的 leaf 接口上配置 DHCP 中继。同样的道理，如果有新的 leaf 节点启动，那么我们也同样需要在对应的 spine 接口上配置 DHCP 中继。

当今，Nexus 交换机上的 mgmt0 接口都是 1G 端口，而前面板端口则可以是 10G、25G、40G 和 100G。显然，如果使用前面板接口的带内方法，那么带宽就可以大大得到扩充，这是这种方式最大的优势。不过，如果采用带内的做法，那么在启动阶段，leaf 和 spine 交换机需要按照一定的顺序启动。反之，如果使用带外的方法，因为每台交换机都会独立到达 POAP 服务，所以没有哪台交换机会先于其他交换机启动这样的固定顺序。

11.1.2　其他 0 日考虑因素

除了 POAP 进程本身，以及对 SCP、TFTP 和 Python/Tcl 脚本的依赖之外，为网络交换机创建启动配置是另一个重要的因素。在此之前，配置要么是手动创建的，要么是通过脚本的方法生成的。在 DCNM 中使用集成模板的方法可以大大提升、简化并且扩展配置。这种方法可以用灵活的、自定义的方式来定义模板，让管理员可以按照自己的需求设置参数，并且可以使用常用的编程结构，比如迭代循环和 IF-ELSE 语句。通过这种方式，我们可以把相同的模板应用到大量设备上，从而提升使用和维护的效率。

诸如 Ignite、NFM 和 DCNM 等工具都可以为一台网络交换机设置管理 IP 地址，也都可以给 VXLAN BGP EVPN 创建完整的特性配置。NFM 有一种内嵌的功能可以把必要的配置推送给网络交换机，这是一种交钥匙解决方案（turnkey solution）。这可以让人们把最小的注意力放在 0 日操作上。

DCNM 的工作方式和 Ignite 与 NFM 稍有不同。POAP 定义不是单纯为 VXLAN BGP EVPN 网络定义的，DCNM 模板足够灵活，可以通过 POAP 处理各类配置。在这种模板中，管理员可以通过基于 GUI 的框架来定义各个部分。DCNM 可以通过输入多个序列号和 IP 地址池来同时部署大量设备。DCNM 和 NFM 非常类似，它也提供了矩阵设置向导，可以通过一个工作流程来创建 VXLAN BGP EVPN 矩阵。

虽然 NFM 和 DCNM 之间可能看上去有些重叠，但是我们在这里还是要介绍它们的一些主要区别。NFM 可以在一开始就给交换机分配 IP 地址，并且在交换机的整个生命周期内保持相同的 IP 地址。

反之，DCNM 在 POAP 进程中会先让交换机使用临时 IP 地址，在 POAP 之后用配置中定义的 IP 地址取代临时的 IP 地址。这种区别看上去可能并不大，但 NFM 支持的硬件平台范围比较有限。（读者可以参阅最新版本来了解当前的信息。）DCNM 支持所有思科 Nexus 硬件平台，拥有大量的 VXLAN、FabricPath 和传统以太网模板，这一点非常重要。DCNM 还有一些其他模板来支持虚拟端口信道（vPC）、FC/FCoE 和 OTV 部署方案。

在 POAP 进程中加载 NX-OS 镜像和设备配置（包括特性集和许可证），可以给控制台提供统一的输出，以便管理员进行实时排错。发送给控制台的信息也会收集到一个日志文件中，并且保存在网络交换机的本地存储（bootflash）中。

搭建带内或者带外网络是一次性的工作，似乎犯不上为了实现这样的自动化设置投入重金。似乎，网络的筹备、投资和建模才是真正耗时的任务。不过，正确设置网络是有巨大好处的，比如可以省去排错的操作成本、防止网络中出现配置不一致的情形。这在设备退货授权（RMA）期间表现得格外明显。

当我们需要手动配置多台设备的时候，发生错误的概率就会大大增加，这会导致数据中心基础设施中出现配置不匹配的情况。为了避免手动配置导致设备配置不一致的情况，支持 0 日自动化的模板方式可以让整个数据中心的配置保持一致。在硬件发生故障的情况下，也可以把保存的 0 日操作迅速重新应用到新的设备上。

在对新的交换机拆箱、接线和上电之后，和设备角色与身份相关的配置就会应用到这台设备上，而不需要进行任何手动配置。0 日自动化可以为无人值守的设备配置带来巨大的价值。因此，在数据中心基础设施的生命周期中，整个操作流程都可以得到简化。

11.2 0.5 日操作：增量更改

在 0 日自动化之后，如果网络中产生了新的需求，或者需要增加其他服务器或者计算节点，那我们就需要进行增量更改。这些 0.5 日操作可能是针对面向主机接口配置新增的 vPC。虽然所有这些增加的配置也可以放到 POAP 的配置中，但是在大多数实际场景中，在网络交换机 0 日启动时可能还没有这些信息。因此，0.5 日操作的需求相当普遍。在配置覆盖层服务的时候，接口配置可以直接内嵌到 1 日进程中，这取决于使用的工具、软件和操作模型。

在 spine-leaf 矩阵中，最重要的一步是验证各个交换机之间的连通性。接线方案需要规定哪台交换机的哪个接口应连接到哪台交换机的哪台接口，这个蓝图也需要验证，让实际的接线方式和设计方案相同。我们可以使用暴力破解的方式来解决这个问题，在每台交换机上通过 CDP 或者 LLDP 的输出信息来对比接线方案。这并不是一次性的进程，需要持续进行监测，因为连接方式也有可能在不经意间发生了变化，或者在矩阵的生命周期中连接断开。我们在这里需要不断检测实际设备的连接，并且和蓝图进行对比。在检测到接线方案和实际连接方式不一致的设备时，需要进行通告并且推送告警消息。

一般来说，图形化的网络拓扑视图可以起到很大的辅助作用。思科 Nexus 交换机有一个线缆管理特性，这个特性可以独立使用，也可以和 DCNM 一起使用，从而大大简化验证连接的工作负担。在这种情况下，网络管理员可以提出一个"完美的"接线方案，然后把它应用于交换机。每台交换机都会用完美方案中的规划来独立验证自己当前的物理连接。如果发现两者存在差异或不同，那就可以采取适当的措施，例如关闭端口（请阅读该特性的更新信息，来了解哪些 Nexus 平台支持这个特性）。

11.3 1 日操作：覆盖层服务管理

VXLAN BGP EVPN 覆盖层会有一些额外的配置需要考虑。除了传统的 VLAN 配置之外，管理员还需要配置 VXLAN VNI，把桥接域扩展到整个 VXLAN 覆盖层。其他和 BGP EVPN 控制平面有关的配置包括分布式 IP 任意播网关、VRF、三层 VNI 和三层 SVI。

我们还需要给 VXLAN BGP EVPN 配置一些通用服务，比如 NVE 接口（VTEP）、组播组、EVPN 实例（EVI）和相应的 BGP 配置。很多配置元素都需要和 VXLAN EVPN 矩阵保持一致。要想让所有二层和三层配置保持一致，那就需要通过覆盖层服务管理来达到一致、正确和高效的配置。

除了这些配置本身之外，不同命名空间（CLAN、VNI 和 IP 子网）的管理和操作，可以在复用本地资源的同时，确保全局资源不会重叠。所有参与的实体（如参与覆盖层的 VXLAN VTEP）都需要可见而且可以管理，以便完成覆盖层服务管理。

要把所有功能都导入覆盖层服务管理当中，那么发现参与设备（如 VXLAN VTEP）的能力就必不可少。我们不仅需要能够发现和配置 VXLAN BGP EVPN 网络，同时也需要能够发现和配置外部连接以及 DCI（数据中心互联）组件。

发现包括学习到不同设备的角色和功能，了解所有可用的资源相关信息。这种发现功能可以让管理员更好地掌握覆盖层拓扑，同时也能够完全掌握网络的物理组件。实现端到端的发现、可见性和操作是非常重要的，因为网络和计算操作之间的边界往往会成为提供必要可见度的障碍。覆盖层服务管理和控制器需要能够和虚拟机管理器、虚拟交换机 VTEP 结合在一起，理解物理和逻辑基础设施。

实现端到端的可见性，并且能够监测底层和覆盖层，这样就可以让资源部署、配置、分布在使用率不高的地方。部署这些资源的操作可以是被端点（虚拟机或者容器）的计算管理器所发送的通告消息触发的。管理员可以通过 GUI 或者脚本来手动配置，甚至也可以使用 CLI 进行配置。最常见的案例包括在连接端点的同时提供网络的灵活性。对于操作团队来说，有两种方式可以满足自动部署覆盖层服务的需求：

- 推模型；

- 拉模型。

所谓推模型，会把配置代码段推送给对应的网络设备。配置推动是指发送一系列 CLI 命令。在使用 CLI 进行删除的时候，管理员有时候只需要在创建初始配置的脚本中，给每条命令前面添加关键字 no 就可以了，但是有些父命令下面的子命令（或者其他子命令）需要进行一些特殊的处理。

在不需要采用推的方法时，思科还支持另外一种方式，也就是所谓的拉模型。在推模型中，网络设备（比如 VXLAN BGP EVPN 矩阵中的 VTEP）负责下载所需的配置。交换机或者 VTEP 会使用触发的方式来监测端点，然后向端点发送查询消息来获取这个端点上需要的配置。下载（或者"拉"）请求会在覆盖层服务管理器上接受处理，因为端点所需配置的配置池就保存在这里。

推模型需要准确地了解向哪里发送配置。这种模型的一大优点在于对网络交换机的要求非常低。不过，从扩展性的角度来看，推模型天然采用的是集中式的模型，所以有的时候这种模型其实并不合用，因为每个网络交换机都要分别进行管理。对于大型网络来说，这种模型就会产生性能瓶颈。然而，推模型本质上就是集中式的，单点配置推送和易于追踪也就成了这种模型的一大优点。

拉模型对网络交换机提出了更多的要求，但是它们的位置也就变得无关紧要了，因为网络设备本身成为了触发请求的源。所以，实时拓扑不存在了，取而代之的是所有设备都要依赖一个配置池。如果采用拉模型，那么负载就分布到了所有 leaf 交换机上，由它们来负责管理自己下面的端点。这样的做法扩展性更强。各个交换机用分布式的方式同时管理配置的部署和清理服务。

截止到这里，我们在探讨覆盖层的部署时，都把 CLI 作为了一种主要的做法，但一种更加现代化的方式是利用 API 来执行相同的任务。为特定二层和三层服务执行覆盖层的配置诚然非常重要，但是删除和修改配置也同样重要。从这个角度看，API 就要比 CLI 高效和灵活得多了。

11.4 虚拟拓扑系统（VTS）

思科虚拟拓扑系统（VTS）是一种以服务为导向的工具，这项工具只关注覆盖层服务的部署。VTS 利用了 NX-API，这项工具使用的是推模型来部署配置。思科已经在 IETF 中为 EVPN 服务模型倾注了大量心血，二层 VPN（L2SM）和三层 VPN（L3SM）就是最好的证明。在未来，思科还会继续扩展 NX-API 的功能，把 NX-API 从 CLI 改造成由模型驱动的 NX-API REST。VTS 与计算进行了紧密的集成（比如，与 OpenStack 和 VMware vCenter），因此有能力感知端点的位置，并且在相关交换机上部署二层或者三层覆盖层服务，包括相关的 VXLAN BGP EVPN 配置。

除了在思科 Nexus 交换机上部署 VXLAN VTEP 之外，VTS 也提供了软件的 VTF。VTS 位于计算服务器上，负责充当虚拟 VTEP，执行基于主机的 VXLAN 覆盖层。VTF 需要使用 VTS 通过相应的 RESTCONF/NETCONF 接口进行配置。很多管理程序环境都支持 VTF，包括 VMware ESXi 和 KVM。VTS 有一个集成的控制器可以提供 VTF 功能，从而和物理及虚拟 VTEP 进行无缝的集成。除了虚拟和虚拟覆盖层自动化之外，VTS 也会提供外部连通性（DCI）和四～七层服务缝合自动化。VTS 依赖一个类似于 DCNM 的工具来实现底层网络的部署和自动化配置。

11.5 Nexus 矩阵管理器（NFM）

思科 Nexus 矩阵管理器（NFM）为部署 VXLAN BGP EVPN 网络提供了一种交钥匙解决方案。NFM 集成的方式为管理员提供了一个可以用鼠标轻松点击的界面来给 VXLAN BGP EVPN 网络创建二层和三层覆盖层服务。NFM 有一个可感知矩阵的控制引擎，它可以理解当前的配置。这个特性就让 NFM 有能力对通过 CLI 引入的误配做出反应。

NFM 不止可以用来管理覆盖层服务，也可以通过 AFP（自动矩阵部署）来对矩阵执行初始设置。目前，NFM 只能管理和配置 Nexus 9000 系列交换机。如果读者希望了解其他硬件平台支持 NFM 的情况，可以查看 NFM 软件版本的信息。

11.6 数据中心网络管理器（DCNM）

DCNM 和 NFM 类似，它也提供底层和覆盖层管理，而 VTS 则只提供覆盖层服务管理。思科 DCNM 最初设计是为了充当数据中心组件的管理器，但是之后思科又对 DCNM 进行了大刀阔斧的改良，让它既可以管理覆盖层服务，也可以自动配置底层的实例化。除了以太网和 IP 功能之外，DCNM 也可以管理存储区域网络（即 SAN）。DCNM 利用 POAP 服务提供了底层网络自动化的交钥匙解决方案。

DCNM 集成的服务（如 DHCP、TFTP 和 SCP）和模板驱动的工作流相互补充，实现对 VXLAN BGP EVPN 网络的部署。可以自动部署网络的模板也包含在了 DCNM 镜像当中。通过思科官网还可以将其下载到其他模板。

DCNM 提供了集成的模板和配置文件部署功能，可以把脚本推送给 Cisco NX-OS 网络交换机。网络交换机也可以使用保存推模型脚本的那个配置池来推送配置。所以，DCNM 同时支持通过推模型和拉模型来管理覆盖层服务。由于 CLI 的配置模板和配置文件扩展性很强，所以我们可以通过 DCNM 来把任何配置应用到网络交换机。

具体说到 VXLAN BGP EVPN 网络，外部连接对于访问应用和数据中心资源来说非常重要。和我们在 VTS 部分探讨过的一样，思科 DCNM 也把边界 leaf、外部路由器、VRF Lite、MPLS L3VPN（BorderPE）和 LISP 进行了集成。所有配置都是通过类似于 CLI 的模板和配置文件来实现的。四～七层服务也可以轻而易举地和 DCNM 进行集成并且实现配置自动化。同样，DCNM 可以支持并且管理所有 Cisco NX-OS 交换机，其中包括 Cisco MDS SAN 平台。

除了思科的商业产品之外，我们也可以通过开源工具来配置覆盖层服务。IT 自动化工具（如 Puppet、Chef 和 Ansible）都提供了一个框架，可以创建一个清单来部署 VXLAN BGP EVPN 网络。虽然很多开源自动化工具都提供了 VXLAN F&L 方案，但是 Ansible 和 Puppet 则给思科 NX-OS 提供了一种 VXLAN BGP EVPN 方案。这些只是目前可以采用的做法，但是 Chef 和其他 IT 自动化工具未来都有望继续发展。如果需要在思科 NX-OS 网络交换机上向 CLI Shell 集成自动化，我们可以使用 Python 来自动配置 VXLAN BGP EVPN。

计算集成

通过网络自动化实现计算集成有很多种方法。如果控制器保存了某些网络交换机的配置，并且需要触发这些配置，那么计算集成就会按照自顶向下的方式来执行。换句话说，编排层会使用 API（或者注册的回调）向覆盖层服务管理器发送配置请求。这些触发器根据端点启动或者关闭，并向各个计算节点发送配置。

使用现有的拓扑来建立计算节点和网络交换机之间的映射，这需要决定在哪里执行实例化，以及对什么执行实例化。这就需要使用北向编排器在部署端点时提供指令，或者在计算管理器和覆盖层服务管理器之间横向集成，两者必居其一。

使用 OpenStack 和 Cisco UCS Director（UCSD）可以在没有覆盖层服务管理器的情况下实现上述需求。因此，计算节点的功能也就仅限于那些 OpenStack 或者 UCSD 可以告诉网络的信息。管理员可以让 OpenStack 或者 USD 通过一个覆盖层服务管理器来表达管理意图，从而在网络层实现更加灵活的配置。把 OpenStack/USCD 和 DCNM 结合起来使用，就可以具备这样的优势。

如果资源管理是可行的，那么基于意图的请求也可以完成并且得到扩展。这样就可以为 VXLAN BGP EVPN 网络提供完整的网络部署。利用我们前面示例中提到的 OpenStack 或者 UCSD，很多编排方法都可以通过 API 来驱动网关请求。这些做法也同样支持通过自顶向下的方式来实现覆盖层服务的实例化，如图 11-4 所示。

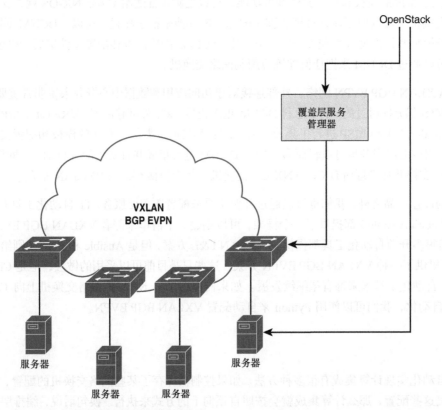

图 11-4　自顶向下的覆盖层服务实例化

另一种方法是把网络交换机和计算管理器进行集成。在这种模型中，网络交换机会和虚拟机管理器（VMM）进行集成来交换信息。根据虚拟机层中发生的特定行为，相关信息会被直接发送给（和 VMM 进行了注册的）网络交换机。

网络交换机会根据消息是否和这台交换机直连计算节点中的一台虚拟机相关，来判断消息的相关性。如果消息是无关的，那么网络交换机就会采取行动，针对虚拟机触发对应的配置。VMM（尤其是 VMware vCenter）和网络交换机之间可以通过思科的 VM Tracker 特性来实现通信。接下来，网络的配置也就可以部署/取消了。

把 VM Tracker 和覆盖层服务管理器进行集成可以实现大量的配置，从基本的二层配置到完整的 VXLAN BGP EVPN 配置，再到三层服务。VM Tracker 集成会使用推模型来部署覆盖层配置，而 DCNM 则充当覆盖层服务控制器，如图 11-5 所示。

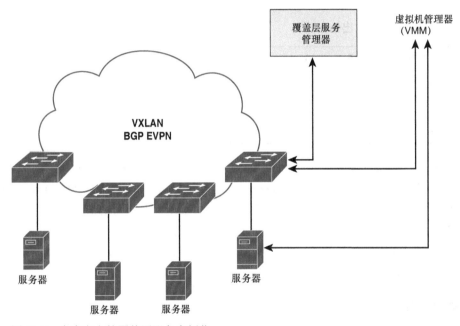

图 11-5　自底向上的覆盖层服务实例化

11.7　2 日操作：监测与可见性

VXLAN BGP EVPN 矩阵由两大核心组件组成：

■ VXLAN 数据平面的封装；

■ 基于 BGP 的 EVPN 控制协议。

因为覆盖层解决方案中有很多组件，所以读者一定要理解一些特定的信息是从哪里获取的，以及如何验证这些信息。网络管理员往往会首先验证 BGP 功能，因为这一步涉及查看相关可达性信息，非常重要。

监测并获取正确的信息以供管理员查看，这一点在所有排错过程中都非常重要。我们在本节会从操作的角度介绍，如何从 VXLAN BGP EVPN 网络中获取信息。这一节也会介绍排错的方法。

VXLAN BGP EVPN 会在覆盖层网络中提供二层和三层服务。管理员不妨首先验证学习到的二层 MAC 地址信息和三层 IP 地址。这个过程也包括验证本地是否学习到了某些端点。

在验证传统以太网这一点时，首先会验证本地 MAC 地址表来确保表已经学习到了端点。这个最初的流程要验证端点、直连接口以及对应 VLAN 之间的映射关系，如例 11-1 所示。

例 11-1　leaf 上的 MAC 表输出信息

```
L11# show mac address-table
Legend:
        * - primary entry, G - Gateway MAC, (R) - Routed MAC, O - overlay MAC
        age - seconds since last seen,+ - primary entry using vPC Peer-Link,
        (T) - True, (F) - False
     VLAN    MAC Address      Type      age    Secure NTFY Ports
---------+-----------------+--------+---------+------+----+------------------
*   100     0011.0100.0001   dynamic  0         F      F    Eth2/1
```

例 11-1 验证了 VLAN 100 中的接口 Ethernet 2/1 已经学习到了 MAC 地址 0011.0100.0001。到这一步为止，我们已经在网络交换机上验证了本地 MAC 地址学习的情况。这个 MAC 地址也会通告到 BGP EVPN，并通过交换机上二层路由信息库组件（L2RIB）进入相应的 MAC-VRF 或者 EVPN 实例（EVI）。管理员可以使用命令 show l2route evpn mac all 来验证这个情况，如例 11-2 所示。

例 11-2　leaf 上通过 BGP-EVPN 通告的 MAC 条目

```
L11# show l2route evpn mac all
Topology      Mac Address      Prod    Next Hop (s)
-----------  ---------------  ------  ---------------
100           0011.0100.0001   Local   Eth2/1
```

例 11-2 的输出信息显示了拓扑 100 中本地学习到的 MAC 地址，拓扑 100 映射为了 VLAN ID。根据目前显示的信息，无法从给定的输出信息中获取二层 VNI。验证 VLAN 到网段之间的映射关系，可以获取拓扑 100 和 EVI 100 使用的对应 L2VNI，如例 11-3 所示。

例 11-3　leaf 上 VLAN 与二层 VNI 的映射关系

```
L11# show vlan id 100 vn-segment
```

```
VLAN Segment-id
---- -----------
100  30000
```

现在，本地地址表以及 L2RIB 表中的 MAC 地址都已经进行了验证。接下来，我们可以验证并且判断这个 MAC 地址是否已经发送到了 BGP EVPN 地址族以便进行进一步的通告，如例 11-4 所示。

例 11-4　leaf 上的 BGP EVPN 路由类型 2 条目

```
L11# show bgp l2vpn evpn vni-id 30000
BGP routing table information for VRF default, address family L2VPN EVPN
BGP table version is 1670, local router ID is 10.100.100.11
Status: s-suppressed, x-deleted, S-stale, d-dampened, h-history, *-valid, >-best
Path type: i-internal, e-external, c-confed, l-local, a-aggregate, r-redist,
  I-injected
Origin codes: i - IGP, e - EGP, ? - incomplete, | - multipath, & - backup
  network         Next Hop          Metric     LocPrf     Weight Path

Route Distinguisher: 10.100.100.11:32867     (L2VNI 30000)
*>l[2]:[0]:[0]:[48]:[0011.0100.0001]:[0]:[0.0.0.0]/216
                    10.200.200.11                100        32768 i
*>l[2]:[0]:[0]:[48]:[0011.0100.0001]:[32]:[192.168.100.200]/272
                    10.200.200.11                100        32768 i
```

根据二层 VNI 30000 的 BGP 输出信息，之前我们在本地 MAC 地址表和 L2RIB 表中看到的 MAC 地址已经被通告到了 BGP。这里的输出信息包含了两个类型 2 路由条目，其中一个包含了 MAC 地址，另一个包含了 MAC 地址和 IP 地址。为了验证本地通告的信息匹配设备上配置的属性，也为了评估远端站点是否接收到了正确的前缀，我们在本地和远端 leaf 节点上执行了 show bgp 命令，同时附带上了相关的 MAC 地址。例 11-5 描述了在本地 leaf 上输入命令 show bgp l2vpn evpn 之后获得的输出信息，例 11-6 则描述了在远端 leaf 上输入命令 show bgp l2vpn evpn 之后获得的输出信息。

例 11-5　leaf 上一个特定 BGP EVPN 类型 2 路由通告的详细信息

```
L11# show bgp l2vpn evpn 0011.0100.0001
BGP routing table information for VRF default, address family L2VPN EVPN
Route Distinguisher: 10.100.100.11:32867     (L2VNI 30000)
BGP routing table entry for [2]:[0]:[0]:[48]:[0011.0100.0001]:[0]:[0.0.0.0]/216,
  version 1540
Paths: (1 available, best #1)
Flags: (0x00010a) on xmit-list, is not in l2rib/evpn

  Advertised path-id 1
  Path type: local, path is valid, is best path, no labeled nexthop
```

```
   AS-Path: NONE, path locally originated
     10.200.200.11 (metric 0) from 0.0.0.0 (10.100.100.11)
       Origin IGP, MED not set, localpref 100, weight 32768
       Received label 30000
       Extcommunity: RT:65501:30000

   Path-id 1 advertised to peers:
     10.100.100.201    10.100.100.202
BGP routing table entry for [2]:[0]:[0]:[48]:[0011.0100.0001]:[32]:[192.168.100.200]
 /272, version 1550
Paths: (1 available, best #1)
Flags: (0x00010a) on xmit-list, is not in l2rib/evpn

  Advertised path-id 1
  Path type: local, path is valid, is best path, no labeled nexthop
  AS-Path: NONE, path locally originated
    10.200.200.11 (metric 0) from 0.0.0.0 (10.100.100.11)
      Origin IGP, MED not set, localpref 100, weight 32768
      Received label 30000 50000
      Extcommunity: RT:65501:30000 RT:65501:50000

  Path-id 1 advertised to peers:
    10.100.100.201    10.100.100.202
```

例 11-6　远端 leaf 上一个特定 BGP EVPN 类型 2 路由通告的详细信息

```
L12# show bgp l2vpn evpn 0011.0100.0001
BGP routing table information for VRF default, address family L2VPN EVPN
Route Distinguisher: 10.100.100.11:32867
BGP routing table entry for [2]:[0]:[0]:[48]:[0011.0100.0001]:[0]:[0.0.0.0]/216,
  version 1538
Paths: (2 available, best #2)
Flags: (0x000202) on xmit-list, is not in l2rib/evpn, is not in HW, , is locked

  Advertised path-id 1
  Path type: internal, path is valid, is best path, no labeled nexthop
  AS-Path: NONE, path sourced internal to AS
    10.200.200.11 (metric 3) from 10.100.100.201 (10.100.100.201)
      Origin IGP, MED not set, localpref 100, weight 0
      Received label 30000
      Extcommunity: RT:65501:30000 ENCAP:8
      Originator: 10.100.100.11 Cluster list: 10.100.100.201
```

例 11-6 的输出信息验证了本地 leaf 上学习到的 MAC 地址已经通过 BGP EVPN 控制协议交换到达了远端 leaf 节点。另外，和最初 leaf 节点的情况一样，我们也应该验证 MAC 地址是否从 MAC-VRF 或 EVI（EVPN 实例）正确地完成了下载和安装。例 11-7 显示了在远端 leaf 上输入命令 show l2route evpn mac 之后所获得的输出信息。

例 11-7 在远端 leaf 上通过 BGP EVPN 接收到的 MAC 条目

```
L12# show l2route evpn mac all
Topology    Mac Address    Prod    Next Hop (s)
-----------  --------------  ------  ---------------
100         0011.0100.0001  BGP    10.200.200.11
```

例 11-7 的输出信息验证了 MAC 地址 0011.0100.0001 已经通过 BGP 学习到了，并且已经被安装到了 L2RIB 以便进行进一步的处理。这里的输出信息验证了 MAC 地址分配到了一个下一跳，它表示的是学习到这个 MAC 地址的那个 VTEP 的 IP 地址。例 11-8 显示了输入命令 show mac address-table 之后所获得的输出信息。

例 11-8 在远端 leaf 上 MAC 表的输出信息

```
L12# show mac address-table
Legend:
        * - primary entry, G - Gateway MAC, (R) - Routed MAC, O - overlay MAC
        age - seconds since last seen,+ - primary entry using vPC Peer-Link,
        (T) - True, (F) - False
    VLAN     MAC Address     Type     age     Secure NTFY Ports
---------+----------------+--------+---------+------+----+------------------
*  100      0011.0100.0001  dynamic  0        F     F    nve1(10.200.200.11)
```

例 11-7 的输出信息验证了这个 MAC 地址已经通过 BGP EVPN 控制协议学习到了，并且这个地址已经被导入了 MAC-VRF 中。最后，必须对远端 leaf 上的 MAC 地址表进行监测，来确认 0011.0100.0001 这个 MAC 地址确实安装到了 MAC 地址表中，如例 11-8 所示。从这一点开始，数据流量就可以从这个远端 leaf 发送到这个 MAC 地址，并且可以通过 VXLAN 封装来进行转发了。因为集成了二层和三层服务，所以也必须验证二层和三层的学习和信息交换情况。对于同一组数据流，我们也需要验证本地 leaf 也学习到了 ARP 消息。例 11-9 显示了命令 show ip arp vrf 的输出信息。

例 11-9 leaf 上的 ARP 表输出信息

```
L11# show ip arp vrf Org1:Part1

Flags: * - Adjacencies learnt on non-active FHRP router
       + - Adjacencies synced via CFSoE
       # - Adjacencies Throttled for Glean
       D - Static Adjacencies attached to down interface

IP ARP Table for context Org1:Part1
Total number of entries: 1
Address         Age        MAC Address     Interface
192.168.100.200 00:13:58   0011.0100.0001  Vlan100
```

ARP 表中的信息显示，之前我们追踪的 MAC 地址（0011.0100.0001）关联了 IP 地址 192.168.100.200。对应的条目被安装到了邻接管理器（Adjacency Manager，AM）中。这个 ARP 和 AM 条目创建的通告也会被传输给主机移动性管理器（HMM），它负责把主机路由安装到单播 RIB 中。例 11-10 显示了命令 show forwarding vrf 的输出信息。

例 11-10   一条 ARP 条目的邻接输出信息

```
L11# show forwarding vrf Org1:Part1 adjacency

IPv4 adjacency information

next-hop            rewrite info       interface
--------------      ---------------    --------------
192.168.100.200     0011.0100.0001     Vlan100
```

一旦 AM 接收到了这个条目，它就会验证 MAC 和 IP 地址的组合，然后把它作为一条本地路由学习到 HMM 中。接下来，HMM 会把这部分信息转发给 L2RIB。例 11-11 显示了命令 show fabric forwarding ip local-host-db vrf 的输出信息，其中显示了 HMM 中学习到的本地路由。

例 11-11   本地学习到的主机路由（/32）信息

```
L11# show fabric forwarding ip local-host-db vrf Org1:Part1

HMM host IPv4 routing table information for VRF Org1:Part1
Status: *-valid, x-deleted, D-Duplicate, DF-Duplicate and frozen,
        c-cleaned in 00:02:58

    Host                   MAC Address       SVI       Flags      Physical Interface
*   192.168.100.200/32     0011.0100.0001    Vlan100   0x420201   Ethernet2/1
```

例 11-12 显示了命令 show l2route evpn mac-ip all 的输出信息。

例 11-12   leaf 上通过 BGP EVPN 通告的 IP/MAC 条目

```
L11# show l2route evpn mac-ip all
Topology ID Mac Address    Prod Host IP                                      Next Hop (s)
----------- -------------- ---- ------------------------------------------- -----------
100         0011.0100.0001 HMM  192.168.100.200                              N/A
```

前面的示例验证了一系列的步骤（包括本地学习），并且确保信息从 ARP 传输到了 AM，之后再传输到了 HMM 以及 L2RIB。

例 11-13 显示了命令 show bgp l2vpn evpn 的输出信息，这部分输出信息验证了设备已经在本地学习到了这个 MAC 和 IP 地址，并且把它们通告给了远端 leaf。

例 11-13　leaf 上的一条特定 BGP EVPN EVPN 类型 2 路由通告，通告了 IP 和 MAC 地址

```
L11# show bgp l2vpn evpn 192.168.100.200
BGP routing table information for VRF default, address family L2VPN EVPN
Route Distinguisher: 10.100.100.11:32867    (L3VNI 50000)
BGP routing table entry for [2]:[0]:[0]:[48]:[0011.0100.0001]:[32]:[192.168.100.200]
 /272, version 1550
Paths: (1 available, best #1)
Flags: (0x00010a) on xmit-list, is not in l2rib/evpn

  Advertised path-id 1
  Path type: local, path is valid, is best path, no labeled nexthop
  AS-Path: NONE, path locally originated
    10.200.200.11 (metric 0) from 0.0.0.0 (10.100.100.11)
      Origin IGP, MED not set, localpref 100, weight 32768
      Received label 30000 50000
      Extcommunity: RT:65501:30000 RT:65501:50000

  Path-id 1 advertised to peers:
    10.100.100.201    10.100.100.202
```

例 11-14 显示了在远端 leaf 上输入命令 show bgp l2vpn evpn 后获得的输出信息。

例 11-14　远端 leaf 上的一条特定 BGP EVPN EVPN 类型 2 路由通告，通告了 IP 和 MAC 地址

```
L12# show bgp l2vpn evpn 192.168.100.200
BGP routing table information for VRF default, address family L2VPN EVPN
Route Distinguisher: 10.100.100.11:32867
BGP routing table entry for [2]:[0]:[0]:[48]:[0011.0100.0001]:[32]:[192.168.100.200]
 /272, version 1554
Paths: (2 available, best #2)
Flags: (0x000202) on xmit-list, is not in l2rib/evpn, is not in HW, , is locked

  Advertised path-id 1
  Path type: internal, path is valid, is best path, no labeled nexthop
  AS-Path: NONE, path sourced internal to AS
    10.200.200.11 (metric 3) from 10.100.100.201 (10.100.100.201)
      Origin IGP, MED not set, localpref 100, weight 0
      Received label 30000 50000
      Extcommunity: RT:65501:30000 RT:65501:50000 ENCAP:8 Router MAC:f8c2.8887.88f5
      Originator: 10.100.100.11 Cluster list: 10.100.100.201
```

BGP 输出信息可以帮助我们验证 MAC-VRF 和 IP-VRF 已经正确地导入并且安装了 MAC 和 IP 地址。设备通过相应的 BGP EVPN 路由类型消息通告并且接收了两个标签。标签 30000 关联到了二层 VNI，标签 50000 则代表三层 VNI。

例 11-15 显示了在远端 leaf 上输入命令 show l2route evpn mac-ip 后获得的输出信息。

例 11-15 远端 leaf 上通过 BGP EVPN 接收到的 IP/MAC 条目

```
L12# show l2route evpn mac-ip all
Topology ID Mac Address    Prod Host IP                                  Next Hop (s)
----------- -------------- ---- ------------------------------------- -------
100         0011.0100.0001 BGP  192.168.100.200                           10.200.200.11
```

例 11-16 显示了在远端 leaf 上输入命令 show ip route vrf 后获得的输出信息。

例 11-16 IP 路由表的输出信息显示了 RIB 中安装的 IPv4/32 路由

```
L12# show ip route vrf Org1:Part1 192.168.100.200
IP Route Table for VRF "Org1:Part1"
'*' denotes best ucast next-hop
'**' denotes best mcast next-hop
'[x/y]' denotes [preference/metric]
'%<string>' in via output denotes VRF <string>

192.168.100.200/32, ubest/mbest: 1/0
   *via 10.200.200.11%default, [200/0], 6w1d, bgp-65501, internal, tag 65501 (evpn)
  segid: 50000 tunnelid: 0xac8c80b encap: VXLAN
```

远端 leaf 通过 BGP EVPN 控制协议学习到了 MAC 和 IP 地址，它们都导入了对应的 MAC-VRF 和 IP-VRF 中。这项导入操作是由路由目标导入语句所控制的，BGP 路由前缀的情况就是如此。

最后，IP 地址被安装到了对应 VRF 中的 IP 路由表中。到了这一步，我们应该就可以从 VXLAN BGP EVPN 矩阵中的任何位置，把路由流量和桥接流量发送给端点（其 MAC 地址为 0011.0100.0001，IP 地址为 192.168.100.200）。

例 11-17 显示了命令 show nve internal bgp rnh database 的输出信息，这部分信息验证了 VXLAN 数据平面封装已经从远端 leaf 建立了起来。这个示例专门抓取了执行路由的路由器 MAC 地址，以及对应的隧道 ID。

例 11-17 远端 leaf 上的 VTEP 对等体信息及递归下一跳

```
L12# show nve internal bgp rnh database
Showing BGP RNH Database, size : 3 vni 0

VNI     Peer-IP          Peer-MAC          Tunnel-ID   Encap    (A/S)
50000   10.200.200.11    f8c2.8887.88f5    0xac8c80b   vxlan    (1/0)
```

验证了递归下一跳（RNH）数据库中的远端 leaf、隧道 ID、对应对等体的路由器 MAC 以及三层 VNI 之后，我们对 VXLAN BGP EVPN 网络中各类控制转发信息的验证也就完成了。

例 11-18 显示了在远端 leaf 上输入命令 show nve peers detail 后获得的输出信息。

例 11-18 远端 leaf 上的 VTEP 对等体信息详情

```
L12# show nve peers detail
Details of nve Peers:
---------------------------------------
Peer-Ip: 10.200.200.11
    NVE Interface      : nve1
    Peer State         : Up
    Peer Uptime        : 8w1d
    Router-Mac         : f8c2.8887.88f5
    Peer First VNI     : 50000
    Time since Create  : 8w1d
    Configured VNIs    : 30000,50000
    Provision State    : add-complete
    Route-Update       : Yes
    Peer Flags         : RmacL2Rib, TunnelPD, DisableLearn
    Learnt CP VNIs     : 30000,50000
    Peer-ifindex-resp  : Yes
```

下面我们可以对数据平台对等体关系进行进一步验证，确保设备不仅生成了正确的隧道，并且这些隧道已经处于工作状态，并且隧道配置正确无误。输出信息也显示了上线时间以及标记，这样可以确保流量能够在 VXLAN BGP EVPN 网络中进行正确的转发，最终到达相应的端点。不过，网络中可能依然存在针对特定平台的硬件编程问题。读者如果需要了解如何验证这部分内容，那么需要参考对应 Nexus 交换机的说明。

本节介绍了如何通过相关输出信息来验证 VXLAN BGP EVPN 的设置，并且对大量示例进行了解释。同样，本节也介绍了如何验证数据中心矩阵中 MAC 和 IP 的学习情况是正常的。本节通过最初展示的排错步骤演示了一系列的事件，来帮助读者更好地理解信息的流动，以及管理员可以从这些输出信息中获得哪些资讯。因此，本节不仅解释了本书第 2 章中介绍的 BGP 输出信息，而且介绍了这些信息可以为管理员提供的内容。

VXLAN OAM（NGOAM）

在数据中心中，覆盖层网络的部署越来越多，这让人们越来越多地把注意力放在多协议栈的操作、管理和生命周期上。曾几何时，排错和管理需要借助二层和三层网络的基础，以及网络中使用的路由协议。覆盖层会在相关协议之外，带来另外一层的虚拟线路。它们可以在底层网络基础上建立起一个间接和抽象层，同时也会增加网络的复杂性。

抽象化可以提供一种简单而又高效方式来提供服务，而不需要考虑中间设备。不过，如果出现服务降级或者性能下降，那就很难实现包含多条路径的物理基础设施。比如，如果一位管理员尝试去指定数据中心矩阵中的一个应用从一个端点到另一个端点所采用的路径，那么没有一个简单的工具可以提供这样的可见性。换句话说，如果不投入大量时间和精力，我们就很难决定数据的路径。

在 VXLAN 网络中，熵是通过改变 UDP 源端口号来实现的，从而可以让同一对 VTP 之间的流量分布在所有可用路径上。中间节点会基于 VXLAN 数据包的外层数据包头部字段来运行散列算法。入向 VTEP 使用的散列算法可能和中间节点使用的算法不同。如果从入向 VTEP 到出向 VTEP 的流量在路径选择上发生了错误，那么排错工作会变得更加困难。

VXLAN 的 OAM（Operations, Administration and Management）是连通性错误管理（Connectivity Fault Management，CFM）的思科下一代 OAM（NGOAM）框架。NGOAM 提供了一个简单而又完整的解决方案，可以解决这方面的问题。VXLAN OAM 和思科 NGOAM 都是以太网 OAM（称为 IEEE 802.1ag）的升级版。除了生成对称流量来探测入向 VTEP 和出向 VTEP 之间的所有可用路径之外，OAM 也提供了一种简单的方式来判断某个应用流量的 VXLAN 所使用的外层 UDP 源端口号。

例 11-19 显示了命令 ping nve 的输出信息。

例 11-19 命令 ping nve 的输出信息示例

```
L37# ping nve ip unknown vrf Org1:Part1 payload ip 192.168.166.51 192.168.165.51
  port 5644 25 proto 6 payload-end vni 50000 verbose

Codes: '!' - success, 'Q' - request not sent, '.' - timeout,
'D' - Destination Unreachable, 'X' - unknown return code,
'm' - malformed request(parameter problem),
'c' - Corrupted Data/Test

Sender handle: 410
! sport 52677 size 56,Reply from 192.168.166.51,time = 1 ms
! sport 52677 size 56,Reply from 192.168.166.51,time = 1 ms
! sport 52677 size 56,Reply from 192.168.166.51,time = 1 ms
! sport 52677 size 56,Reply from 192.168.166.51,time = 1 ms
! sport 52677 size 56,Reply from 192.168.166.51,time = 1 ms


Success rate is 100 percent (5/5), round-trip min/avg/max = 1/1/1 ms
Total time elapsed 42 ms
```

命令 pine nve 会发送 ICMP 探针，来模拟 VXLAN 覆盖层中的流量。在例 11-19 中，VRFOrg:Part1 中的目的端点的 IP 地址为 192.168.166.51。我们可以看到，源和目的 IP 地址处于不同的子网中，因此设备需要执行路由决策，而分配给 VRF（50000）的三层 VNI 会封装在 VXLAN 头部。

命令 ping nve 可以计算出用来封装 VXLAN 的 UDP 源端口，这可以计算出底层网络中 ECMP 的熵。设备会根据内层负载计算出 UDP 源端口。在这个示例中，这个值为 52677。这个示例使用了 TCP（协议号为 6）的内部负载，目的端口为 25，表示这是一个 SMTP 应用（25/ TCP）；源端口为 5644，用来建立电子邮件连接。这个结果确认了端点的存在和可达性，而流量 VXLAN 封装的外层 UDP 远端源为 52677。探针本身并不理解计算路径的算法，也不会搜寻可用的路径，它会提供反馈信息，并且确认目的端点或者应用的可达性。

如果一条路径出现了性能下降的问题，那么探针可以通过返程丢包的情况来决定并检测出这条有故障的路径，这和传统的 ICMP ping 或者 traceroute 工具类似。应用程序或者负载配置文件的存在，可以让管理员看到应用正在使用的准确路径，并且绘制出它使用的有效物理路径。

例 11-20 显示了命令 traceroute nve 的输出信息。

例 11-20　命令 traceroute nve 的输出信息示例

```
L37# traceroute nve ip unknown vrf Org1:Part1 payload ip 192.168.166.51
  192.168.165.51 port 5644 25 proto 6 payload-end vni 50000 verbose

Codes: '!' - success, 'Q' - request not sent, '.' - timeout,
'D' - Destination Unreachable, 'X' - unknown return code,
'm' - malformed request(parameter problem),
'c' - Corrupted Data/Test

Traceroute Request to peer ip 10.1.1.140 source ip 10.1.1.37
Sender handle: 412
  1 !Reply from 10.1.1.38,time = 1 ms
  2 !Reply from 10.1.1.140,time = 1 ms
  3 !Reply from 192.168.166.51,time = 1 ms
```

命令 traceroute nve 会执行 VXLAN traceroute 并且会在覆盖层发送模拟 ICMP 探针的流量，然后不断增加 TTL。注意，TTL 会从内层头部复制到外层头部，以确保中间路由器会处理 VXLAN 封装的数据包，比如普通的 IP Traceroute 数据包。

在例 11-20 中，RFOrg:Part1 中的目的端点的 IP 地址为 192.168.166.51。因为源和目的 IP 地址处于不同的子网中，所以设备需要使用分配给 VRF（50000）的三层 VNI 来执行路由决策。命令 traceroute nve 的输出信息会提供某组数据流量在底层路由网络中采用的准确路径。具体来说，路径中每个中间节点的 IP 地址都会罗列出来，就像常规 IP traceroute 命令提供的输出信息一样。

如果使用 ECMP，那么流量会从多个等价路径中选择其一。命令 traceroute nve 可以简化路径寻找和排错的流程。具体的路径是根据协议负载来选择的，这里我们模拟了相关应用或端点所发送的数据包。这个示例和前面的示例一样使用了 TCP（协议号 6）和目的端口 25。这模拟了一个 SMTP 应用，同时流量的源端口被设置成了 5644，用来建立电子邮件连接。

输出信息可以让我们理解底层网络使用的准确路径，让管理员可以定位到数据流量在到达电子邮件服务器时会进入哪个 spine 节点。另外，目的 VTEP 已经被设置为"未知"，所以命令 traceroute nve 的输出信息也会提供目的端点直连 VTEP 的 IP 地址（10.1.1.140）。

VXLAN OAM 中的另外一项工具也可以提供巨大的帮助，这项工具是 IETF 草案 draft-tissa-nvo3-oam-fm 中描述的 pathtrace。这项 OAM 工具让管理员可以罗列出某些特定应用会选择的准确底层路径，同时也会提取相关的目的 VTEP 信息，并且罗列出各个中间节点（包括出向 VTEP）上的入向接口和出向接口。另外，这项工具会提供大量元数据信息，譬如列出所有接口的接口负载、接口状态和接口错误计时器。

例 11-21 显示了命令 pathtrace nve 的输出信息，其中包含了接口的统计数据。

例 11-21　命令 pathtrace nve 的输出信息示例

```
L37# pathtrace nve ip unknown vrf Org1:Part1 payload ip 192.168.166.51
  192.168.165.51 port 5644 25 proto 6 payload-end vni 50000 verbose req-stats

Path trace Request to peer ip 10.1.1.140 source ip 10.1.1.37
Sender handle: 416

Hop   Code   ReplyIP   IngressI/f EgressI/f   State
========================================================
 1 !Reply from 10.1.1.38, Eth1/23  Eth2/2  UP / UP
  Input Stats:
PktRate:999  ByteRate:558873
Load:3       Bytes:2101901590781
unicast:3758851978  mcast:1487057
bcast:13     discards:0
errors:0     unknown:0
bandwidth:1717986918800000000
  Output Stats:
PktRate:999  ByteRate:558873
load:3       bytes:2101901590781
unicast:3758851978  mcast:1487057
bcast:13     discards:0
errors:0
bandwidth:1717986918800000000
 2 !Reply from 10.1.1.140, Eth2/3  Unknown  UP / DOWN
  Input Stats:
PktRate:0    ByteRate:860
Load:0       Bytes:5057292548
unicast:194899  mcast:1175038
```

```
bcast:13      discards:0
errors:0      unknown:0
bandwidth:171798691880000000
```

命令 pathtrace nve 会执行 VXLAN 路径追踪，并且在覆盖层中模拟特殊的 OAM 探测流量。用于 ping 和 traceroute 的负载在这里也会用到，其中目的端点对应的是端点 192.168.166.51 上的一个 SMTP 应用，这个端点位于 VRF Org:Part1 中。

示例中的输出信息明确罗列出了中间设备、入向接口和出向接口，以及这些接口对应的负载、统计数据和带宽。这样管理员就可以理解底层网络中使用的准确路径了。输出信息可以让管理员定位到数据流量在到达电子邮件服务器时会进入哪个 spine 节点，以及流量采用的准确路径/链路。

VXLAN OAM 在 NX-OS 平台中是以 NGOAM 的形式实现的。它的功能既可以通过 CLI，也可以通过 NX-API 使用 API 来执行。NGOAM 不只会通过编程接口来执行各类探测，同时也可以从 VTEP 那里获取统计信息。同步和异步的方式都是可行的。

在两种方式中，异步的方式更有优势。如果采用异步的方式，那么设备会返回一个确认消息（a session handle），表示 OAM 探针执行请求已经接收到。在 OAM 探测执行完成时，探测的结果会保存在源 VTEP 的 OAM 数据库中，这样在未来需要对探测结果进行检索时，就可以通过这个确认消息（session handle）来提取这些信息。这样一来，这种确认消息（session handle）可以让我们通过编程 API 或者 CLI 从 VTEP 本地 OAM 数据库中提取当前和过去的统计数据。

VXLAN OAM 还进行了其他的改进，包括引入了周期性的探测和通告，从而主动管理覆盖层网络以及物理的底层网络。为了方便管理员更好地理解收集到的路径信息和统计数据，VXLAN OAM 和各类 VXLAN 管理系统进行了集成，比如 DCNM。

11.8 总结

这一章介绍了矩阵管理的基本元素，包括（通过 DCNM、NFM、Ignite 等实现）基于 POAP 的 0 日操作、使用 0.5 日操作的增量配置、（通过 DCNM、VTS 和 NFM）使用 1 日操作的覆盖层配置，和 2 日操作（包括在 VXLAN BGP EVPN 矩阵中提供连续的监测、可见性和排错功能）。这一章也对 VXLAN OAM 进行了简短的入门级介绍，在需要调试基于覆盖层的矩阵时，这项工具是一项效率很高的工具。

VXLAN BGP EVPN 的实施选项

本书涵盖了使用开放标准构建数据中心矩阵（尤其是 VXLAN、BGP 和 EVPN）的详细信息。虽然本书重点专注于思科 NX-OS 的实现，但也解释了与 VXLAN、BGP 和 EVPN 技术相关的基础知识。然而，对于开放标准来说，IETF 中与之相关的文档定义中包含一些规定好的实现选项和附加功能，在这里我会对这些内容进行简要讨论。

这个附录会详述一些特定的 EVPN 实现选项，这些实现选项在以下文档中有所涉及：RFC 7432 BGP MPLS-Based Ethernet VPN、EVPN Overlay draft-ietf-bess-evpn-overlay 草案，以及 EVPN Prefix Advertisement draft-ietf-bess-evpn-prefix-advertisement 草案。draft-ietf-bess-evpn-inter-subnet-forwarding 草案指定了 EVPN 子网间转发的选项，它与对称和非对称集成路由以及桥接（IRB）选项相关，这部分内容已经在第 3 章的 IRB 部分进行了详细介绍，此外不再赘述。

EVPN 第二层服务

EVPN 定义了不同的 VLAN 第二层服务，RFC 7432 的第 6 章对此进行了详细定义。draft-ietf-bess-evpn-overlay 草案的第 5.1.2 小节提到了两个选项，都是应用在与 VXLAN 相关的部署环境中的。第一个选项是由思科实现的，称为基于 VLAN 的捆绑服务接口。第二个选项称为 VLAN 感知的捆绑服务接口。

在基于 VLAN 的选项中，单个桥接域会映射到单个 EVPN 虚拟示例（EVI）。EVI 提供了路由识别符（RD），并通过进入 MAC-VRF（也就是进入桥接域）的路由目标（RT）对前缀的输入和输出进行控制（见图 1）。在使用基于 VLAN 的方法时，EVI 对应于控制平面中的单个 MAC-VRF 和数据平面中的单个 VNI，得到了 EVI、MAC-VRF 和桥接域（VNI）的 1：1 映射。基于 VLAN 的实施方案有一点不好，就是需要为每个桥接域都配置一个 EVI。但想到在每桥接域的粒度基础上实现输入/输出控制，这一点又变成了优势。第 5 章中的例 5-3 提供了思科基于 VLAN 实施方案中的配置示例。

```
[2]:[0]:[0]:[48]:[0000.3000.1101]:[32]:[192.168.1.101]
```

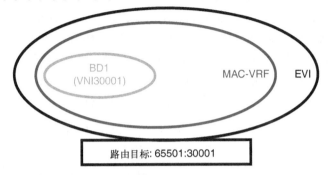

图 1　基于 VLAN 的捆绑服务

在使用 VLAN 感知捆绑服务接口的环境中，我们可以把多个桥接域映射到单个 EVI。VLAN 感知的实现可以在同属于相同 EVI 的多个桥接域中共享单个 RD 和 RT 设置。这就得到了 EVI 到 MAC-VRF 再到桥接域的 1 : N 映射（见图 2）；数据平面中的 VNI 足以识别相应的桥接域。VLAN 感知的实现减少了 EVI 的配置要求，它的缺点是无法基于每桥接域来设置前缀的输入/输出规则。

```
[2]:[0]:[30001]:[48]:[0000.3000.1101]:[32]:[192.168.1.101]
[2]:[0]:[30002]:[48]:[0000.3000.2101]:[32]:[192.168.2.101]
[2]:[0]:[30003]:[48]:[0000.3000.3101]:[32]:[192.168.3.101]
```

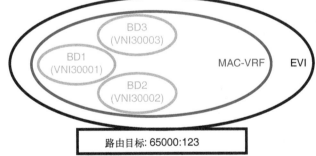

图 2　VLAN 感知的捆绑服务

基于 VLAN 的实现和 VLAN 感知的实现之间最大的区别在于在控制平面中使用的以太网标记 ID。基于 VLAN 的选项要求这个字段必须为零（0）。VLAN 感知的选项要求以太网标记 ID 字段必须为相应桥接域的识别符（VNI）。RFC 7432 描述了它们在以太网标记 ID 使用方面的区别，第 6.1 节描述了基于 VLAN 的服务接口，第 6.3 节描述了 VLAN 感知的服务接口。重要的是要知道它们都是被认可的，并且都遵从 RFC 7432 的定义，但它们之间是不兼容的。

EVPN IP-VRF 到 IP-VRF 模型

在有些案例中，IP 前缀路由可能会按照 IRB 后的子网和 IP 进行通告。这种使用案例称为 "IP-VRF 到 IP-VRF"模型。作为 EVPN 前缀通告草案（draft-ietf-bess-evpn-prefix-advertisement）的一部分，它定义了 3 种 IP-VRF 到 IP-VRF 模型的实现选项。草案提供了两个必要模型和一个可选模型。为了与草案保持一致，我们必须遵从两个必要组件模型之一。我们在这里主要关注这两个必要模型；可选模型会在本章末尾进行简单的概述。draft-ietf-bess-evpn-prefix-advertisement 草案的 5.4 节中介绍了这 3 种模型，本文会简单进行介绍。

第一个模型称为 interface-less 模型，它使用类型 5 路由的路由来包含 IP 前缀通告的所需信息。思科 NX-OS 的实现使用的就是 interface-less 模型。在 IP 前缀通告中包含了所有 IP 路由信息，比如 IP 子网、IP 子网长度和下一跳。除此之外，IP-VRF 的环境信息是以第三层 VNI 的形式保存的，由网络层可达性信息（NLRI）提供。interface-less 模型中还包含下一跳的路由器 MAC，这个信息是 BGP 扩展团体属性的一部分。由于 VXLAN 使用的是在 IP/UDP 中提供 MAC 信息的封装方式，因此数据平面的封装需要填充内部源和 DMAC 地址信息。尽管本地路由器 MAC 是已知的，它会充当内部源 MAC，但 DMAC 地址需要根据目的前缀的查找结果进行填充。路由器 MAC 扩展团体会提供这一必要的信息，如图 3 所示。需要注意的是，在这个 interface-less 模型中，网关 IP（GW IP）字段总是 0。第 5 章的例 5-9 提供了思科 interface-less 实施中的配置示例。

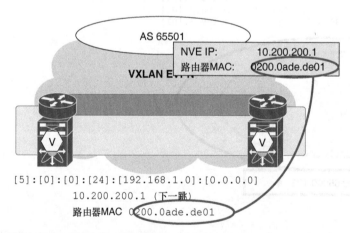

图 3　IP-VRF interface-less 模型

第二个模型称为 interface-full，它包含两个子模型：

■ 面向核心的 IRB；

■ 无编号的面向核心的 IRB。

在这两种 interface-full 模型中，除了类型 5 路由前缀通告之外，还会生成类型 2 路由通告。在 interface-full 的面向核心的 IRB 选项中，路由器 MAC 扩展团体属性并不是类型 5 路由通告的一部分。而是会在网关 IP（GW IP）字段中填充与 VTEP 相关联的面向核心的 IRB。除此之外，类型 5 路由通告中的 VNI 字段会被设置为 0。为了提供 VXLAN 封装所需的完整信息，类型 2 路由通告会为下一跳面向核心的 IRB 接口提供 IP 和 MAC 地址信息，这个接口又会用在 VXLAN 头部的填充中，如图 4 所示。除此之外，与租户或 IP-VRF 相对应的 VNI 字段也会承载在类型 2 路由通告中。

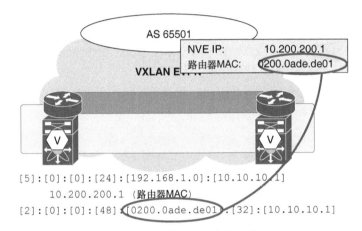

图 4　IP-VRF interface-full 模型中的面向核心的 IRB

在 interface-full 模型的无编号的面向核心的 IRB 可选项中（见图 5），路由器 MAC 扩展团体属性是作为类型 5 路由通告的一部分进行发送的，这一点与 interface-less 模型类似。但通告中的 VNI 字段始终为 0，GW IP 地址字段也是如此。与之相关联的类型 2 路由通告是由与下一跳面向核心的 IRB 接口相关联的路由器 MAC 地址填充的，它还会承载租户或 IP-VRF 相关联的 VNI。这样，当流量以类型 5 路由的通告前缀为目的地时，设备会执行递归查找，来确认下一跳路由器 MAC 地址信息，并使用它来填充相应的 VXLAN 头部。

interface-less 模型和 interface-full 模型之间的区别主要是是否需要额外的类型 2 路由通告。interface-less 选项会希望由类型 5 路由通告携带了路由器 MAC，并且不会使用 interface-full 面向核心的 IRB 模型所通告的类型 2 路由信息。类似的，interface-full 模型需要额外的类型 2 路由通告。在这两种模型中，VXLAN 数据平面的封装中都会有填充内部 DMAC 地址的必要信息。

总之，EVPN 前缀通告草案 draft-ietf-bess-evpn-prefix-advertisement 的第 5.4 节中描述了不同的 IP-VRF 到 IP-VRF 模型。重要的是要理解每个模型需要什么，以便让它们符合 IETF 草案。不同的模型之间是不可互操作的。

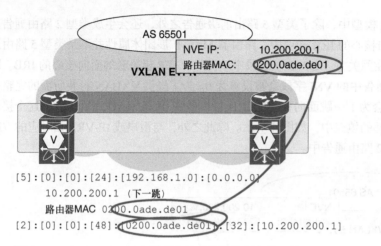

AS 65501

VXLAN EVPN

NVE IP: 10.200.200.1
路由器MAC: 0200.0ade.de01

[5]:[0]:[0]:[24]:[192.168.1.0]:[0.0.0.0]
    10.200.200.1（下一跳）
    路由器MAC 0200.0ade.de01
[2]:[0]:[0]:[48]:[0200.0ade.de01]:[32]:[10.200.200.1]

图 5　IP-VRF interface-full 模型中的无编号的面向核心的 IRB